媒体眼中的黄河三门峡

黄河三门峡水利枢纽文化丛书编写组　编

黄河水利出版社

·郑州·

图书在版编目(CIP)数据

媒体眼中的黄河三门峡/黄河三门峡水利枢纽文化丛书编写组编.—郑州:黄河水利出版社,2021.5
(黄河三门峡水利枢纽文化丛书)
ISBN 978-7-5509-2989-0

Ⅰ.①媒… Ⅱ.①黄… Ⅲ.①新闻报道-作品集-中国-当代 Ⅳ.①I253

中国版本图书馆 CIP 数据核字(2021)第 089441 号

组稿编辑:陶金志　电话:0371-66025273　E-mail:838739632@qq.com

出 版 社:黄河水利出版社　网址:www.yrcp.com
地址:河南省郑州市顺河路黄委会综合楼 14 层　邮政编码:450003
发行单位:黄河水利出版社
发行部电话:0371-66026940、66020550、66028024、66022620(传真)
E-mail:hhslcbs@126.com
承印单位:河南瑞之光印刷股份有限公司
开本:787 mm×1 092 mm　1/16
印张:20
字数:350 千字　印数:1—2 000
版次:2021 年 5 月第 1 版　印次:2021 年 5 月第 1 次印刷

定价:190.00 元

黄河三门峡水利枢纽文化丛书编纂委员会

黄河三门峡水利枢纽文化丛书编写组

序

“君不见，黄河之水天上来，奔流到海不复回……”作为中华民族的母亲河，千百年来，无数荡气回肠的诗篇随着滔滔黄河水奔腾古今。

有了三门峡，黄河始安澜。作为新中国大型水利工程的“长子”，三门峡水利枢纽工程的建设，倾注了国家领导人的心血，吸引了亿万人民的关注，记录了成千上万水利人激情燃烧的岁月，谱写了许多令人热血沸腾的黄河故事，培育了敢为人先、百折不挠、忘我奉献、勇攀高峰的筑坝精神。

一条河　一个梦

河是母亲河，哺育中华民族，孕育中华文明。

梦是安宁梦，祈愿岁岁安澜，祈福国泰民安。

黄河，西起巴颜喀拉山，东入渤海，北抵阴山，南达秦岭，横跨青藏高原、内蒙古高原、黄土高原和华北平原四个地貌单元、三级地形阶梯，流经青海、四川、甘肃、宁夏、内蒙古、山西、陕西、河南、山东九个省区，流域面积 75 万平方公里，全长 5464 公里，是我国第二大河，也是世界第五大河。黄河中上游以山地为主，下游以平原、丘陵为主，在流经土质疏松的黄土高原地区时，挟带了大量泥沙，因而成为世界上含沙量最高的大河。早在战国时代，人们就曾用“浊河”来称呼黄河，到了唐朝正式称为“黄河”。

长期以来，由于自然灾害频发，特别是水害严重，给沿岸百姓带来深重灾难。历史上，黄河三年两决口、百年一改道。据统计，从先秦到解放前的 2500 多年间，黄河下游共决溢 1500 多次，改道 26 次，北达天津，南抵江淮。1855 年，黄河在兰考县东坝头附近决口，夺大清河入渤海，形成了现行河道。封建社会战争和军阀混战时期，更是人为导致黄河决口 12 次。1938 年 6 月，国民党军队难以抵抗日军机械化部队西进，蒋介石下令扒决郑州花园口大堤，导致 44 个县市受淹，受灾人口 1250 万，5400 平方公里黄泛区饥荒连年，当时灾区的悲惨状况可以用“百里不见炊烟起，唯有黄沙扑空城”来形容。

“黄河宁，天下平。”从某种意义上讲，中华民族治理黄河的历史也是一部治国史。自古以来，从大禹治水到潘季驯“束水攻沙”，从汉武帝“瓠子堵口”到康熙帝把“河务、漕运”刻在宫廷的柱子上，中华民族始终在同黄河水旱灾害作斗争。但是,长期以来,受生产力水平和社会制度的制约,再加上人为破坏,黄河屡治屡决的局面始终没有根本改观,黄河沿岸人民的美好愿望一直难以实现。

新中国成立后,党和国家对治理开发黄河极为重视,把它作为国家的一件大事列入重要议事日程。在党中央坚强领导下,在毛主席“要把黄河的事情办好”的伟大号召下,黄河的治理保护工作开启了新纪元。

一个梦　一座坝

为根治黄河水害、开发黄河水利,三门峡水利枢纽工程应运而生。工程横亘中条山、崤山之间,扼据三门天堑,巧锁浊浪于中游,是国家领导人亲自参与,经第一届全国人民代表大会第二次会议批准建设,“一五”计划时期苏联援建中国156项重点工程中唯一的水利项目;是新中国成立后在黄河干流上兴建的第一座大型水利枢纽工程,被誉为“万里黄河第一坝”,也是“万年黄河第一坝”。

1957年4月13日,三门峡水利枢纽工程正式开工建设。《人民日报》头版头条以《征服黄河的开端——举国瞩目的黄河三门峡水利枢纽工程正式开工》为题进行了报道,并发表社论《大家都来支援三门峡啊!》。这是《人民日报》第一次为一个工程发表社论,吹响了全国人民支援三门峡枢纽工程建设的集结号。来自中央机关以及豫、鲁、鄂、闽等省的优秀干部,来自淮河梅山、北京官厅、东北丰满、四川狮子滩等水电工地的精干水电工人,来自豫、鲁、冀3省农业战线的青壮劳力,来自大专院校的青年学生等,2万多名建设者以最快速度在三门峡聚集,掀起了全国支援工程建设的热潮。

广大建设者在党中央坚强领导下,发扬艰苦创业的精神,用最短的时间、最高的质量,提前一年零十个月,于1961年4月建成了这座长713米、高106米的混凝土重力坝,创造了在世界上独一无二的多泥沙河流上修筑大坝的历史,也创造了无数至今仍让人惊叹的工程奇迹和创新成果。

黄河是世界上含沙量最高的河流,黄河难治,根在泥沙。三门峡水利枢纽工程建成初期,由于对水库运用缺乏经验,对来水来沙情况估计不足而出现泥沙淤积问题,先后于1965年和1969年进行了两次大的改建,分别增建了“两洞四管”,打开了12个施工导流底孔,安装了7台发电机组,增大了泄流能力。水库运用方式经历了从“蓄水拦沙”到“滞洪排沙”,再到“蓄清排浑”的探索转变。汛期泄洪排沙、非汛期蓄水的独特的“蓄清排浑”运用方式,变水沙不平衡为水沙相适应,实现了整个库区泥沙年内进出平衡,丰富和发展了泥沙科学,为国内外多泥沙河流的治理提供了宝贵经验。该运用方式已被黄河小浪底、万家寨、长江葛洲坝、三峡等水利工程成功借鉴。可以说,没有三门峡水利枢纽工程的实践,就没有“蓄清排浑”为主要内容的水沙调节理论。三门峡水利枢纽工程是世界多泥沙河流治理的开拓者和探路先锋。

通过工程改建和水库运用方式调整,潼关河床高程下降,三门峡水库库容恢复到60亿立方米左右,三门峡水利枢纽发挥了巨大的防洪、防凌、灌溉、供水、发电、减淤、生态等综合效益。防洪:防御了6次1万立方米每秒以上的洪水,削减了洪峰流量,减轻了下游堤防负担和漫滩淹没损失;防凌:战胜了较重的3次凌汛和比1951年更为严重的3次凌汛,下游河道由“武开河”变为“文开河”,由人为破冰为主发展到以水库调节河道流量为主的防凌新阶段;灌溉:大大提高了下游引水的保证率,促进了引黄灌溉事业的较大发展,对改变沿黄地区的面貌发挥了显著作用;供水:为黄河下游沿河城市和胜利油田、中原油田提供了可靠水源,向天津、青岛等地供水,促进了地方经济社会发展;发电:成为华中电网骨干电站之一,提供了源源不断的清洁能源,缓解了供电紧张状况;减淤:提高了下游水流的输沙能力,增大了排沙入海的比例;生态:形成了独特的生态系统和自然环境,每年数万只白天鹅飞临库区越冬,造就了黄河上的“天鹅湖”。

三门峡水利枢纽作为根治黄河水害、开发黄河水利的第一期工程,不可否认,由于对多泥沙河流规律认识的局限性,走过漫长曲折的探索之路。但经过几次“调方”和“妙手”医治之后,三门峡水利枢纽发挥出了应有的作用。毋庸质疑,三门峡水利枢纽成为了医治黄河躯体乖张、性格暴虐的“对症良器”,是解决黄河泥沙“疑难杂症”的“千金良方”。它的建设和成功运用,结束了黄河“千年之忧患”,探索出了多泥沙河流治理之道,为维护黄河健康生命提供了保障。黄河岁岁安澜,是中华民族的千年梦想。自从三门峡水利枢纽建成运用以后,确保了黄河下游岁岁安澜,千里大堤安然无恙。千年梦想,终于在中国共产党的领导下变成了生动现实!两院院士潘家铮评价:“三门峡工程像是一座纪念碑,在这座纪念碑上,刻下了中国人民治理黄河的迫切愿望和坚定信念,刻下了为探索治黄所走过的曲折道路,刻下了为挽回败局所进行的艰苦斗争,也刻下了留给人民的宝贵经验和光明前景。”习近平总书记指出:“实践证明,只有在中国共产党领导下,发挥社会主义制度优势,才能真正实现黄河治理从被动到主动的历史性转变,从根本上改变黄河三年两决口的惨痛状况。”

一座坝 一摇篮

三门峡水利枢纽工程凝聚着党和国家领导人的关心支持，倾注着我国几代水利水电建设者的青春与智慧、心血与汗水，得到了全国人民的大力支援。

1952年至1955年，毛主席4次听取治黄工作汇报，曾多次论及建设三门峡水利枢纽对根治黄河的重要性和可行性。新中国成立后，毛主席第一次出京巡视即选择了黄河，并发出了“要把黄河的事情办好”的伟大号召。他指出，历代王朝都治黄河，但都没有治好，我们共产党人一定要把黄河治理好。

周恩来总理对三门峡水利枢纽，从酝酿决策到规划编制，从技术设计到机构组建，从开工建设到两次成功改建，都倾注了巨大的心血。1958年4月、1959年10月和1961年10月，他曾3次亲临三门峡水利枢纽工程建设现场，在工地度过了8个日夜。并在三门峡和北京主持召开2次专题会议，作出了关系工程建设大计的重要决策。作为一个国事繁忙的大国总理，实属罕见。

刘少奇、朱德、董必武、邓小平、李先念、彭真、陈云、陈毅、李富春、聂荣臻、邓颖超、罗荣桓、陶铸、班禅额尔德尼·确吉坚赞、帕巴拉·格列朗杰等第一代党和国家领导人，都曾先后亲临三门峡水利枢纽工程建设工地视察，关心关注工程建设。时任国务院副总理彭德怀和秘书长习仲勋还亲自参与了三门峡工程建设问题的讨论会，并在会上发表了真知灼见。郭沫若、郭小川、冰心、贺敬之、何其芳、吴作人、魏巍等社会名人也曾来三门峡水利枢纽工程参观考察，并创作了大量歌颂三门峡工程及其建设者的文学艺术作品。

三门峡水利枢纽是当时新中国修建规模最大、技术最复杂、机械化水平最高的水利水电工程，在没有前人经验借鉴的情况下，在当时综合国力还相当贫弱的历史条件下，在苏联专家中途撤退的艰难处境下，参加工程建设的工人、干部、知识分子，展现出艰苦奋斗、自力更生的拼搏精神，严字当头、质量第一的工作作风，以及不怕曲折、科学进取的求实态度，积累了弥足珍贵的精神财富。工程建设和改建期间，成功研制了多种新材料、新工艺，破解关键性技术难题的“三门峡钢叠梁特种深水围堰”荣获了国家科技进步奖一等奖。清华大学水利系曾迁至三门峡办学长达九年之久，进行教学、实践和科研三结合，取得了许多重大成果，为三门峡工程的成功改建作出了积极贡献。

三门峡水利枢纽工程的建设，锻炼了一支近两万人能打硬仗的水利水电工程施工管理和技术队伍。时任国家副主席董必武视察三门峡水利枢纽工程后，成诗《观三门峡枢纽工程》四章，并为建设者写下了“功迈大禹”的题词。1959年6月5日至6日，时任国务院副总理兼秘书长的习仲勋视察三门峡水利枢纽工程,将一路考察的感受、发现的问题以及解决办法给周恩来总理写了一封长信。信中说:“他们是一支有现代装备的又经过严格锻炼的工程队伍,太宝贵了,国家应该把它用在必要攻取的重点方面。”从 1958 年到 1965 年,成长起来的三门峡水电建设大军,足迹遍及 20 多个省、市、自治区,建设了 18 座大型水库和发电站。据不完全统计,经过三门峡水利枢纽工程洗礼而成长起来的省部级干部有 12 人,司局级干部 380 多人,高级工程师、教授级高级工程师近千人。三门峡水利枢纽工程因此被誉为“新中国水电建设的摇篮”。

一摇篮　一文化

今天,人民治黄事业进入新时代,黄河正在谱写幸福河的新乐章。

党的十八大以来,习近平总书记多次深入黄河流域考察调研,对黄河流域生态保护治理提出了明确要求,为黄河流域高质量发展指明了方向。2019 年 9 月 18 日,习近平总书记在郑州主持召开黄河流域生态保护和高质量发展座谈会,发出了“让黄河成为造福人民的幸福河”的伟大号召,并指出:“黄河文化是中华文明的重要组成部分,是中华民族的根和魂。要推进黄河文化遗产的系统保护,守好老祖宗留给我们的宝贵遗产。要深入挖掘黄河文化蕴含的时代价值,讲好‘黄河故事’,延续历史文脉,坚定文化自信,为实现中华民族伟大复兴的中国梦凝聚精神力量。”

九曲黄河十八弯,一方水土一方人。从夸父逐日、黄帝铸鼎、禹开三门的美丽传说,到召公问政、魏野跑驾、杨震“四知”的历史佳话;从仰韶村现代考古发端地,到庙底沟文化的华夏之花;从老子著经、达摩西归的宗教哲学思想,到智慧人生的完璧归赵、白马非马;从终军弃繻的个人意志体现到中流砥柱的中华民族精神象征……黄河孕育了崤函大地璀璨夺目的历史文明,也积淀了丰富厚重的三门峡文化。黄河三门峡和三门峡水利枢纽因其多姿多彩的历史传说、灿若星河的文艺创作、全国支援的重大影响、治河开端的历史地位、艰苦创业的宝贵精神等,形成了独具特色的工程文化,构成了黄河文化、三门峡文化的重要组成部分。

为讲好黄河故事,系统总结黄河三门峡历史,大力弘扬黄河文化和黄河三门峡文化,凝聚力量,启迪智慧,作为三门峡水利枢纽管理者和黄河安澜守护者的明珠集团,启动了黄河三门峡水利枢纽文化丛书整理编纂工作。通过广泛搜集资料,并在浩若繁星的史料中认真甄选,精心编排,分类成册,形成了黄河三门峡水利枢纽文化丛书(以下简称丛书)。丛书总计十册,陆续出版。各分册分别从党和国家领导人的关心关怀、人民日报等重大媒体的聚焦报道、历代文人墨客的吟咏创作、中外水利专家的探索论证等不同角度进行编选，力求立体化地呈现三门峡水利枢纽工程建设的“前世今生”和党领导人民治理黄河的丰功伟绩，全方位展示黄河三门峡的红色基因之美、黄色根基之美、绿色生态之美、中流砥柱精神之美、水电建设者的摇篮之美、“万里黄河第一坝”之美，为黄河文化宝库献出绵薄之力。

文化是一个国家、一个民族的灵魂。在伟大的中国共产党成立100周年之际，在走进新时代开启新征程的历史时刻，在黄河流域生态保护和高质量发展成为重大国家战略的重要机遇期，在深入推进党史学习教育的关键节点，出版三门峡水利枢纽文化丛书，应该说恰逢其时。丛书的出版发行，旨在以书为媒，彰显中国共产党的初心使命；旨在以史为鉴，凸显中国共产党人的历史担当；旨在以坝为镜，昭显中国共产党的治河伟绩。我想，这对于保护传承弘扬黄河文化、讲好黄河故事、坚定文化自信是积极而有益的。

是为序。

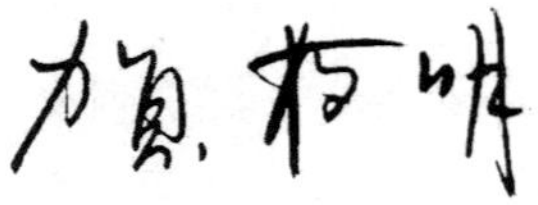

2021年5月

前　言

黄河宁,天下平。

从某种意义上讲,中华民族治理黄河的历史也是一部治国史。1952 年 10 月,毛泽东主席首次离京视察就选择了黄河,并发出了“要把黄河的事情办好”的伟大号召。五年弹指一挥间。1957 年 4 月 13 日,举世瞩目的黄河三门峡枢纽开工建设,党领导的人民治黄事业掀开了全新篇章。

三门峡水利枢纽是最先承载国人“俟河之清”“河清海晏”千年一梦的“探路先锋”工程,其探索过程之漫长,建设过程之火热,运行过程之曲折,集中展现了党领导下的人民治黄事业从胜利走向胜利的光辉历程。可以说,三门峡水利枢纽的建设与管理,是一部党领导人民不断探索、认识、掌握、运用规律的治黄实践史,也是一部人民群众与黄河洪水泥沙顽强斗争并不断取得成功的奋斗史。

作为黄河梯级开发的重要组成部分,三门峡水利枢纽在经历过兴建、改建和运用方式的三次调整之后,不断焕发出新的生机。60 年来,在黄河防洪、防凌、灌溉、供水、发电、减淤和生态环境保护等方面发挥了巨大作用,成为黄河防洪减淤体系、水沙调控体系中极其重要的一环,为中华人民共和国水利水电事业发展积累了宝贵经验,不仅被誉为“万里黄河第一坝”,更被称为“新中国水电建设的摇篮”。

而今,黄河流进新时代。2019 年 9 月 18 日,黄河流域生态保护和高质量发展座谈会在郑州召开,习近平总书记发出了“让黄河成为造福人民的幸福河”的伟大号召,万里黄河处处绽放出勃勃生机。

文化自信是更基础、更广泛、更深厚的自信,是更基本、更深沉、更持久的力量。三门峡黄河明珠(集团)有限公司作为三门峡水利枢纽的守护者,深入贯彻落实习近平总书记关于治水工作的重要讲话精神,大力推进保护传承弘扬黄河文化,黄河三门峡水利枢纽文化丛书编纂工作应势启动。丛书分册收录整理了与三门峡水利枢纽相关的诗词歌赋、历史故事,以及建设管理过程中的新闻消息、图片资料、技术论文等,力求从不同的角度深度发掘和反映历史面貌,真实还原三门峡水利枢纽的发展历程,全景展现中国共产党带领人民治理黄河的丰功伟绩。

《媒体眼中的黄河三门峡》为黄河三门峡水利枢纽文化丛书分册之一。本书从新闻的角度来记录三门峡水利枢纽的前世今生，为读者提供了一个特别的视角。全书分央媒聚焦、地方凝眸、行业关注三个部分，聚焦各大报纸杂志刊登过的关于三门峡水利枢纽的相关新闻，真实记录三门峡水利枢纽在规划建设及管理运用历程中的新闻事件、新闻故事等。其中，许多珍贵的央媒新闻报道皆是通过多种渠道首次收集。

黄河三门峡水利枢纽文化丛书编写工作得到了陕西李仪祉纪念馆、河南省图书馆、黄河水利委员会《黄河志》总编辑室、中共三门峡市委党史研究室、水电十一局、苏州吴作人艺术馆等单位和部门的大力支持与配合，在此一并表示感谢。由于时间仓促、水平有限，其中有许多不足之处，恳切希望广大读者多提宝贵意见，以便更好地改进提高。

编　者

2021 年 5 月

目　录

央媒聚焦

人民日报

其　他

地方凝眸

行业关注

央媒聚焦

黄河流域的规划工作胜利完成

《人民日报》(1954 年 12 月 23 日)

本报讯 黄河流域的规划工作已经胜利完成。黄河中游最大水利枢纽三门峡水库的地质探验和测量工作正积极进行。

黄河规划委员会在“黄河综合利用技术经济报告”中,提出了解决以下几个问题的方案:第一,有效地解决黄河下游的防洪问题;第二,合理地解决流域内的土地灌溉问题;第三,解决流域内新建和拟建各工业基地的电力供应问题;第四,大力开展西北黄土区的水土保持工作,制止水土流失,进一步发展西北地区的农业生产;第五,发展黄河的航运问题。

报告并根据我国目前迫切需要和可能,提出了第一期工程目标。其中,比较重要的是三门峡(河南陕县以东)和刘家峡(甘肃兰州以西)两大水利枢纽。三门峡水利枢纽是治理和开发黄河的关键,水库建成后,就可基本解决黄河严重的水灾威胁;河北、山东、河南三省广大农田将得到灌溉;利用水力发电,可使以上三省的工农业生产得到充分的电力供应;下游航运将得到发展。三门峡水利枢纽地质为坚硬的火成岩,是良好的高坝基础;地势优良,工程结构单纯,可在较短时期内建成。刘家峡水利枢纽,为黄河河口镇以上主要工程之一。这一水利枢纽完成后,不但兰州一带工业将得到充分电力供应,同时还可免除黄河洪水对兰州的威胁,使原宁夏和河套广大灌溉区得到发展,银川至清水河一段航运得到保证。报告中指出,黄河第一期灌溉工程完成后,全流域将有百分之五十的水量用于灌溉,新的灌溉区将增加到现有灌溉面积的两倍。远景计划完成后,灌溉面积将增加到现有灌溉面积的八倍,实际上黄河的现有水量,将全部被利用。报告中认为,在兴建第一期工程同时,对水土保持工作也应积极进行。

黄河流域的规划工作,是在苏联专家组直接指导下进行的。“黄河综合利用技术经济报告”也在今年二月开始编制。苏联专家、我国有关各部负责同志和我国专家组成了黄河查勘团,在黄河流域的各重点地区进行实地查勘,就地解决了关于规划工作上的许多原则问题,并听取了各省(区)有关负责同志对于黄河规划工作的意见和希望,为规划工作搜集了更多的补充资料。黄河规划委员会在规划工作中,得到了水利部、燃料工业部、农业部、林业部、交通部、地质部、铁道部和中国科学院等部门的经常帮助;甘肃、陕西、山西、河南、河北、山东等省和内蒙古自治区的许多农、林、水利干部,也积极参加了这项工作,协助了这一工作的顺利完成。

变害河为利河
——治黄展览参观记

《人民日报》(1955 年 4 月 26 日)

治黄展览会 4 月 17 日在郑州市开幕了。当人们伴随着黄河大合唱的歌声走过展览馆时,首先就被高悬在门上的“变害河为利河”六个大字强烈地吸引着。展览馆里陈列有甘肃省唐徕渠、洛阳龙门石佛等照片,有“伟大的黄河”模型,有“黄河流域概况和历代变迁示意图”电动模型。它告诉人们:黄河是祖国的第二条大河,全长 9700 多里[1];流域面积 70 多万平方公里,黄河流域居住有 18000 万人口。黄河两岸是我国的小麦、谷子和棉花的主要产区;这里盛产烟叶和大宗的畜产品;地下蕴藏有煤、铁等丰富的矿产资源。

黄河原是我国人民的一大财富,只是在历代的反动统治者长期摧残下,黄河上、中游古代的森林和大片的草原遭到严重破坏,水土流失日益加重,才使黄河成为多淤善决的悬河。

观众们接着从展览会上看到了人民治黄的巨大成就。电动模型告诉人们:人民治黄 9 年的总投资,相当于反动统治时期 1914~1932 年的几十倍,其中用于治本准备、水土保持、兴修水利等项的经费,是逐年增多的。到 1954 年,黄河下游共培修了 3000 多里的大堤,黄河大堤的堤身已高出 1933 年洪水水位的 1.5~3 公尺。黄河下游堤防沿线原有的秸料坝埽,现在已经改为石料坝埽。9 年来治黄的工人对大堤普遍进行了钻探工作,发现堤身内部洞穴 8 万多处,并及时加以整修和填补,使黄河大堤更加坚实可靠,大堤防御洪水的能力逐步提高,从而赢得了安度八次大汛的奇迹。几年来,黄河下游所修建的石头庄溢洪堰工程和东平、凉山滞洪区,并为防泄 23000 秒公方流量的异常

---

[1] 1 里 = 500 米,下同。

洪水做了准备。展览会上还展出了著名的引黄灌溉济卫工程。它现在能放水灌溉武陟、新乡等县60多万亩农田。灌溉区内在1952年秋、1953年和1954年麦季的农业增产达到了880万元。黄河水被引来调剂卫河的水量后，从新乡到天津和塘沽930多公里的航道，在涸水期也能保持正常的水位，货运量大为增加。展览会上还展出过去几年在黄河下游兴办的其他各项水利工程。1953年年底完成的黑岗口虹吸引黄工程，改变了开封市的环境卫生，黄河的水灌溉了开封市周边2万多亩土地，开封市的工业用水也得到了充足的来源。其他还有山东省利津县虹吸引黄工程和菏泽专区宋金河控制闸等工程。

会上展出的黄河流域开展水土保持工作的一部分，给人们算了个账：黄河中游地区每年被冲刷的泥沙，经过陕州输送到下游和入海的有13.8亿吨。这就使得黄河下游河道多淤、难治，中游黄土高原地区被冲得支离破碎，千沟万壑。1950年黄河水利委员会开始在甘肃、陕西等地建立水土保持实验站，动员当地农民在坡地上植树、种草、修梯田，使“水不下原、土不下坡、泥不出沟”，使泥沙流失大为减少，为根治黄河创造了条件。展出的展览品接着告诉了观众，人们为了摸清黄河的病症在水文工作和泥沙研究方面所做的努力。人民治黄以来，先后在黄河干、支流各地建立起200处水文站、400处雨量站，构成了全河的水文控制网，以致在每年汛期可以迅速而及时地得到可靠的资料，做好洪水预报。与此同时，黄河沿线的水文工作者又整编了1919~1952年黄河的水文资料，对历史上几次著名的大水做了分析，为今后防洪和治本工作提供了宝贵的水文资料。参加水文和泥沙研究工作的广大职工，在工作中发挥了社会主义劳动热情，发明和创造了许多新式仪器。如潼关水文站工作者创造的降雨警铃，可以把下雨的开始时间和停止时间自动告诉室内工作者，管雨量的人再不用日夜守着降雨计了。黄河水利委员会建立的泥沙研究，已对黄河泥沙的来源、特点和运行规律有了认识，为根治黄河做出了重大贡献。

当观众们走进第二展览室，便看到参加治黄的人们在测量、钻探和查勘等工作方面所取得的成就。这里有勘测用的各种仪器，有在险山凶水的三门峡日夜进行测量和钻探的紧张场面的模型，有经过千山万水从河源取回来的石头，有从陕北安塞县采来的7000万年前的鱼化石，已发展到1000多人的测量队，5年来完成了地形测量46000平方公里、精密水准测量5200平方公里。大批的查勘队，走遍了黄河的全流域，越过了无数崇山峻岭，急流险滩，查勘总面积达42000平方公里，查勘河道21600多公里。经常在峡谷中艰苦工作的钻探队,已经钻探了数十处坝址,总深度达14000公尺。

第三展览室里的展览品特别吸引观众。它也形象地说明了人民改造黄河后的幸福远景:将来浑浊的黄水要变为清水,决口和改道的灾难要成为历史名词,大批水电站发出的便宜电力可推动沿河城市和工矿经济建设的发展;水库和壅水坝可以使沿河出现许多新的大灌溉区;中、下游数千里的河道内,扬帆鸣笛的帆船和轮船,可以畅行无阻;西北土地贫瘠的高原地区,将要变得风调雨顺,美丽富饶。

机械展览场里陈列着的动力车、钳工车、锻工车、修理车等一套活动工厂和钻探机、钻探用的抽水机等机械,使观众们从这里了解了国家治黄的决心、治黄投资的巨大、治黄的规模。

全国人民代表大会举行全体会议 邓子恢做关于黄河规划的报告

《人民日报》(1955年7月19日)

中华人民共和国第一届全国人民代表大会第二次会议七月十八日下午五时到六时三十分举行全体会议。执行主席是:黄炎培、刘澜涛、蔡畅、彭泽民、叶圣陶、奎璧、陈绍宽。

中华人民共和国国务院副总理邓子恢代表国务院在会议上做了“关于根治黄河水害和开发黄河水利的综合规划的报告”。他的报告一次又一次地被热烈的掌声所打断。

邓子恢说,黄河问题是全国人民所关心的。黄河是我国第二大河,全长四千八百四十五公里。黄河流域共有耕地面积六亿五千六百万亩,占全国耕地面积的百分之四十。黄河流域的地下富有煤、石油、铁、铜、铝和其他大量矿藏。在黄河流域各省(区),工业正在迅速发展,许多新的工业城市和工业基地正在建设中。

黄河流域还有一项非常重要的资源,就是黄河水系本身。黄河如能在发电、灌溉、航运等方面加以充分利用,对黄河流域的工业和农业的发展以至整个国家工业化和电气化事业有伟大的意义。但是黄河目前的状况还不能做出这样伟大的贡献。不但如此,黄河还常成为黄河流域及全国的一个大威胁。

邓子恢说,黄河是古今中外著名的一条灾害性的河流。它的灾害主要是水灾。这不但是因为黄河流域的夏季暴雨,更重要的还是由于黄河下游的泥沙淤积。严重的水灾集中在下游。遇到较大的洪水,黄河下游就要发生泛滥、决口以至改道的严重灾害。据历史记载,黄河下游在三千多年中发生泛滥、决口一千五百多次,重要的改道二十六次,其中大的改道九次。黄河的灾害往往波及海河流域、淮河流域和长江下游,威胁二十五万平方公里上八千余万人口的安全。

黄河下游的命运在人民民主时代得到了显著的转变。中国共产党和人民政府领导人民群众对黄河的灾害做了顽强的斗争。从一九四六年花园口复堤起,黄河两岸解放区人民政府就积极领导人民防治黄河的水害。在过去九年中,我们扭转了黄河近百年间几乎每年决口的险恶局面,保证了黄河下游的安全。但是,黄河水害还不能说已经消除。除了严重的水害,黄河还有中游地区的水土流失的严重危害和整个流域的严重旱灾。这些都使农业生产受到很大的损害。

邓子恢接着指出,我们在黄河问题上的任务,就是不但要从根本上治理黄河的水害,而且要同时制止黄河流域的水土流失和消除黄河流域的旱灾;不但要消除黄河的水旱灾害,尤其要充分利用黄河的水利资源来进行灌溉、发电和通航,来促进农业、工业和运输业的发展。总之,我们要彻底征服黄河,改造黄河流域的自然条件,以便从根本上改变黄河流域的经济面貌,满足现在的社会主义建设时代和将来的共产主义建设时代整个国民经济对于黄河资源的要求。

邓子恢接着指出我们应当采取的方针和方法。他说,在我国历史上,广大的人民曾经不断地同黄河的水害做过伟大的斗争。但是过去时代治理黄河的人都没有能从根本上解决黄河问题。这是因为他们只是想办法在黄河下游送走水,送走泥沙。事实已经证明,水和泥沙是"送"不完的,送走水、送走泥沙的方针是不能根本解决问题的。我们今天在黄河问题上必须求得彻底解决,通盘解决,不但要根除水害,而且要开发水利。从这个要求出发,我们对于黄河所应当采取的方针就不是把水和泥沙送走,而是要对水和泥沙加以控制,加以利用。这需要依靠两个方法:第一,在黄河的干流和支流上修建一系列的拦河坝和水库。第二,在黄河流域水土流失严重的地区,主要是甘肃、陕西、山西三省展开大规模的水土保持工作。从高原到山沟,从干流到支流,节节蓄水,分段拦泥,尽一切可能把河水用在工业、农业和运输业上,把黄土和雨水留在农田上——这就是控制黄河的水和泥沙、根治黄河水害、开发黄河水利的基本方法。

邓子恢接着在叙述了黄河规划设计文件的编制经过后,说明了黄河综合利用规划的远景计划和第一期计划。远景计划的主要内容,首先就是“黄河干流阶梯开发计划”,也就是在黄河干流上修建一系列的拦河坝,从而把黄河改造成为“梯河”的计划。这一计划拟定由青海贵德上游龙羊峡起,到河南成皋桃花峪止,按照河流的特点,把黄河中游分做四段来分别加以利用。根据初步设计,在黄河中游的四个河段准备修建适应于不同条件不同任务的拦河坝四十四座,另外在黄河下游也准备修建用于灌溉的拦河坝两座,共四十六座。

黄河干流阶梯开发计划已选定在陕县三门峡地方修建一座最大和最重要的防洪、发电、灌溉的综合性工程。三门峡河道窄狭,河底都是坚固的岩石,便于修建大型的水坝。被这个水坝拦阻的河水将形成巨大的水库,它的容积将仅次于世界上最大的古比雪夫水电站的水库,它的面积约为二千三百五十平方公里,比太湖还大些。此外,在青海的龙羊峡、积石峡和甘肃的刘家峡、黑山峡,也将修建大型的综合性水利工程。其中,刘家峡水库容积可达四十九亿公方。在黄河的重要支流还计划修若干处水库,其中少数是综合性工程,多数是为拦蓄支流的泥沙。

邓子恢说,在黄河干流、支流一系列的水坝修成以后,黄河流域将发生如下的变化:第一,黄河洪水的灾害可以完全避免。下游河水将变为清水,河身将不断刷深,河槽将日趋稳定。因此,现在下游人民的各种防洪负担,将来都可以解除。第二,利用黄河干流上的四十六座拦河坝可以发电二千三百万千瓦,每年平均发电量达到一千一百亿度(千瓦时)。这将使青海、甘肃、内蒙古、陕西、山西、河南、河北等地工业及交通运输业和现代化的农业得到廉价的电源,使这个广大地区电气化,并将为国家节约大量燃料用煤。黄河支流上的水库也都可以发电。第三,黄河灌溉土地的面积可以由现在的一千六百五十万亩扩大到一亿一千六百万亩,占黄河流域需要由黄河灌溉的全部土地面积的百分之六十五。第四,在四十六座拦河坝修成并安装过船装置以后,黄河中下游的水量可以按照需要来调节,因此就可以全线通航。五百吨拖船将能由海口航行到兰州。

邓子恢指出,在实行黄河干流阶梯开发计划的时候,必须同时在甘肃、陕西、山西三省和其他黄土区域展开大规模的水土保持工作。只有在黄土区域从农作技术、田间工程、造林和水利方面进行一系列的长时期的水土保持工作，才能从根本上制止泥沙的下泻，并延长干流水库的寿命。邓子恢在说明了保持水土的各项措施以后指出，计划完全实现以后，黄土区域的面貌将大为改变，这一区域的农业生产及林业、牧业生产都将大为增加，而黄河的水灾问题也将得到根本的解决。

邓子恢接着介绍了这个规划的第一期计划。他说，完全实现黄河综合利用规划的远景计划需要几十年时间，例如完全实现水土保持的远景计划将需要五十年时间。为了首先解决黄河的防洪、发电、灌溉和其他方面最迫切的问题，黄河规划委员会提出了在一九六七年以前实施的第一期计划。第一期计划规定首先在陕县下游的三门峡和兰州上游的刘家峡修建综合性工程。三门峡工程对于防止黄河下游洪水灾害有决定性的作用。同时，在三门峡修建的水电站可以发电一百万千瓦，可以供给陕西、山西、河南等地相当时期内在工业上和其他方面的需要。刘家峡水库的水电站也可以发电一百万千瓦，可以使甘肃一带新发展的工业区用电需要得到满足。刘家峡水库还可以保证下游原宁夏、绥远省境灌溉和航运的需要。

邓子恢说，三门峡水库和水电站拟定在一九五七年开始施工，到一九六一年完成。三门峡下游支流的水库也拟定在一九六四年以前完成。

邓子恢说，在灌溉方面，按照第一期计划，将扩大灌溉土地三千零二十五万亩；同时，将对原有灌溉区一千一百九十八万亩的灌溉状况加以改善。第一期计划完成的结果，将使黄河的许多段可以通航，通航距离约占黄河中下游全长的一半。第一期的水土保持工作也是一个巨大的计划，其中仅改良耕作面积就达一亿二千七百万亩，改良天然牧场就达一亿三千四百六十万亩。此外，还要培植人工牧场、种植果园、停耕陡坡、修梯田、修带截水沟的梯田、修地边埂的耕地、造林育苗、封山育林、修水窖、修涝池、修路壕蓄水堰、修沟头防护设备、修谷坊、修淤地坝、实施小型灌溉、修水漫地、修沟壑土坝、修理沟壑区道路等。它需要广大农民积极支持，并且需要政府和农民共同进行大量的投资。实现了这一计划，当地农业生产量将增加一倍，而黄河的泥沙在这一计划和支流拦泥水库修建计划完成以后，则将减少一半左右。

邓子恢说，为了实施黄河综合利用规划的第一期工程，初步估算需要投资五十三亿二千四百万元。这是一笔很大的投资，但是这笔投资是完全值得的。第一期计划完成后，仅仅从灌溉方面说，每年就可以增产粮食五十四亿七千斤，棉花四亿斤，这两项增产的价值，每年达到八亿五千六百万元，十年就是八十五亿六千万元，大大超过了十五年投资的总值。再从发电方面看，三门峡和刘家峡两座水电站每年发的电就值五亿八千八百万元，十年的收入也超过了十五年投资的总值。第一期计划的完成在航运方面也将产生巨大的经济效益,何况第一期计划根本解决了黄河的洪水问题,只是用于防汛的费用每年就可以省下两千万元。

邓子恢指出,为了实现这一规划,不仅仅需要政府的努力,还需要全国人民的努力。毫无疑问,全国人民将在人力上、物力上、财力上坚决地支持这一伟大计划的实施。黄河流域各省(区)的人民,将在这一计划实施的过程中做出最大的贡献。甘肃、陕西、山西三省农民,三省的省、县、乡各级人民委员会,三省的共产党员和各民主党派、各人民团体的各级地方组织的工作人员,对于水土保持计划的执行负有最重要的责任。我们相信,他们为了自身利益、本地方的利益和全国人民的利益,一定能够把他们的责任充分地担负起来。

邓子恢说,黄河规划的拟定说明我国的水利事业正在迅速前进。我们不但要根治和开发黄河,而且要根治和开发长江及其他重要河流。关于长江的规划将在第一个五年计划期间收集资料,在第二个五年计划期间制定规划并逐步地着手实施。政府在一九五四年十月向苏联政府提出了聘请协助我国进行长江规划的专家综合组的要求,苏联政府已经又一次慷慨地同意了我们的要求。邓子恢对苏联在黄河规划、三门峡工程设计和长江规划方面对我国的巨大的援助,表示感谢。

一个战胜自然的伟大计划

《人民日报》(1955 年 7 月 20 日)

在第一届全国人民代表大会第二次会议七月十八日的全体会议上,国务院副总理邓子恢同志做了“关于根治黄河水害和开发黄河水利的综合规划的报告”。这个报告在我国历史上第一次全面地提出了彻底消除黄河灾害,大规模地利用黄河发展灌溉、发电和航运事业的富国利民的伟大计划。这个计划集中地体现了千百年来我国人民的愿望,也给今天正为祖国社会主义建设事业而忘我劳动的全国人民带来了巨大的鼓舞。

毛泽东同志说过:“我们正在做我们的前人从来没有做过的极其光荣伟大的事业。”我们的五年计划与根治和开发黄河的计划,就都是这光荣伟大事业的一个部分。

黄河流域是我国历史的发源地和文化的摇篮，在一个长时期内是我国政治和经济的中心。黄河流经的青海、甘肃、内蒙古、陕西、山西、河南、山东等省（区），有广大的耕地和丰富的矿藏。根据我国第一个五年计划的规定，黄河流域各省（区）的工农业正在迅速发展，许多新的工业城市和工业基地正在建设中。根治黄河水害和开发黄河水利，对于这些新工业城市和工业基地的建设无疑地有巨大的作用。

但是，黄河也是自古以来最难驯服的一条河流。据历史的记载，黄河下游在三千多年中发生泛滥、决口一千五百多次，重要的改道二十六次。黄河的每次泛滥、决口和改道都造成人民生命财产的惨痛损失，常常有整个村（镇）甚至整个城市人口被大部分或全部淹没的惨事。显然，我们必须根治黄河的灾害，才能保证开发黄河流域的计划的胜利实现，才能利用黄河丰富的水力资源为人民服务。

我国人民和黄河曾经进行了几千年的斗争。我国历史传说中的大禹，就以治河有功而受到后人的崇拜。在河南、山东境内黄河两岸，人民群众就筑了一千八百公里的河堤至今还是我们同黄河水害做斗争的重要武器。但是，过去的人民限于社会的条件和科学、技术的条件，从来没有也根本不可能有根治黄河水害和开发黄河水利的办法。只有在今天，在共产党和人民自己的政府领导的国家，在主要生产手段已为社会掌握而广大人民已从重重剥削和压迫下获得了解放的时候，再加上现代的科学技术水平，治理和开发黄河的事业才有了光明的前途。中华人民共和国成立以后，在进行根治淮河和荆江分洪等规模巨大的水利工程的同时，就开始了黄河、长江等重要河流的勘察工作。黄河综合规划的伟大计划，就是几年来努力的第一个成就。这个计划雄辩地说明了在新的社会条件和技术条件下人类控制和利用自然的无穷力量。恩格斯在“反杜林论”中写道：“随着人类成为自己社会关系的主人翁，他们也就以同样程度成为自然界的真正的和自觉的主人翁。”我们治理和开发黄河的重要社会意义也正是这样。

根治黄河水害和开发黄河水利的综合规划，包括远景计划和第一期计划。远景计划的主要内容是从青海贵德上游龙羊峡起，到山东济南泺口止，在黄河干流上修建四十六个水坝；在黄河的重要支流如无定河、清涧河等处修建二十四座水库，并在上中游进行大规模的水土保持工程。在这一系列的工程完成以后，我们就可以控制黄河的水流，拦蓄大量的泥沙，并在此基础上发展灌溉、发电和航运事业。这样，黄河下游的河水将逐渐澄清，河身将不断刷深，河道将日趋稳定，黄河泛滥、缺口和改道的灾害将一去不返了。既然控制了洪水，也就可以进一步利用黄河的水利为人类服务了。在远景计划全部实现以后，黄河的灌溉面积将由现在的一千六百多万亩扩大到一亿一千六百万亩，灌溉区的农产物可以增加一倍以上，每年约可增产粮食一百三十七亿斤，棉花十二亿斤（比一九五四年全国棉花产量的二分之一还多）。黄河流域的发电事业也将大大发展，仅仅黄河干流本身，每年发电量就可达一千一百亿度（千瓦时），相当于一九五四年我国全国发电量的十倍。巨大的电源可以保证黄河流域的工业、交通运输业、现代化农业以及广大居民获得廉价的电力供应，在这一地区内实现电气化，并且每年可给国家节约燃煤七千万吨，比一九五二年全国原煤的产量还多些。我国华北、西北地区，从古至今一直缺乏横贯东西的航运系统，给这个地区的交通运输事业造成极大的不方便。彻底开发黄河以后，黄河的航运事业也有了光明的前途，到那时候五百吨的拖船由海口溯河西上，一直可到兰州，使黄河流域的交通运输状况得到极大的改善。由此可见，根治和开发黄河的计划是一个有伟大的经济意义的计划。

黄河综合规划表明了水的重要，水是最宝贵的、最廉价的和取之不竭的“燃料”和“肥料”。过去许多人只感觉黄河的水有害，而不知道黄河的水有利；只感觉黄河的水太多，而不知道黄河的水太少。这种观点是必须改变了。唐朝的诗人李白说：“黄河之水天上来，奔流到海不复回。”这第二句话在黄河综合利用规划实现以后不再是正确的了。黄河的水不能够再自由地奔流到海，而必须在一路为人民发出巨大的电力，给人民通航，并且绝大部分的水量不是下海而是灌溉到两岸的农田上去，几乎没有浪费。我们祖国有巨大的水利资源，我们应该用同样的方法来利用所有的水利资源，不让它们浪费。

根治黄河水害和综合开发黄河水利，需要经过几十年的时间，需要投入大量的人力和物力。为了首先解决黄河的防洪问题和其他的迫切问题，黄河规划委员会已经拟定在三个五年计划期间，即从现在到一九六七年实施的第一期计划。这个计划包括修建能够防洪、发电、灌溉的三门峡工程（河南陕县附近）、刘家峡工程（甘肃兰州附近），修建十多座防洪、灌溉用的中小型水库，进行大规模的水土保持工作。第一期计划的实施，将为根治黄河打下良好的基础。

实现治理黄河的第一期计划，不仅是黄河流域人民的任务，而且是全国人民的任务。我国人民对于治淮工程和荆江分洪工程，曾经给予热切的关心和有力的支援；对于比这些工程更有伟大意义的根治和开发黄河的工程，难道还能不寄予更大的关心和给以更有力的支援吗？

为了实现黄河规划的第一期计划，当前的首要任务，就是要积极完成三门峡和刘家峡水电站的设计和施工的准备，用准确、有效的工作，保证这些工程按时开工。一切负责供应这些工程以器材、设备的工厂，要保证生产质地良好的产品，并且及时送到工地去。其他还待进一步确定的工程项目，应当积极完成勘测工作。黄河中上游的农民们应该按照国家计划和当地情况，做好水土保持工作。这是提高当地农业生产的有效措施，也是根治黄河的严重步骤，应该及早动手，努力争取按时完工。黄河中下游的农民和民工们要继续发扬光荣传统，加工加固黄河大堤，加强已有的滞洪区的设施，兴修新的溢洪堰，尽一切努力保证黄河在得到根治以前不决口，不改道。我们要向全国人民和水库区需要迁移的居民广泛地宣传根治和开发黄河的意义，使水库区的居民懂得全国人民的整体利益和自己的长远利益的一致性，准备在将来按照工程的需要，在一个长时期内陆续实现政府拟定的迁移、安置计划。

治理和开发黄河是一件综合性的伟大事业，水利、林业、农业、工业、交通运输业和科学研究各部门，黄河流域各级党和政府机关，必须密切配合，协同动作，在中央的统一号令之下，步伐整齐地向改变黄河流域自然面貌的伟大目标进军。

彻底消除黄河水害，综合开发黄河水利，这是我们的祖先经常设想但是没有做到的事情。这件事情就要由我们这一代人在几十年内胜利完成。几千年来，我们的祖先为控制黄河做过顽强、持久的斗争；在几十年内，我们这一代人要完全赢得这个斗争。人们可以想到，这个斗争多么重大，这个任务多么光荣！我们一定要治好黄河、淮河、长江和其他大江大河。我们有战胜一切困难的坚决意志。“让高山低头，让河水让路！”就是我们的口号。

关于根治黄河水害和开发黄河水利的综合规划的报告

——在一九五五年七月十八日的第一届全国人民代表大会第二次会议上

中华人民共和国国务院副总理　邓子恢

《人民日报》(1955 年 7 月 20 日)

各位代表!

现在我代表国务院做关于根治黄河水害和开发黄河水利的综合规划的报告。因为这一规划所涉及的不止五年,它的第一期工程就需要到一九六七年才能完成,所以需要作为第一个五年计划以外的单独的问题来讨论。

黄河问题是全国人民所关心的。黄河是我国第二大河,从青海的约古宗列曲发源,流经青海、甘肃(包括原宁夏省)、内蒙古、陕西、山西、河南、山东等省(区),在山东利津以东入海,全长四千八百四十五公里。黄河流域的面积,按自然地理的观点计算(以地面的水是否流入黄河来划分流域的界限),是七十四万五千平方公里。我们在这里为着经济统计上的便利,仍按过去习惯,把黄河所经青海省、甘肃省、内蒙古自治区原绥远省部分、陕西省、山西省、河南省、山东省的全境,加上同黄河密切相关的河北省的全境,都算作黄河流域的范围。黄河流域是我国历史的发源地和文化的摇篮,在一个长时期内是全国政治和经济的中心。据一九五四年统计,黄河流域共有耕地面积六亿五千六百万亩,占全国耕地面积的百分之四十;其中,小麦播种面积占全国的百分之六十一点七,各种杂粮播种面积占全国的百分之三十七至六十三不等,棉花播种面积占全国的百分之五十七,烟叶播种面积占全国的百分之六十七。黄河流域的地下富源有煤、石油、铁、铜、铝和其他大量矿藏。在黄河流域各省区,工业正在迅速发展,许多新的工业城市和工业基地正在建设中。

黄河流域还有一项非常重要的资源,这就是黄河水系本身。根据近几十年的水文观测资料，黄河的多年平均水量约为四百七十亿公方❶，虽然只约有长江的多年平均水量的二十分之一，但是只要充分利用，却可以把灌溉区域扩大到一亿一千六百万亩土地，在这个灌溉区域内可以使粮食增产一百三十七亿斤，棉花增产十二亿斤。在黄河水量得到适当的调节以后，黄河在青海贵德以下直到海口还可以通航。黄河的水力尤其宝贵。黄河河源比海平面高出四千三百六十八公尺❷，仅从青海贵德以下的水力就可以发电二千三百万千瓦，每年能发电一千一百亿度（千瓦时），对黄河流域的工业发展以至整个国家工业化和电气化事业有伟大的意义。黄河由于地形优越，大多数水电站的造价都比其他地方低廉；至于发电成本，可以低到等于目前我国火力发电成本的十分之一左右。

但是黄河目前的状况还不能做出这样伟大的贡献。虽然黄河流域正在发展为巨大的工业区，黄河的水力发电却完全没有开始。黄河沿岸的灌溉区现在只有一千六百五十万亩，而且在大部分地方设备陈旧，不能保证灌溉的需要。黄河上现在没有现代化的航运，只在个别的互相隔离的河段上通行载重十至七十五吨的木船及皮筏。不但如此，黄河还常常成为黄河流域及全国的一个大威胁。

黄河是古今中外著名的一条灾害性的河流。它的灾害主要是水灾。黄河流域雨量很少，平均全年只降雨四百公厘❸，约为长江中游的地区平均全年雨量的三分之一，东南沿海地区平均全年雨量的四分之一。但是黄河流域每年降雨量的一半左右经常集中在夏季的七八两月，在此期间有时一个地方一个月甚至可以下七八百公厘；并且夏季的雨多是暴雨，有时一个地方一天可以下一百五十公厘。这种夏季的集中的暴雨经常造成洪水暴涨，称为“伏汛”。黄河在陕西境内支流很多，如果夏季暴雨的面积较大，几个支流同时涨水，就会造成特大的洪水。如黄河在河南陕县的多年平均流量每秒只有一千三百公方，但在一九三三年夏季的最大洪水流量曾达到二万二千秒公方，在一八四三年（清道光二十三年）的最大洪水流量据专家推算则达三万六千秒公方左右，因而都造成极严重的水灾。黄河的水灾大部分是这种夏季暴雨造成的。此外，有时九十月间也可能有大雨造成洪水，称为“秋汛”。三四月间，冰雪融化也常引起洪水，称为“桃汛”。黄河在甘肃、内蒙古边境和山东境内

❶ 1 方（公方）= 1 立方米，下同。

❷ 1 公尺 = 1 米，下同。

❸ 1 公厘 = 1 毫米，下同。

是由南向北流的,在南部化冰的季节北部往往还在封冻,大量流冰在下游被阻,壅塞河道,也会造成河水暴涨,称为"凌汛"。

黄河的水灾之所以特别严重,不但是因为黄河流域的夏季暴雨,更重要的还是由于黄河下游(指由沁河口到海口的一段;由青海贵德到沁河口称为中游;贵德以上称为上游)的泥沙淤积。黄河之所以叫黄河,就因为它是一条泥沙河;俗语说"跳下黄河洗不清",就表现了它的这个特点。黄河的含沙量在世界各国的河流中占第一位。每公方水的多年平均含沙量在埃及尼罗河是一公斤❶,苏联阿姆河是四公斤,美国科罗拉多河是十公斤,而黄河在河南陕县却达到三十四公斤。根据水文资料计算,黄河每年经过陕县带到下游和海口的泥沙平均达到十三亿八千万吨,体积约折合九亿二千万公方;如果用这么多泥沙堆成高宽各一公尺的土坝,足够绕地球赤道二十三周!黄河既然有这样多泥沙,到了下游由于河道平缓,泥沙不能完全入海而大量沉积,河身就逐年淤浅,直至高出河堤两旁的地面,成为"地上河"。泥沙河在泥沙滩上行走,河槽当然很难固定。海口淤积的大量泥沙也逐年伸展,这不但使入海的水道本身变化无常,而且加重了整个黄河下游的危机。因此,遇到较大的洪水,河堤无法约束的时候,黄河下游就要发生泛滥、决口以至改道的严重灾害。

由于上述情况,黄河虽然在中游也有水灾,但严重的水灾却集中在下游。据历史记载,黄河下游在三千多年中发生泛滥、决口一千五百多次,重要的改道二十六次,其中大的改道九次。改道最北的经海河出大沽口,最南的经淮河入长江。因此,黄河的灾害一直波及海河流域、淮河流域和长江下游,威胁二十五万平方公里上八千余万人口的安全。黄河的每次泛滥、决口和改道都造成人民生命财产的惨重损失,常常有整个村镇甚至整个城市人口被大部分或全部淹没的惨事。一九三三年的洪水造成决口五十余处,受灾面积一万一千余平方公里,受灾人口三百六十四万余人,死亡一万八千余人,损失财产以当时银洋计约合二亿三千万元。一九三八年蒋介石政府在河南郑州附近掘开南岸花园口河堤,造成黄河大改道,受灾面积五万四千平方公里,受灾人口一千二百五十万人,死亡八十九万人。由此可见黄河灾害的严重程度。

黄河的灾害同反动统治阶级的罪恶是分不开的。黄河下游的命运在人民民主时代得到了显著的转变。中国共产党和人民政府领导人民群众对黄河的灾害做了顽强的斗争。从一九四六年花园口复堤起,黄河两岸解放区人

---

❶ 1公斤=1千克,下同。

民政府就积极领导人民防治黄河水害。在过去九年中，人民政府培修了黄河大堤共一千八百公里（包括南北大堤、南北金堤和沁河堤），完成了土方一亿三千万公方；将原有保护堤坡的“坝埽”由秸料换成石料，共用了石料二百三十万公方；在大堤上用锥探的方法发现了八万个洞穴和裂缝，都已经加以填补。这样，就根本改变了原有河堤残破卑薄、百孔千疮的狼狈形象——这种形象正是反动统治阶级腐败无能和玩忽人命的象征。中国共产党和人民政府在每年黄河下游汛期都积极地领导当地人民从事护堤防汛工作，人民解放军也积极参加了这个斗争。在护堤防汛的斗争中涌现了很多勇敢勤劳、不怕困难危险的英雄模范。在一九四九年九月黄河洪水情况严重的时候，下游的居民和驻军四十万人曾在党和政府的领导下不分昼夜地轮流防守黄河大堤约一个月之久，终于胜利地渡过了危险。此外，由于山东河道窄狭，不能排泄大量洪水，人民政府在山东东平湖两侧建立了可以从黄河临时分出洪水约三千秒公方的滞洪区；又在河南长垣到山东寿张的黄河大堤和大堤北面的金堤之间建立了可以临时分出洪水五千秒公方的大型滞洪区，并在它的入口长垣石头庄地方建立了控制滞洪区的溢洪堰。为了减轻凌汛的威胁，除在凌汛期间对冰块组织打冰、爆破、炮轰和飞机轰炸外，还在山东利津小街子地方建立了防凌溢水堰。依靠这一切努力，我们扭转了黄河近百年间几乎每年决口的险恶局面，保证了黄河下游九年来的安全。

以下的比较，可以说明黄河在新中国成立前后的变化：在国民党时期，一九三四年的洪水最大流量（以郑州附近秦厂的流量为准，下同）只有八千五百秒公方，黄河却在河南长垣决口四处，淹及六个县。

一九三五年的洪水最大流量达到一万三千三百秒公方，黄河又在山东鄄城大决口，淹及山东、江苏十几个县，受灾二百余万人。但是在中华人民共和国成立以后，一九五四年的洪水最大流量达到一万四千秒公方，黄河却安然无恙。

但是我们能否说黄河水害已经消除了呢？绝对不能这样说。相反，我们要看到，黄河水害在历史上是不断严重化的。从一〇四八年（北宋中叶，仁宗庆历八年）黄河第五次大改道到一八五五年（清咸丰五年）的八百零七年中间，大改道就发生了三次；从一八五五年到现在的一百年间，决口就发生了二百次。这里主要的原因是黄河下游泥沙淤积的与日俱增。据近年的实际测量,黄河下游河身每年升高一公分❶至一公寸❷不等;有的地方,目前河滩竟比地面高出十公尺。海口淤积的泥沙作四十公里宽的扇面形推进,在一九四九年到一九五一年的三年间曾推进了十公里。泥沙淤积得这样快,单靠河堤加高加固是显然不能解决问题的;而且从某种意义上来说,河堤愈是加高加固,河道内的泥沙因为不能向河堤两旁排泄,淤积也就愈快。因此,在这种恶性循环的状况下,泛滥、决口、改道的危险仍然是完全存在的。我们现在的溢洪堰工程比较简易,只能对付暴涨暴落的洪水,并且修建的时候只以一九三三年的洪水为目标,当时还没有发现一八四三年洪水比一九三三年更大一半的事实。一八四三年的洪水,据当时记载,曾在四十四小时内陡涨二丈零八寸,从河南阌乡涨起,到中牟溢出河堤,经河南东部、安徽北部注入洪泽湖,沿途灾情极为惨重。这次水灾至今还以恐怖的色彩流传在陕县一带的歌谣中,这首歌谣说:"道光二十三,黄河涨上天,冲走太阳渡,捎带万锦滩。"我们必须解决黄河的泥沙淤积问题,彻底治理黄河的水害,使黄河永远不泛滥、不决口、不改道,才能确保无数的太阳渡、万锦滩,确保黄河下游以至海河流域、淮河流域和长江下游千百万人民的安全。

在黄河流域,除了严重的水害,还有中游地区的水土流失的严重危害和整个流域的严重旱灾。

在甘肃东部、陕西的大部、山西的大部以至河南西部的一部,每年都有大量土壤遭受损失。土壤的损失大部分是由于雨水特别是暴雨的冲刷,小部分是由于风力的剥蚀。据陕西绥德水土保持实验站的观测,绥德林家峡降雨十五分钟,雨量十六公厘,在观测区内平均冲刷土壤二点六公厘;同县万马沟降雨六分钟,雨量十六公厘,在观测区内平均冲刷土壤三点八公厘。在黄河中游土壤流失严重地区,每平方公里每年约损失土壤一万吨,地面每年平均约降低一公分。在整个黄河中游地区每年每平方公里土壤约被冲刷三千七百吨,比全世界每年每平方公里土壤被冲刷的平均数量一百三十四吨大二十六倍。据分析的结果,这些被冲刷的土壤每吨含氮素零点八至一点五公斤,磷肥一点五公斤,钾肥二十公斤。由于这种严重的侵蚀,在甘肃、陕西、山西的大片肥沃的高原逐渐被冲成许多坡度很陡、深达两三百公尺的沟壑;然后,由于沟壑不断地增加和扩大,平地逐渐丧失,被割成无数长条形的"山梁"和圆顶形的"山峁",成为"丘陵沟壑地带";而在少数侵蚀最严重的地区,有些丘陵

❶ 1公分=1厘米,下同。

❷ 1公寸=1分米,下同。

上的土壤也已经大部丧失，开始变为荒瘠的石山。这种演变的过程多少年来不断地在上述区域进行着，使这一区域的宜耕地面积逐渐缩小，土壤肥力逐渐下降，农作物产量低下，广大农民的生活条件不容易有大的改善。

黄河流域虽然受着暴雨造成的灾害，但是整个雨量是很不够的；有些地方由于雨量特少，如甘肃北部和内蒙古西南部，已成为沙漠区或半沙漠区。雨量不足使黄河的水量不足。特别是在每年十一月到下年五六月，河水低落，平均每月流量只占全年流量的百分之三到百分之五。中游由于沟壑多，陡坡多，地面缺少森林和牧草来吸水，又缺少池塘湖泊来蓄水，所以雨水在地面流失很多，河水容易暴涨，也容易暴落，正是所谓“易涨易落山溪水”。此外，利用黄河进行灌溉虽然早在两千多年前就已经开始（甘肃省原宁夏境内的秦渠、汉渠都还存在），但直到现在还很不发展。由于这些原因，黄河流域常常遭受旱灾。在清代的二百六十八年中，黄河流域曾发生过旱灾二百零一次。一八七六至一八七九年（清光绪二年至五年），山西、河北、山东、河南四省旱灾，死亡一千三百多万人。一九二〇年上述四省和陕西共有三百一十七县大旱，灾民两千万人，死亡五十万人。一九二九年黄河流域又有大旱，灾民达三千四百万人。

黄河流域由于旱灾、水灾和水土流失，农业生产受到很大的损害。这些损害在新中国成立以后虽然有了减轻，但是由于人民政府在短期内还不可能对黄河流域实施大规模的系统的改造自然条件的计划，黄河流域的农业生产还是遇到一些特殊的困难。黄河流域的谷物播种面积虽约占全国的百分之三十八，却因为每亩粮食产量平均只有一百二十多斤，在水土流失严重地区只有几十斤，所以粮食产量只占全国百分之二十八左右。消除黄河的各种灾害，增加黄河流域的谷物产量，是解决我国粮食问题所应当采取的重要措施之一。

那么，现在我们在黄河问题上的任务是什么呢？

根据以上所说的黄河的资源和灾害的各方面情况，我们的任务就是不但要从根本上治理黄河的水害，而且要同时制止黄河流域的水土流失和消除黄河流域的旱灾；不但要消除黄河的水旱灾害，尤其要充分利用黄河的水利资源来进行灌溉、发电和通航，来促进农业、工业和运输业的发展。总之，我们要彻底征服黄河，改造黄河流域的自然条件，以便从根本上改变黄河流域的经济面貌，满足现在的社会主义建设时代和将来的共产主义建设时代整个国民经济对于黄河资源的要求。

我们应当采取什么方针和方法来达到这个目的呢？

在我国历史上，广大的人民曾经不断地同黄河的水害做过伟大的斗争。人民群众单只在河南、山东现在的黄河两岸就筑了一千八百公里的河堤，这个河堤至今还是我们同黄河水害做斗争的主要武器。至于历次黄河旧道的两岸，也筑过许多河堤，就不易计算了。黄河下游沿岸的千百万居民每逢汛期就进行紧张的防汛工作，发生了水灾就同水灾斗争，到了灾后又努力恢复农业生产和其他方面的生产。正因为这样，黄河下游地区远在春秋战国时期，就是我国人口稠密、经济发展的重要地区之一。大禹治河的传说充分反映了我国古代人民反抗洪水的英勇精神。传说中禹的父亲鲧治水九年不成，被舜所杀；禹继承父业，娶后三日而出，八年于外，三过其门而不入。

"我若不把洪水治平，我怎奈天下的苍生？"（郭沫若："洪水时代"）

禹的这种伟大的抱负，至今还激动着人们的心。由于黄河经常泛滥决口，历代的政府花了很多钱来修复河堤，并且常常设专门的官吏来管理治河的工作。这些官吏虽然许多是腐败和贪污的，但是也有一部分人是认真办事的，他们曾经用毕生的精力来求得黄河的安全。其中特殊的如十六世纪后半期（明嘉靖到万历）的潘季驯，十七世纪后半期（清康熙）的靳辅、陈潢，对于黄河下游的修堤防汛工作，都曾有过重大的贡献。

但是一切过去时代治理黄河的人都没有能从根本上解决黄河问题。这是因为他们限于社会的条件和科学、技术条件，只是想办法在黄河下游送走水，送走泥沙。禹"凿龙门""疏九河"的神话，表示送走水、送走泥沙的想法和做法是很古老的。潘季驯提出的"筑堤束水，以水攻沙"的著名口号，也仍然没有超出这个范围。当然，在不能根治黄河的条件下，在下游"束水"总比任水泛滥好，"攻沙"总比任沙淤积好。但是事实已经证明，水和泥沙是"送"不完的，送走水、送走泥沙的方针是不能根本解决问题的。在今天的科学、技术条件下，我们人民政权如果还沿用这个方针来治理黄河，那就是完全错误的了。我们今天在黄河问题上必须求得彻底解决，通盘解决，不但要根除水害，而且要开发水利。从这个要求出发，我们对于黄河所应当采取的方针就不是把水和泥沙送走，而是要对水和泥沙加以控制，加以利用。

为什么呢？这是因为：第一，黄河下游的水灾和中游的水土流失以至中下游的旱灾是互相关联的，它们在根本上都是由于没有能够控制水和泥沙的结果；不解决水和泥沙的控制问题，就不能根本解决黄河的灾害问题。第二，只要我们能够控制黄河的水和泥沙，它们就不但不能成灾，而且能为我们创造无穷的幸福。

大家知道，黄河下游因为河身抬高，除由沂蒙山区流入东平湖的汶河以外，就没有支流，所以黄河的洪水基本上是从中游来的。但是黄河下游的泥沙又是从哪里来的呢？清朝初年的陈潢曾经解释说："其挟沙而浊者，皆由经历既远，容纳无算，又遭西北沙松土散之区，于焉流愈疾，而水愈浊。"科学的观测证明，这个意见大致是正确的；黄河的泥沙基本上也是从中游而来，特别是从黄河河套向南折，流经山西、陕西两省间的峡谷地带的时候由各支流带来的。黄河上游的水是清的，到兰州每公方多年平均含沙量也只有三公斤，到包头还只有六公斤。而到了陕西中部的龙门，由于接受了许多含沙量特大的支流（例如无定河每公方水多年平均含沙一百四十五公斤），每公方多年平均含沙量就增加到二十八公斤。在龙门以下注入黄河的支流，如从山西来的汾河，从甘肃、陕西流来的洛河（以下为别于河南的洛河称为北洛河）、泾河、渭河，含沙量都很大（泾河每公方水多年平均含沙一百六十一公斤），因此到河南陕县的时候，每公方多年平均含沙量又增加到三十四公斤，最大的含沙量则达到五百八十公斤。在陕县以下，虽然从南岸注入的支流伊河、洛河（以下为别于陕西的洛河称为南洛河）也还含有每公方多年平均六公斤的泥沙，黄河的含沙量却不再增加，而且由于逐段淤积而减少。根据测算，在陕县黄河的巨量泥沙中，来自河套的河口镇以上的只占百分之十点九。来自河口镇至龙门一段的占百分之四九点一，来自龙门至陕县的占百分之四十。这就是说，黄河的泥沙几乎全部是中游来的，而且几乎十分之九是从甘肃、陕西、山西境内的支流来的。

黄河中游地区的泥沙为什么大量流入黄河？原来我国西起六盘山、贺兰山，北起阴山，东至太行山，南至秦岭，有一个世界上最大的黄土区域，这个区域基本上就是黄河的中游地区。由于黄土"沙松土散"，特别容易受侵蚀；由于黄河中游暴雨特别多，侵蚀的力量特别大；由于黄土高原被侵蚀后形成了很多陡坡，陡坡更容易被暴雨冲刷；又由于地面上的森林被滥伐，陡坡被滥垦，土壤缺少保护，被侵蚀的过程更加迅速——一切这些因素，就使黄河中游地区的泥沙每年不停地大量地流入黄河，使黄河中游原有的一望无际的平坦肥美的高原逐渐变为瘦削的丘陵，使黄河下游的河道淤积不已，变化无常，使黄河成为世界上泥沙最多和最难治理的河流。

由此可见，黄河下游的"沙"其实并不是什么沙，而是极为宝贵的黄土。由此可见，造成黄河下游水灾的最根本的原因也就是甘肃、陕西、山西三省的水土流失。而水土流失也是黄河流域旱灾的重要原因之一。

黄土高原的泥沙下泻是一个已经进行了多少万年的自然过程。从地质的历史上说，今天的华北平原以至淮河平原主要都是黄河和它的支流冲积的产物。但是这个自然过程对已经定居在平原或高原上的人类造成了一系列严重的灾难。我们今天认识了自然界的这个法则,就必须依据自然界的法则来改变它们发生作用的过程和结果。

斯大林在《苏联社会主义经济问题》一书中曾说过一段著名的话:“在上古时代,江河泛滥、洪水横流以及由此引起的房屋和庄稼的毁灭,曾认为是人们无法避免的灾害。可是,后来随着人类知识的发展,当人们学会了修筑堤坝和水电站的时候,就能使社会防止在从前看来是无法防止的水灾。不但如此,人们还学会了制止自然的破坏力,可以说是学会了驾驭它们,使水利转而为社会造福,利用水来灌溉田地,取得动力。”我们今天所要做的工作正是如此。

既然黄河下游的洪水和泥沙基本上是从中游来的,而中游又极端需要这些水和泥沙,我们就应当在中游把水和泥沙控制起来。怎样才能控制它们呢?

为了在黄河的干流和支流内并在黄河流域的地面上控制水和泥沙,需要依靠两个方法:第一,在黄河的干流和支流上修建一系列的拦河坝和水库。依靠这些拦河坝和水库,我们可以拦蓄洪水和泥沙,防止水害;可以调节水量,发展灌溉和航运;更重要的是可以建设一系列不同规模的水电站,取得大量的廉价的动力。第二,在黄河流域水土流失严重的地区,主要是甘肃、陕西、山西三省,展开大规模的水土保持工作。这就是说,要保护黄土使它不受雨水的冲刷,拦蓄雨水使它不要冲下山沟和冲入河流,这样既避免了中游地区的水土流失,也消除了下游水害的根源。

从高原到山沟,从支流到干流,节节蓄水,分段拦泥,尽一切可能把河水用在工业、农业和运输业上,把黄土和雨水留在农田上——这就是控制黄河的水和泥沙、根治黄河水害、开发黄河水利的基本方法。

当然,依靠手工业的技术不可能在黄河上或它的支流上修建水库和水电站,依靠个体农民的力量也不可能进行大规模的水土保持工作。这里需要现代的科学技术知识,需要国家的大量投资,需要广大群众的支持,需要政府和人民、工人和农民的通力合作。因此,采取这种方法在过去的时代是不可能的。

中华人民共和国中央人民政府成立以后,很快就着手研究黄河问题。为了根治黄河水害、开发黄河水利,中华人民共和国水利部(主要是它所领导的黄河水利委员会)、燃料工业部、地质部和其他有关部门在过去几年内进行了大规模的准备工作。历史的记载和近几十年我国水利学者和水利工作人员所积累的大量资料得到了系统的整理和利用。各有关部门的大批工作人员在整个黄河流域进行了查勘、测量、地质调查、钻探、水文测验和经济调查的巨大工作。他们查勘了黄河干流和支流河道(包括河源)共达一万六千公里,测量了各种地形图八万五千余平方公里,在干流上选择了一百个"比较坝址",在二十七处坝址上钻了三百四十四个钻孔,并进行了一万一千平方公里的水库经济调查。

一九五二年,我国向苏联政府聘请专家综合组来我国帮助解决黄河规划的任务。由组长柯洛略夫和其他六位专家组成的这个苏联专家组在一九五四年一月到达北京。同年二月,苏联专家、中国专家和有关各部负责人员组成了黄河查勘团,从兰州上游的刘家峡直到黄河海口进行了重点的实地查勘,到六月底回到北京。同年四月,以水利部和燃料工业部为主成立了黄河规划委员会,积极进行关于黄河规划设计文件的编制工作,并在苏联专家组的全力指导帮助之下,在同年十月完成了这一工作。黄河规划委员会所提出的黄河综合利用规划,就是按照上述根治水害、开发水利的方针和方法制定的。国家计划委员会审查并且同意了这个规划,国务院和中共中央也研究了这个规划。国务院和中共中央认为,这个规划虽然还只是一个轮廓,它的具体工程项目和项目中的许多地点、数字还有待于进一步的研究确定,但是它的原则和基本内容是完全正确的。

黄河综合利用规划包括远景计划和第一期计划两部分。远景计划的主要内容,首先就是所谓"黄河干流阶梯开发计划",也就是前面所说的在黄河干流上修建一系列的拦河坝,从而把黄河改造成为"梯河"的计划。这一计划拟定由青海贵德上游龙羊峡起,到河南成皋桃花峪止,按照河流的特点,把黄河中游分作四段来分别加以利用。第一段从龙羊峡到甘肃金积县境的青铜峡。这一段河道穿行山岭之间,河身的坡度很陡,水力资源很丰富,而新的工业区域正在迅速发展,所以需要着重利用水力来发电,同时可以利用水库来防洪和灌溉。第二段从青铜峡到内蒙古自治区的河口镇。这一段两岸是山谷间的平原,土壤肥沃,但是缺少雨水,河道开扩,坡度平缓,宜于通航,因此这一段主要的任务是发展灌溉和航运。第三段从河口镇到山西河津的禹门口。这一段黄河进入山西、陕西两岸的峡谷,河道坡度很陡,但因地质条件和地理条件的限制,不能修建大的水坝和水库,只有在上游调节流量的大水库建成以后才能利用水力来发电。第四段从禹门口到桃花峪。这一段从禹门口到陕县两岸是黄土原地,河道开扩;从陕县到孟津是峡谷地带,是控制黄河下游洪水的关键地段,又同山西、河南、陕西的工业区都靠近,因此这一段的主要任务是防洪和发电;从孟津以下基本上是平原,河道平缓,可以设坝灌溉附近的重要农业区。根据初步设计，在上述黄河中游的四个河段准备修建适应于不同条件不同任务的拦河坝四十四座，另外在黄河下游也准备修建用于灌溉的拦河坝两座，共四十六座。

根据详细的勘测和周密的研究，黄河干流阶梯开发计划选定在陕县三门峡地方修建一座最大和最重要的防洪、发电、灌溉的综合性工程。三门峡在陕县以东和著名的“中流砥柱”以西，河心有两座石岛把河道隔成所谓“人门”“神门”“鬼门”的“三门”。由于河道窄狭，河底都是坚固的岩石，便于修建大型的水坝。计划中的坝高九十公尺左右，拦阻河水的水位可以高出海面三百五十公尺。被拦阻的河水由陕县上溯到潼关以北临晋和朝邑的黄河两岸，潼关以西临潼以下的渭河两岸和大荔以下的北洛河两岸，形成巨大的水库。它的容积达到三百六十亿公方，仅次于世界最大的古比雪夫水电站的水库，等于我国现有较大的水库丰满水库（一百亿公方）的三点六倍，官厅水库（二十二亿七千万公方）的十六倍。它的面积约为二千三百五十平方公里，比太湖（二千二百多平方公里）还大些。此外，在青海的龙羊峡、积石峡（黄南藏族自治州）和甘肃的刘家峡（永靖）、黑山峡（中卫）也将修建大型的综合性工程。其中刘家峡水库容积可达四十九亿公方。

为配合黄河干流的阶梯开发计划，还要在黄河的重要支流修建不少的水库，其中的少数是综合性工程，多数是拦蓄支流的泥沙。

上述的黄河干流支流一系列的水坝修成以后，黄河流域将发生如下的变化：

第一，黄河洪水的灾害可以完全避免。一座三门峡水库就可以把设想中的黄河最大洪水流量由三万七千秒公方减至八千秒公方，而八千秒公方的流量是可以经过山东境内狭窄的河道安然入海的。万一三门峡和三门峡以下的黄河支流伊河、南洛河、沁河同时发生这种特大的洪水，那么，三门峡水库也可以关闭闸门，把三门峡以上的全部黄河洪水拦蓄四天之久。这样，加上伊河、洛河、沁河三个水库的拦蓄，黄河下游的流量就可以仍然减少到八千秒公方，下游的安全就仍然可以确保。而且由于黄河泥沙已被三门峡大水库和三门峡以上的一系列干流和支流的水库所拦截，下游河水将变为清水，河身将不断刷深，河槽将日趋稳定。因此，现在下游人民的各种防洪负担，将来都可以解除。至于河套以上，在刘家峡水库修成以后，就可以把最大的洪水流量八千三百三十秒公方减至五千秒公方，因而完全避免水灾。

第二，利用黄河干流上的四十六座拦河坝可以发电二千三百万千瓦，每年平均发电量达到一千一百亿度（千瓦时），相当于我国一九五四年全部发电量的十倍。黄河支流上的水库也都可以发电。这将使青海、甘肃、内蒙古、陕西、山西、河南、河北等地的工业以及交通运输业和现代化的农业得到廉价的电源,使这个广大地区电气化,并将为国家节约大量燃料用煤。

第三,龙羊峡、刘家峡、黑山峡、三门峡四处大型综合性水利工程都可以用于灌溉,从青铜峡到河口镇一段和桃花峪以下准备修建的拦河坝则将主要用于灌溉。此外,支流上的一部分水库也可以用于灌溉。利用这些工程可以创造稳定的引水条件,避免河水的过分低落和渠水的干枯。在修建了这些水坝、整修和兴修了一系列的渠道和其他灌溉设备以后,灌溉土地的面积可以由现在的一千六百五十万亩扩大到一亿一千六百万亩,占黄河流域需要由黄河灌溉的全部土地面积的百分之六十五。因为黄河的水量不足,其余约百分之三十五土地的灌溉问题,除依靠井水雨水解决一部分外,还需要考虑从汉水或其他邻近水系引水补充黄河水量,才能完全解决。

第四,在四十六座拦河坝修成并安装过船装置以后,黄河中下游的水量可以按照需要来调节,因此就可以全线通航。五百吨拖船将能由入海口航行到兰州。黄河流域的交通运输状况将得到很大的改善。

在实行上述的阶梯开发计划的时候,必须同时在甘肃、陕西、山西三省和其他黄土区域展开大规模的水土保持工作。这是因为黄河上的水库并不能减轻黄土区域的水土流失,而且相反地,如果不制止这种水土流失,那些水库还有陆续被泥沙淤满、因而丧失防洪能力的危险。计划中的黄河支流上的多数水库的主要任务就是拦蓄泥沙,这当然可以大大减少干流泥沙的来源。但是只有在黄土区域普遍做好水土保持工作,才能从根本上制止泥沙的下泻;否则支流水库本身很快就会淤满,也就无法来延长干流水库的寿命了。

黄河流域的农民过去也做了一部分水土保持工作。例如在陕西关中、甘肃南部、山西南部和河南西部,梯田有比较广泛的发展。但是直到新中国成立以后,特别是在农业生产合作社发展以后,才在中国共产党和人民政府的指导之下,在一部分地方开始了有系统的水土保持工作,并收到了显著的效果。甘肃甘谷县牛家坪村由于在一千亩坡地上修了地埂,挖了地坎沟,在道路流水集中处挖了涝池,已经做到水不下坡,泥不出沟。在一九五四年八月一次下七十二公厘的暴雨的时候,那里竟然既没有暴发山洪,也没有损失土壤。该村由于采取了保持水土的措施,每亩小麦产量由一百一十二斤增加到二百八十斤。山西平顺县羊井底村,原是个“少穿没戴,少铺没盖”“糠菜半年粮”的石山区,一九五〇年实行封山育林,一九五三年又在党和政府领导下将所有二万一千六百多亩土地作了总的规划。这一规划规定:全村土地除耕地和村庄河道等占地约六千七百亩外，划分牧坡五千亩，松柏橡树林四千亩，阔叶树一千亩，果树林四千九百多亩。在这一基础上，该村订出了农、林、牧、水（水利）全面结合的十五年发展计划，预计到一九六七年全村每人的收入可折合粮食六千五百四十二斤，等于一九五三年的六倍，其中林业收入占总收入的百分之七十九。此外，该村修了一座蓄水池，解决了吃水的困难；把坡地修成梯田七十余亩，每亩由原产一百五十斤增至二百五十至三百斤；在沟内修了一百九十八道石谷坊（用石在沟中筑成的小坝），能陆续淤地一百五十至二百亩，每亩可产粮食二百至三百斤；沿沟下游修了四里多长的堤，两岸密植杨柳，固定沟道。过去该村每逢大雨，洪水满沟，三五小时即过，如今雨后清水长流，可达二十五天。这些典型事实，说明黄河中游的水土保持是完全可能的。

黄河综合利用规划要求，在黄河流域水土流失地区，按照当地具体情况选择采取以下一系列措施：

1. 农业技术措施

（1）改良农业耕种技术措施——为了加强土壤吸收雨水能力，实行深耕和雨后中耕；为了加强土壤结构，实行增施肥料和作物轮换；等等。

（2）水土保持耕作法——为了阻止雨水在坡地上向下流泻，实行把作物在横沟中种植、实行横坡耕作和在休闲地上犁“水平沟”，等等。

（3）改良土壤被覆——实行密植，“等高带状间作”（如玉米、高粱和豆类在同一高度的横坡上成带形的间隔种植），种植“缓冲草带”，夏季休闲地种植绿肥，“草田轮作”，栽培牧草，管理放牧，等等。

2. 农业改良土壤措施

（1）田间工程——坡地修筑梯田，修地边埂和等高沟埂，修田间集水沟和导水沟系统，修“水簸箕”（在坡面水流凹地中逐段修成阶梯状，一段像一个簸箕），等等。

（2）停耕陡坡，改为在陡坡上植树种草。

3. 森林改良土壤措施

（1）在沟底和沟坡造林，在河岸和河滩造林，在水库岸边造林，在碱地造林。

（2）营造“防风固沙护田林”。

（3）封山育林，坡地和丘陵地造林。

4. 水利改良土壤措施

（1）在沟头和沟边修筑防止沟壑发展的土埂。

（2）在沟内修筑谷坊、淤地坝（在坝内拦泥淤成农田）和大型土坝。

（3）修水漫地（将含泥的水流引入围好的滩地，泥淤积后排去清水）。

（4）发展小型灌溉。

（5）修筑拦蓄雨水和泥沙的涝池，修筑储蓄雨水的水窖。

在这一计划完全实现以后，黄土区域的面貌将大为改变，这一区域的农业生产以及林业牧业生产将大为增加。陕北的农民对这个远景编了一首民歌："远山高山森林山，近山低山花果山。平川修成米粮川，干沟打坝聚湫滩。坡洼地里种牧草，山腰缓坡修梯田。"他们唱得完全对。但是还有更重要的：从此以后，整个黄河干流和支流的泥沙淤积问题、水库寿命的延长问题，以至整个黄河的洪水问题，都将得到有利的解决。

由于三门峡水库容量非常大，有了黄河支流的拦泥水坝，特别是有了黄河中游的水土保持工作，三门峡水库至少可以维持五十到七十年或更长的时间。到了那时，由于其他的一系列措施，黄河水害已经可以大大地减轻。至于三门峡水库淤浅后在发电、灌溉、航运方面发生的困难，都比较容易解决。

以上是黄河综合利用规划的远景计划的大概。很明显，完全实现这个远景计划需要几十年的时间，例如完全实现水土保持的远景计划将需要五十年时间。为了首先解决黄河的防洪、发电、灌溉和其他方面最迫切的问题，黄河规划委员会提出以下的计划作为在三个五年计划期间即一九六七年以前实施的第一期计划。

第一期计划规定，首先在陕县下游的三门峡和兰州上游的刘家峡修建综合性工程。三门峡工程对于防止黄河下游洪水灾害有决定性的作用，这我已经在前面说过了。三门峡水库的水位比坝下的水位可以高出七十公尺，在那里修建的水电站利用这样高的"水头"可以发电一百万千瓦，平均每年发电四十六亿度，可以供给陕西、山西、河南等地相当时期内在工业上和其他方面的需要。三门峡水库在黄河缺水时期可以把下游的最低流量由一百九十七秒公方调节到五百秒公方，以便保证下游河南、河北、山东接近河岸地区的灌溉用水和航运所需要的水量。刘家峡水库虽然比三门峡小得多，它的"水头"却有一百零七公尺高，那里的水电站也可以发电一百万千瓦，每年平均发电五十二亿三千万度，可以使甘肃新发展的工业区用电需要得到满足。刘家峡水库可以把河流最小流量由二百秒公方提高到四百六十五秒公方，从而保证了下游原宁夏省、绥远省境灌溉和航运的需要。

河水既然被拦河坝拦蓄起来，形成巨大的水库，通常都不可避免地要淹没一些原有的居民区，因此需要这些地方的居民为着大家的利益，也为着自己的长远利益,迁移到其他地方。刘家峡水库因为面积比较小,那里的人口也比较稀,只要迁移两万七千人。三门峡水库由于需要拦蓄的洪水流量特别大,在拦蓄的水位达到三百五十公尺的时候,就需要淹没耕地二百万亩,迁移居民六十万人。当然,这同黄河泛滥、决口所造成的损失,是完全不能比较的。泛滥、决口要造成生命的损失,财产的损失更无法计算;迁移由于是在人民政府领导和帮助下有计划地进行的,政府保证移民在到达迁移地点以后得到适当的生产条件和生活条件。因此,过去在修造水库或开放蓄洪区、滞洪区的时候,当地的居民都能够服从社会的需要和政府的安置,顺利地完成迁移或临时迁移的计划。但是一次迁移六十万人还是有许多困难的。同时在水库开始工作的初期,水位并不需要一下子就抬高到三百五十公尺,而只需要抬高到三百三十五点五公尺。因此,初期只需要迁移二十一万五千人,其余居民,可以根据需要在以后十五年到二十年内陆续迁移。毫无疑问,这些迁移的居民将受到被黄河灾害威胁的八千余万人民的最大的感激,而政府则将努力保证他们在迁移的时候不受损失,并且帮助他们在到达迁移地点后尽快走上安居乐业的道路。

为了拦阻三门峡以上各支流的泥沙,以保护三门峡的水库,需要在第一期工程中,首先在泾河、葫芦河、北洛河、无定河、延水的适当地方,修建五座水库,并在适当的小支流上,修建五座小型水库。在第一期工程中,并将在汾河和灞河上修建综合性水库。

如上所说,三门峡工程因为处在伊河、南洛河、沁河的上游,修成后还不能保证在这三条支流同时发生洪水的时候不造成下游的水灾。因此,在第一期工程中,也将在这些支流上选择一处或几处适当地点修建防洪水库。

三门峡水库和水电站,拟定在一九五七年开始施工,一九六一年完成。苏联政府已同意担负这一巨大工程的设计。协助我国进行黄河规划的苏联专家组组长柯洛略夫同志,仍将担任这一设计的负责人。

三门峡下游支流的水库,也拟定在一九六四年以前完成。但是为了防备在这些工程完成以前发生比一九三三年更大的洪水,还必须在下游采取一系列的临时防洪措施。因此,在今后几年内,需要继续加高加固下游的河堤,加强并扩大滞洪区的设施,并继续加强防汛工作。

第一期计划,在灌溉方面,规定修建青铜峡(甘肃金积)、渡口堂(内蒙古磴口)、桃花峪(河南成皋)三座干流水坝,并相应地在这些地区修建渠道工程。按照第一期计划,将扩大灌溉土地三千零二十五万亩,其中青海二十一万亩,甘肃二百零五万亩,内蒙古四百二十一万亩,陕西二百二十六万亩,山西九十万亩，河南九百六十万亩，河北四百万亩，山东七百零二万亩。同时，将对原有灌溉区一千一百九十八万亩的灌溉状况加以改善。

第一期计划完成的结果，将使黄河从入海口到河南桃花峪七百零三公里的一段，从内蒙古清水河到甘肃银川八百四十三公里的一段，以及在三门峡水库内和刘家峡水库内的两段，可以通航。通航距离约占黄河中下游全长的一半。

在黄河流域的水土保持工作方面，第一期计划规定、改良耕作面积一亿二千七百万亩，草田轮作牧草面积八百七十万亩，改良天然牧场一亿三千四百六十万亩，培植人工牧场面积六百七十万亩，种植果园二百万亩，停耕陡坡面积一千一百万亩；修梯田二千八百万亩，修带截水沟的梯田一千四百万亩，修地边埂的耕地一千四百七十万亩，修等高沟埂的耕地一千七百万亩，修大型水簸箕三十六万亩；造林二千一百万亩，育苗七十万亩，封山育林三千六百六十万亩；修水窖三万七千个，修涝池二千万公方，修路壕蓄水堰一万六千个，修沟头防护设备二十一万五千个，修谷坊六十三万八千个，修淤地坝七万九千个，实施小型灌溉四百七十六万亩，修水漫地一百万亩，修沟壑土坝三百个，整理沟壑区道路四千三百公里。这也是一个巨大的计划。它需要广大农民积极支持，并且需要政府和农民共同进行大量的投资。实现了这一计划，当地农业生产量将增加一倍，而黄河的泥沙在这一计划和支流拦泥水库修建计划完成以后，则将减少一半左右。

为了实施黄河综合规划的第一期工程，初步估算需要投资五十三亿二千四百万元。其中，三门峡水库和水电站十二亿二千万元（包括移民费用，下同），刘家峡水库和水电站四亿一千六百万元；输电变电设备五亿元；南洛河、沁河、伊河防洪水库三亿零四百万元，下游临时防洪措施二千七百万元；修建灌溉系统八亿零七百万元，修建灌溉用的三座干流水库二亿八千一百万元，两座综合性的支流水库一亿五千六百万元；保持水土措施七亿三千二百万元，支流拦泥水库六亿七千六百万元；航运设备二亿零五百万元。这是一笔很大的投资。但是这笔投资是完全值得的。第一期计划完成后，仅仅从灌溉方面说，每年就可以增产粮食五十四亿七千万斤，棉花四亿斤，这两项增产的价值，每年达到八亿五千六百万元，十年就是八十五亿六千万元，大大超过了十五年投资的总值。再从发电方面看，三门峡和刘家峡两座水电站每年可发电九十八亿度（初期可发电六十六亿度），且不说这样大的发电量对生产的发展有多大的贡献，只是电的售价本身，如按目前售价约每度六分钱计算，就值五亿八千八百万元，十年的收入也超过了十五年投资的总值。应当指出，三门峡和刘家峡水电站的造价都是特别低廉的。水电站建筑所需要的混凝土量和土石方量,如果分摊在所发的每千度电上来计算,则三门峡每千度电所需要的混凝土为〇点三五七公方,土石方为〇点四四六公方,刘家峡每千度电所需要的混凝土为〇点二三二公方,土石方为〇点三二五公方,而古比雪夫水电站每千度电所需要的混凝土为〇点八公方,土石方为一五点六公方。如果把三门峡工程投资的三分之一和刘家峡工程投资的二分之一算作发电成本,则三门峡每度电的成本只有三厘三毫,刘家峡每度电的成本只有二厘三毫,而目前我国火力发电的平均成本却是每度电三分。很明显,第一期计划的完成,在航运方面也将产生巨大的经济效益。何况第一期计划根本解决了黄河的水灾问题,只是用于防汛的费用就可以省下每年两千万元,由此而避免的人民生命财产的损失和由此而取得的各方面的利益,更是不能用数字来表明的了!

我国人民从古以来就希望治理好黄河和利用黄河。在实行送走水、送走泥沙的治河办法的同时,控制水、控制泥沙而加以利用的想法,古时也早有人提出过。例如公元前七年,西汉的贾让就曾向当时的皇帝汉成帝提出了一个没有被采纳的建议,要在现今河南浚县附近的黄河北岸修筑三百余里的石堤,堤下多设水门并修渠,“旱则开东方下水门溉冀州,水则开西方高门分河流”。我国近代的水利学者李仪祉,首先指出了从中游着手治河的必要,并提出过在中游防沙的两种方法:“①防止冲刷,以减少其来源。②设置谷坊,以堵截其去路。”他们的理想只有到我们今天的时代,人民民主的毛泽东时代,才有可能实现——当然是在高得多的水平上实现。国民党政府在一九四六年请来的美国顾问雷巴德、萨凡奇、葛罗同,在他们所做的“治理黄河初步报告”中,虽然承认水土保持工作的重要,却认为“以之推行于整个区域而生效,需时或将数百年”。这不能不叫人想起周朝的人早就说过的话:“俟河之清,人寿几何!”但是现在我们不需要几百年,只需要几十年,就可以看到水土保持工作在整个黄土区域生效;并且只要六年,在三门峡水库完成以后,就可以看到黄河下游的河水基本上变清。我们在座的各位代表和全国人民,不要多久就可以在黄河下游看到几千年来人民所梦想的这一天——看到“黄河清”!

各位代表!由以上的说明可以看到,根治黄河水害和开发黄河水利的综合规划,同我们所正在讨论的整个社会主义建设计划的其他项目一样,确实是一个伟大的计划,确实是我们全国人民值得为它来艰苦奋斗的计划。

为了实现这一规划,当然首先需要政府各有关部门即水利部、燃料工业部、地质部、重工业部、机械工业部、农业部、林业部、交通部、铁道部、科学院和其他有关方面的共同努力。这一规划的第一期计划中,还有许多项目需要做进一步的勘测和研究来确定。已经确定的工程项目需要开始进行设计。由苏联担任设计的三门峡工程,我国的有关部门必须负责供给设计上所需要的资料,并积极进行必要的施工准备工作以及水库区移民的准备工作。为了实现水土保持的第一期的要求,各有关部门应当积极指导地方人民政府定出具体的计划并加以正确的实施。

但是为了实现这一规划,不仅需要政府的努力,还需要全国人民的努力。毫无疑问,全国人民将在人力上、物力上、财力上坚决地支持这一伟大计划的实施。黄河流域各省(区)的人民,将在这一计划实施的过程中做出最大的贡献。甘肃、陕西、山西三省农民,三省的省、县、乡各级人民委员会,三省的共产党和各民主党派、各人民团体的各级地方组织的工作人员,对于水土保持计划的执行负有最重要的责任。我们相信,他们为了自身的利益、本地方的利益和全国人民的利益,一定能够把他们的责任充分地担负起来。三门峡水库区和其他水库区的居民,本着"一户搬家,保了千家"的美德,也将按照政府的指示实行迁移,积极帮助这一根治和开发黄河的伟大计划的实现。

黄河规划的拟定,说明我国的水利事业正在迅速前进。中华人民共和国成立以来,在水利方面做了不少的工作,得到很大的成绩,其中如根治淮河和荆江分洪的工程尤其规模巨大。黄河的综合规划,由于对全流域的防灾、发电、灌溉、水土保持和航运各方面都做了通盘的计划,更加显示了河流在整个国民经济的发展中的伟大作用。我们不但要根治和开发黄河,而且要根治和开发长江及其他重要河流。关于长江的规划将在第一个五年计划期间收集资料,在第二个五年计划期间制定规划并逐步地着手实施。政府在一九五四年十月向苏联政府提出了聘请协助我国进行长江规划的专家综合组的要求,苏联政府已经又一次慷慨地同意了我们的要求。苏联政府决定派十二位专家帮助我们进行长江规划。组长德米特立也夫和其他六位专家已经到达中国。苏联在黄河规划、三门峡工程设计和长江规划方面给予我们巨大的援助,请让我在这里代表我国政府和人民向我们伟大的盟邦苏联的政府和人民表示深切的感谢!

在全国工人、农民、知识分子的一致支持下,在苏联的慷慨援助下,我们一定能够征服黄河,征服长江和其他河流,使它们为我国人民的利益服务,为我国人民的伟大的社会主义事业服务!

国务院根据中共中央和毛泽东同志的提议,请求全国人民代表大会采纳黄河规划的原则和基本内容,并通过决议要求政府各有关部门和全国人民,特别是黄河流域的人民,一致努力,保证它的第一期工程按计划实现。

千年梦想要实现

本报记者 陆 灏

《人民日报》(1955年7月20日)

七月十八日,是全国人民代表大会第二次会议的第十四天。这一天,国务院副总理邓子恢所做的关于黄河规划的报告,把聚集在怀仁堂里的全国人民代表大会代表们的心都带向了伟大的黄河。

人们都好像见到了怒涛奔腾、一泻千里的黄河,人们都好像到了这黄水滔滔、狂啸怒吼的黄河。人们都知道我们的黄河哺育了两岸一亿八千万人民,它给我们以肥沃的、广阔无边的平原,它使我们世世代代的人在这里播种、收获和生长起来,黄河流域的小麦、杂粮和棉花的播种面积占全国半数以上,它的煤、铁、石油和大量的其他的矿产是祖国工业化的重要的宝藏。在激烈的苦战的岁月,黄河两岸的人民更以英雄的精神名扬于全国。著名的歌曲《黄河颂》说黄河是我们民族的摇篮。

但是,生活在黄河流域和战斗在黄河流域的人们,都知道在中华人民共和国成立以前黄河是一条制造灾难的河流。从三千多年以前有历史的记载时起到一九四六年黄河归人民掌握为止,黄河下游发生泛滥、决口一千五百多次,重要的改道就有二十六次,其中大的改道九次。北抵天津,南达长江,泛滥的黄水吞没了无数村庄,万千人民颠沛流离,无家可归。公元一一一七年的黄河大溃决,人口死亡百余万。公元一六四二年,黄水冲进开封城,全城三十七万人,只剩了三万人。在一九二八年以后到一九四六年蒋介石卖国集团统治的十九年中,黄河竟泛滥了十七年,一九三八年掘开了花园口大堤,受灾人口一千二百五十万,死亡八十九万人,仅河南省东部,就有二万九千平方公里的土地被淹没,人民逃散,所有的村庄都被深埋在黄沙和泥淖里。

因而多少世纪以来,治理黄河就成为我们人民的神圣的事业。从公元前二千多年大禹开始,直到汉代王景、元代贾鲁、明代潘季驯、清代靳辅、陈潢,他们所谓"凿龙门""疏九河",或者是"筑堤束水,以水攻沙",他们用了很多力量,做了很多事情,但可惜一直没有寻找到根治黄河的办法。到了蒋介石卖国集团的统治时期，黄河下游的堤防，就变得千疮百孔，因而经常破堤决口，泛滥成灾。那时候有个黄河水利委员会，这个委员会的委员长孔祥榕，只知靠黄河发财，根本不懂水利，他每次出门都要扶乩，把治理黄河的希望寄托在神明的身上；而像近代著名的水利学者李仪祉却苦闷得无事可做。今天在这里聚会的全国人民代表大会代表张含英、李赋都，他们在中华人民共和国成立以前和黄河曾经打过几十年的交道，对于治理黄河也提过不少意见，但这一切在旧中国都无法实现。只有在人民开始管理了黄河以后，黄河才能逐渐消除灾难，黄河才有可能根治水害，开发水利，成为一条幸福的河流。

来自河南的全国人民代表大会代表孙香云、苏殿选，山东的李田英，还有九年以来一直和黄河搏斗的王化云，他们会告诉你以往常常决口的黄河下游，现在两岸的千里大堤经过历年的培修，都超过了一九三三年的洪水水位二三公尺，堤上新植的柳树已经枝叶成荫，临水的秫秸，也都全部改为石护岸了。在国民党时期，一九三四年的洪水流量只有每秒钟八千五百立方公尺的时候，黄河却在河南长垣决口成灾，而在一九五四年的八月，黄河却经历了每秒钟一万四千立方公尺洪水压力的考验。从一九四六年人民掌握了黄河的命运以后，九年以来，黄河伏秋大汛没有决过一次口，人民以在战争中的英雄精神，把暴戾的黄水治理得比较驯服了。现在你到曾经受过黄河淹没的黄泛区去，原来寻村没有村，问路没有人，辽阔的荒泥潭上只露出稀疏的树梢，现在在那里已经盖起了新屋，重建了家园，人们在收割了金色的麦子以后，碧绿的庄稼又长满了整个大地。一九五〇年，人民政府在新乡、获嘉、汲县（现卫辉市）、延津等县建设了引黄灌溉济卫工程，用黄河的水使那里的七十二万亩旱地变成了水地，使新乡到天津九百三十多公里的卫河的航运在枯水期间也能保持正常的水位。特别重要的是在这个时间内，新中国对于根治黄河进行了充分的准备，人们要把几千年来的害河开始改造成为一条为人民造福的河流。

今天的怀仁堂里为未来美丽的黄河远景一再响起激动人心的掌声。这里有曾经受过黄河的灾害而今天已经摆脱困苦的欢乐的掌声；这里有过去苦闷了半生今天才能把自己全部的才能贡献给建设黄河的掌声；这里有过去战斗在黄河两岸，今天又要为开发黄河而献身的英雄的掌声；这里有为伟大的计划，伟大的决心所感动的幸福的掌声。这赞美的令人欢欣若狂的掌声，把人们都带到未来的黄河去了。

未来的黄河是一条驯服的河流，它的河身将要修建四十六座拦河坝，这些拦河坝要把黄河的河身开发成类似阶梯的形状。拦河坝可以拦蓄巨大的水量和泥沙，使黄河在水位高的时候减低流速，可以免除下游洪水的威胁；而在枯水位时，水库的水可以放出来，以便利下游的灌溉、发电和航行。著名的"三门天险，鬼斧神工"的三门峡水库，它的堤顶将有两华里[1]多长，坝高九十公尺左右。如按最高水位三百五十公尺计算，水库可以蓄水三百六十亿公方。巨型的水坝将使黄河完全驯服地听从人的指挥。

未来的黄河是一条农业灌溉的巨大的干流，纵横交错的渠道将把黄河的水引向两岸每一个村庄。因为水土保持工作的圆满结果已使黄河的泥沙大为减少，剩下的泥沙也已被拦阻在水库内，浑浊的黄河将从此变成清流。这水将使只能生长小米、玉蜀黍的广大旱地变成盛产稻米和棉花的丰饶的地方。过去是水多成灾，可是将来用黄河的水量来灌溉两岸全部的土地已经不够，这就必须寻找其他的水源，那时候，比如将汉水引到黄河里来的问题也将被考虑。

未来的黄河是强大的动力源泉，它将给广大的工矿和城市供给便宜的大量的电力。高压线的铁塔将密布在黄河流域，不但使城市可以得到电力，电灯也将照耀在遥远的乡间。如果将黄河的全部动能加以利用，它的电力约相当于我国一九五四年发电量的十倍，这给黄河流域的工业、交通运输业和农业的发展，带来了十分有利的条件。

未来的黄河是一条航运发达、舟船往来频繁的河流。现在的黄河只能行驶古老的木船，有些地方只有原始的牛羊皮筏子和独木船；而将来的黄河，五百吨的拖船可以从山东的入海口航行到甘肃的兰州，灵巧的船闸将帮助它们通过数十个水坝，像济南、郑州、兰州这些城市将成为热闹的水陆码头，扬帆鸣笛的船队将在黄河上穿梭般地畅行无阻。

未来的黄河流域将变成树木成林和碧草如茵的美丽的地方。黄河的中游地带，由于常受雨水的冲刷，有很多地方现在被冲得千沟万壑，枯秃残破，很多良田被冲刷得贫瘠穷困。水土保持工作将要在广大的面积里大规模地进行，开梯田，挖水沟，很多地方将要变成一片无垠的绿色的丛林和草地。那时候，西北高原的自然面貌会因此得到改变，气候也不会像现在这样干燥了。

我们的黄河，浩浩荡荡的伟大的黄河，养育过我们，也给过我们痛苦和灾难。中国共产党的伟大的决心，要把它改造成为一条为人类服务的幸福的河流，几千年来多少人梦寐以求的理想，在我们这一代人的手里要把它实现。

---

[1] 1 华里 = 0.5 公里。

三门峡

新华社特派记者　华　山

《人民日报》(1955 年 7 月 21 日)

一个改变黄河自然面貌的伟大计划宣布了！

一九五〇年，在印度举行的国际防洪会议上，资产阶级的学者曾经悲观地预言：黄河是不可征服的，几千年以后甚至连华北大平原也可能变成沙漠了。我们却要在几十年内把黄河变清，把干旱多风的西北黄土高原变成绿色，把直泻狂奔几千公里的山中急流变成四十六个大小湖泊组成的阶梯，把几千年来一直在中国大平原上泛滥成灾的祸水变成幸福生活的源泉。一句话：从根本上扭转黄河的历史。

把黄河变清！这句话就和“太阳从西边出来”一样，自古以来就是拿来比喻绝不可能的事情的。从传说中的大禹开始，中国人民世世代代和黄河的洪水顽强搏斗着，光是从蜿蜒一千八百公里的黄河大堤看来，我国的水利早在古代就是先进的。可是把黄河变清，却是连想也没人敢这样想过。

可是我们不仅敢想，而且要动手做了。

修建三门峡水利枢纽，就是征服黄河的第一步。

这一步，要在三门天险修筑起一座像山一样的混凝土坝来，把黄河拦腰堵住，堵成我国容积最大的一个人造大湖。这个大湖，可以把黄河三分之二以上的水给装住，让它在这里澄清，慢慢下泄，把暴涨暴落的洪水变成细水长流，不准它泛滥成灾，还要它给我们灌溉，发电，走船。这一步也同样是这么激动人心的。

一个月来，我随着一个综合的查勘团在黄河中下游来回跑了三千公里，一直被这种心情深深激动着。这个查勘团是由担任三门峡设计工作的苏联专家组和我国的专家们组成的。曾经征服了伏尔加河—顿河运河的人们，又在帮助我们征服黄河了。

三门峡在潼关和洛阳附近的邙山之间，这是黄河流进华北大平原以前的最后一段峡谷地带。三门峡就是其中最险要的一座山峡：两岸陡峭，坚硬，只隔二百五十公尺，进口有两座石岛并排把住，出口有三座石岛顶住激流，半当腰两岸还突出来两座岩石半岛，把激流紧紧卡住，只空出一百二十公尺宽的一道小豁口。我们爬上高山，俯瞰河谷。三门峡其实就是一整块横在河上的岩磐，只是多少年来被急流冲开了一个缺口，就像用巨斧劈开那样，山峡间的小岛简直就是乱斧劈过的痕迹。大河从远方宽荡荡地奔流过来，越往东越急，忽然被北岸的陡崖迎头兜住，顿时整个向南猛折，正要顺着山峡急转直下，猛然被两座石岛迎面劈开，在山峡之间劈成惊心动魄的三股激流，这三股激流又从那一道小豁口同时硬冲出去，只震得满峡谷一片雷声。自古称为三门天险，把这三条水路叫作"人门""神门""鬼门"，意思是非常危险，除了左岸的人门河勉强可以走船，中间的神门河和右岸的鬼门河只有神鬼才能通过。

山峡中间有一座非常小的小石岛，刚刚从水面冒出个尖来，眼看就要被吞没，冲垮，几千年来却一直在激流当中挺立着。这就是有名的"中流砥柱"，也叫"砥柱石"，自古以来就是我国民族性格的象征。

相传大禹凿龙门，开砥柱，就是说三门峡是用人工凿开的。悬崖上刻有两句歌颂大禹功绩的话："峭壁雄流，鬼斧神工"。

实际上，这个传说不只反映了人们打通三门天险的愿望，也反映了几千年来的治河根本思想：疏浚河道。从三门峡也可以看出人们是怎样和黄河搏斗过来的。

北岸有一条穿过岩石的人工渠道，叫作"开元新河"。老百姓叫它"娘娘河"，也叫"公主河"，意思是给皇家运粮用的。这是一千多年前唐代开元年间的工程，长三百公尺，正好和原来的三段水路并行，硬是把整个岩石半岛齐岸边切开了。现在看起来还是这么整齐，笔挺。这是一种非常坚硬的火成岩，苏联专家对这个古老的工程很感兴趣，因为那时候还没有火药，要从这种最坚硬岩石开出一条运河来，没有最大的魄力和极其顽强的劳动是做不到的。

直到陇海路修通以前，三门峡一直是西北和东南诸省的交通孔道。特别是西汉和隋唐时代，大批粮食从山东和江淮流域顺着水路运来，经过这里，运到古都长安，最多时曾经到过四百万石。可是三门峡水急岛多，水底下还有礁滩和猛跌下去二十八公尺的悬崖。要逆水行舟更是困难，最严重时粮船损失到过十分之七八。因此，汉隋唐三代都曾经大举开凿河道，做皇帝的也亲自到现场勘察，可是三次都失败了。开元运渠也是一种打通三门天险的工程。可是这条水道，水浅了船过不去，水深了又同样湍急。到底没有成功。

于是又修凿运粮栈道，从栈道上拉纤过三门。现在好些石壁上还可以看到一排排凿得深深的四方洞子，栈道的木桩就是从方洞楔到峭壁上的。特别是人门河的右岸，百来公尺长的陡崖就有两条栈道的遗迹：一上一下，都是紧挨着激流直接冲击的地方,大概当时水涨水落都是要运粮的。峭壁上还凿有一种牛鼻子形的石环,可以拴上船索,也可以搭上撑船的倒钩,可以想见当时往前挣扎一步多么困难。常常有人拉断纤绳,掉到水里去了,直到现在当地还流行一句话:“舍命过三门”。

几千年来,当人们梦想着“扬帆碧海达河源”的时候,总是认为非把三门峡凿开不可。可是现在,向黄河进攻的人们却把它看成黄河的一块宝石了。

这是一种叫作“闪长玢岩”的火成岩。整个三门峡就是一整块这种最坚硬的岩石。这样的火成岩,在黄河几百公里的地带以内,就只有三门峡这么一小块。懂得工程地质的专家都知道,在这块坚硬的岩磐上完全可以修筑起世界上最大的一种水电站来。

这种规模宏大的水利枢纽工程,全世界直到现在还是不多的。美国的波尔德水电站和大古力水电站,都建设了好几十年。而苏联的古比雪夫水电站和斯大林格勒水电站,只要五年就建设完成了。我们的三门峡水电站在苏联政府的帮助下,也将在五年内建设完成。

这个水利枢纽工程筑成以后,三门峡以上的黄河河曲将要变成一个比太湖还要大一点的大水库,等于现在我国最大的官厅水库十六个。这样大的水库,用来防洪,可以把黄河历史上最大的洪水全给装起来;用来灌溉,可以扩大华北大平原灌溉面积二千万亩;用来发电,可以供给陕西、山西、河南等地的相当时期以内的工业动力;用来航运,可以成为晋陕豫三省广大农业地区通航的内海。还可以把洪水澄清,匀开来供给下游,让黄河下游一年四季都是不大不小的清水河!

可是,三门峡的意义还远不止此。更重要的是,只有三门峡水库才能最快地在根治黄河水害和开发黄河水利两方面产生决定性的作用和力量。我们沿着黄河大堤走了四天,就越发深深地感到它的紧迫意义了。

治理黄河的新的里程碑

水利部副部长　张含英

《人民日报》(1955 年 7 月 21 日)

在全国人民代表大会第二次会议上,邓子恢副总理代表国务院做了“关于根治黄河水害和开发黄河水利的综合规划的报告”。这个规划是治理黄河历史上的一个新的里程碑。

我国人民整治黄河有数千年的历史。历代黄河流域的广大人民通过同洪水的顽强斗争,不断地丰富了治河的经验。相传大禹治水用疏导的方法,在下游大平原的东北部把河分为九股,以杀水势。汉代王景治河(公元六九年)采取了修堤、护岸和疏浚的方法。元代贾鲁治河(公元一三五一年)用分导各股河流、浚深淤塞河道、堵塞决口并巩固堤岸等方法(就是所谓疏、浚、塞三法)。到了明代潘季驯治河(约在公元一五六五年至一五九二年间),更提高了修堤的作用。他主张“塞旁决以挽正流,以堤束水,以水攻沙”,就是说要维持一个整体的河道,不要分疏,堤距不要太宽,以便于集中水流,冲去泥沙,免使河槽淤淀。明代修堤已分遥堤、缕堤、格堤、月堤四种。缕堤近河,用以约束水流,意在束水攻沙。缕堤以内又筑月堤,作为前卫,以免水流直冲缕堤。遥堤在缕堤以外,作为第二道防线。遥堤和缕堤水间又筑格堤,为的是缕堤决口以后,防止水流顺遥堤而下,免致冲成河道。此外,还制定了缜密的防堤制度和修守方法。

黄河的特点是洪水涨落很快,也就是说,水涨很高,但持时不久,水落不久以后,可能又有一次涨水。其次是黄河携带大量泥沙,孟津而东,水流渐缓,因而淤淀河身。针对这种自然情况,为了消杀从山区刚进入平原的水势,为了不使河槽淤高太快,古代人民在河南省的一段采取了宽堤距的办法。自郑州而下,两堤相距一般在十公里以上,在夹河滩一带宽约二十公里;至兰封以东才逐渐收缩。这段宽河槽便成为消杀猛涨的湖泊,可以调节一般年的洪水。此外,水涨漫滩,漫滩流缓,泥沙便可以沉淀在两岸的滩上,堤距远,河滩宽,沉淀的范围广,河槽的淤高也慢了。由此可见,上段的宽堤距可以滞洪落淤,下段的窄堤距可以束水攻沙。

保护临河的堤,免受水流的冲刷,也是我国人民治河中早已注意的问题。我国很早就有石护岸,汉代贾让治河策(公元前七年)所说的石堤即是一例。《宋史·河渠志》载:“太宗淳化二年(公元九九一年)设巡河主埽使臣,巡视河堤”。埽,就是用梢、苇、秸或草所制的护岸。这种方法直到现在还有些地方在采用。

我国很早以前,也已采用溢流的办法,防御黄河的非常洪水。明代潘季驯治河时在堤上修的减水坝,就颇似现代的溢洪堰或分水堰,在水涨到一定高度而有漫堤决口的危险时,可以由减水坝溢流。洪泽湖大堤上现在还留着清代所修的几座减水坝。

古代人民治理黄河虽然有许多创造,积累了许多经验,对于下游大平原的农业生产起了一定的保障作用,但是在封建统治下,治河经验的成长和所得的效果,是不能不受到限制的。

封建社会治理黄河是以保护地主、贵族、皇室的利益为主的。例如明代治理黄河主要就是为了维持皇朝航运和保护皇族祖陵。那时黄河走南道,经徐州、淮阴、夺淮河自云梯关入海。明代祖陵在泗州东北,黄河和淮河之间;皇陵在凤阳,在淮河以南。黄河泛滥便侵及明朝祖陵。所以,保护祖陵便成为治理黄河的一个主要任务。当时明代建都北京,南北交通主要依靠运河,而运河自淮安以北到徐州的一段是借黄河通行的,所以明代治黄河又是为了沟通运河,不使阻塞航道,以便运输粮食,供给统治的大本营。潘季驯在"停寝訾家营工疏"的奏章里说道:"祖陵当护,运河可虑,淮民百万,危在旦夕。"指出了当时治河的三大目的。潘季驯又在"申明河南修守疏"奏章里论及河南省的工程,说道:"缘非运道经行之处,耳目所不及见,人遂以为无虞,而岂知水从上源出,运道必伤。"建议对河南省的堤工也应加以修理防守,并且说如果不加注意,将妨碍统治阶级所关心的运道。由此可见,明代治黄主要考虑的是祖陵,是通向京城的运道。

其次,封建社会治理黄河是分散的,成为割据的形势。例如黄河在贺兰山以东和狼山、乌拉山以南的灌溉,以及泾河和渭河的灌溉,都有悠久的历史和成效,但都是分散的,且随着时代而有盛衰。至于主要的治河工作,大都限于下游大平原,这段河道有时设专官管理,有时由地方官兼管。就在这一段内也常有上下游、左右岸以及各地区间的矛盾,不能得到统一的治理。清咸丰五年(公元一八五五年)黄河从铜瓦厢决口北流,当时安徽的李鸿章代表安徽、江苏的意见不同意堵口,主张黄河从决口向北流。山东巡抚丁宝桢代表山东的意见要求堵决口,主张黄河归故道。双方争执不下,在二十年间,既没有堵口,也没有在山东修堤,致使决水泛滥横流。又如汉武帝元光时候(公元前一三二年),河在瓠子决口。这时武安侯田蚡为丞相,他做官的收入来自鄃,鄃在黄河北边。黄河向南决了,鄃地免除了灾害的威胁,收成丰足。田蚡对皇帝说:"江河之决皆天事,未易以人力疆塞,塞之未必应天",所以很久没有堵口。"以邻为壑"乃是这种社会里必然的结果。一八五五年黄河改道以后,河南、河北、山东三省的河防也存在很大的矛盾。如果黄河在河南省兰封县(今兰考县)以东和河北省的南岸决堤,受灾的地区主要在山东省。山东省对这两个地区的河防虽然很关心,却不能越境治理。因之,这一段的堤防便不能很好地培修和防守,成为决口频繁的地区。

由于封建社会的限制，人民和黄河斗争了几千年，终究没有改变黄河“善淤、善决、善徙”的性格。根据历史文献的记载，黄河下游在三千多年中决口泛滥一千五百多次，大改道迁徙二十六次。单从这个数字，就可以知道黄河灾情的严重。人民喜欢这个孕育我们民族历史的地区，数千年如一日地征服黄河、利用黄河，但也一直生活在频繁的灾害中。

一八四〇年鸦片战争以后，外国资本主义侵入我国，随着也输进了现代科学，治河的策略也有所改变。但是在半封建半殖民地的社会里，也只有沿袭封建社会的办法，仍然在下游从事堤防，措施上毫无增添。策略的改变，也只限于纸上的谈论。

有一些资本主义国家的技术人员，也曾提出过治理黄河的意见。但无论是美国的费礼门、德国的恩格斯和方修斯都没有研究过黄河堤线的发展，对黄河水流及泥沙的性质也不够了解，所以他们没有能提出根治黄河的意见，即便是对下游修堤的建议也多偏于空想。

第一个针对为患下游的洪水和泥沙的来源而提出根治黄河意见的人，是我国著名的水利专家李仪祉。他在一九三一年倡议“导治黄河宜注重上游”。他主张的治理方法是防止泥沙流入河道，尤其着重在西北黄土高原上广开沟洫，沟壑里多修谷坊；在山西、陕西、河南各省支流修水库，以拦蓄过量的洪水；固定下游河槽，以中水为准则。李仪祉的主张使我国治河策略向前推进了一大步，为治河史上开一新页。古人也知道黄河灾害的来源，如清康熙间（约在一六七七年左右）陈璜说：黄河的干流很长，流入的水也多，所以水势汹涌湍急；西北的土性松浮，遇到湍急的水流，便随水而下，所以河水变浊；到了下游，因河水浊而易淤，淤就容易使河决。但是那时的科学技术还不发达，提不出修水库的办法。清乾隆间（约在一七四三年左右）胡定也有在西北拦沙的建议，他说：黄河的泥沙大多来自三门以上和山西中条山一带的沟涧里，请在各沟涧口修筑坝堰拦阻，大水时，泥沙淤留在沟涧里，渐成一块平地，可以种秋麦。我国农民也有丰富的防御土壤冲蚀的经验，到现在还广泛地流传着。李仪祉接受了我国旧有的经验和输入的科学，对于治河策略的发展有很大贡献。但他的主张在当时的社会里是不能实现的，因此也只限于谈论。

一九三七年日本帝国主义发动侵华战争后，为谋获取我国水力资源，也曾作过治理黄河的初步计划。这个计划的主要内容是水力发电，用以发展日本帝国主义在华的工业；水流在各级发电利用之后，才灌溉下游平原的农田。由于各水库的蓄水主要照顾到发电，所以对于其他利用的调节量较低，灌溉面积不多，而对于防洪的控制也不够。姑不论这个计划在技术上的缺点，单就它的本质说，是一个十足的殖民地计划，只考虑利用我国的水能，开发我国的矿藏，发展帝国主义的工业，丝毫没有考虑黄河流域农民的生活。

我个人早年也曾提出过治理黄河的意见，那时我认为发展农业是主要的。所建议的八里胡同水库和三门峡水库便以防洪为主，其他水库则多以灌溉为主，所发电力也主张多用于提水灌溉和制造肥料。这个意见和日本人以发电为主的策略恰恰相反。但由于我对农业的认识很肤浅，更重要的是轻视了工业，所以当时我对治理黄河的意见也是片面的。

一九四七年春天，美国所谓“治黄顾问团”也拟了一个计划。这个计划更是形同儿戏。顾问团的三个美国人，乘飞机在黄河上看了一下，就送出关于这个计划的报告。这个计划的荒唐，单从它的一项具体意见是怎样得来的，就可以看出来。报告里的“实地查勘”节下说：“一九四七年一月一日，自西安乘机返开封，沿河飞行，特别注意查看八里胡同坝址，就空中观察之印象，认为宜建高坝。”试想：他们从没有到过八里胡同，那时关于八里胡同的资料也很少，怎么能决定坝址呢？这完全是愚弄人。

鸦片战争以后，虽然在治河策略上有所推进，也开始研究水流和泥沙的来源和规律，对于水文观测和地形测量做了些工作，并且逐渐把这些工作推广到黄河的上游、中游和支流上去。但在治理黄河的实际工作上毕竟没有什么进展；特别是在国民党反动统治时代，黄河为害更甚。

中华人民共和国成立以后，才有了根治黄河的可能。人民政府领导群众首先为求得黄河下游不至于决口改道进行了巨大的工作。黄河下游两岸长一千三百六十五公里的大堤，经过历年的培修，堤顶高度，在河南省境超过一九三三年洪水位二至三公尺，在山东省境超过一九四九年洪水位二至二点五公尺，共添加土工一亿多立方公尺。不过堤身高度和厚度增加了，堤的质量也提高了。过去的堤身真是千疮百孔，经过几年来的努力，共锥探五千八百多万眼，填塞洞穴、裂缝七万九千多个。这些洞穴和裂缝大小不等，动物的洞有的直径六公寸，长一百公尺，裂缝有的宽四公寸，长二十多公尺，已埋在堤内的人挖的洞有的宽一公尺多，长三十公尺。这些，都是黄河的隐患，是过去河水还淹不到堤顶时就溃决的原因。此外，过去临水的秸埽现在已经全部改为石护岸，三百万立方公尺的石工和砖工，大大地增强了防御洪水冲击的力量。

这些措施虽然加强了防御洪水的物质基础，但还不能消除洪水的威胁，所以又在长垣县境黄河左岸石头庄附近修了一道溢洪堰，分泄一部分洪水，流经左岸大堤和金堤之间作为滞洪区，以减少正河流量。并把沁河同黄河交会处和山东省的东平湖作为蓄洪区,做为临时分蓄洪水之用。又在利津县境黄河右岸小街子附近修有凌汛溢水堰,为在冰坝壅塞时分流之用。这都是防水的非常措施。

除坚强的堤防和非常的措施以外,还有经常的保护工作、防守工作和大水期间的临时防御工作。经常的工作由经常设立的机关和工程队担任。防汛工作则有临时组织,以加强领导,并设立防汛预备队,以便在大汛期间遇有紧急情况时上堤。这种组织严密有效,对于历年防御洪水起了很大的作用。以一九五二年为例,在大水期间成立了黄河防汛总指挥部,又建立三个省指挥部(那时还有平原省),十个专区指挥部,四十六个县指挥部,一百五十个区村指挥部,五百八十二个乡指挥部,六千七百七十四个村指挥部。在发动群众方面,组织了一支包括防汛员、抢险队、运输队、预备队等五十七万九千人的防汛大军,并准备了工具和抢险用的料物。这种防水的组织和防水的物质基础便成为战胜洪水的有利条件。

这些措施保证了三千多年来平均两年多有一次决口泛滥的黄河在人民掌握政权的这些年来平安地渡过伏秋汛期,保障了下游人民生活的安全和农作物的收成。

但是,治理黄河的这些初步效果,并不足以根除水患,更不能进而利用黄河的资源,满足社会主义建设的需要。过去有很多人认为黄河是个"败家子",只要能祛除灾害,赶快把水引到海里去就心满意足了,却不知水也是一种宝贵的资源,可以利用。特别是黄河,无论就自然条件或经济条件上看,都有巨大的开发价值。这种彻底改造黄河,把害河变为利河的理想,只有在新中国才能实现。为了实现人民对黄河"利必尽兴、害必根除"的要求,为了开发黄河,以利国家、特别是内地的工业和农业的发展,几年来进行了规模巨大的调查、测量和研究工作,最后在苏联专家的帮助下编制了黄河综合利用规划,确定了治理黄河的最先进的策略,规划了无限美好的远景。

黄河综合利用规划确定要在经济上合理地、技术上正确地利用黄河流域中的水流和土地资源,为国民经济的各个部门服务。因此,工作的地区将不仅限于下游或任何一部分,而是以全流域为对象,包括干、支流和土地。工作的目的将不仅为了防洪或任何一项利用,而是综合地开发,也就是服务于国民经济的各种项目。工作的要求将不仅是求得技术上的可能,而且必须达到经济上的合理。工作的方法不是各项工作平头前进,而是按照国民经济计划,分别轻重缓急,有次序地进行。这种从整个国民经济计划出发来确定的治河策略,是唯利是图的资本主义社会所不可能有的,也是分散、割据的,在技术上是落后的封建社会所不可能有的。因此,我们当前的治理黄河策略是最先进的,是属于社会主义类型的,也是在治理黄河历史上最完善的策略。

首先,黄河综合利用规划在土壤改良方面,也就是在利用灌溉以增加农业生产方面,预定对黄河干流和支流的水源要全部加以利用。根据技术上的调查,这是可能的,而且,黄河流域和它邻近地区需要并可能灌溉的土地数量极大,黄河水源全部调节后也还不够灌溉这些土地。黄河综合利用规划按照各省经济发展的远景情况和土壤条件,做了若干个不同灌溉方案,规定了灌溉总面积和不同地区的面积;同时也考虑到引水建筑物的可能性,以及水流在其他利用方面的有利配合。至于不能应用黄河水灌溉的土地,就须另找地下水或其他河流的水源。

其次,在水能利用方面,黄河综合利用规划根据黄河流域和它邻近地区最近三个五年计划中的工业发展的远景,根据对水文、地形和地质勘测资料的研究和各个坝址的比较,参照水流利用的计算,拟定了黄河干流的阶梯开发方案。所谓阶梯开发,就是在河流上修一系列的拦河坝,把河身造成类似阶梯的形状,利用坝来蓄水、来抬高水头、来发电。其中有几个拦河坝在不同地区造成大蓄水库,以调节水流。大水库是综合开发的关键措施,它们不只可以拦蓄水流供给灌溉、发电各种利用,还可以调节洪水,避免水灾。

再次,在航运方面,根据经济的需要和其他水利工程的进展,黄河综合利用规划拟定了黄河航运的开发布置。

最后,为了减轻水库的淤积,为了增加黄土高原的农产,研究了水土流失的规律和它对于经济的影响,研究了农民水土保持的经验和各地实验站的成果,黄河综合利用规划拟定了防御土壤冲蚀和拦沙的措施,并估计了这项工作在十五年内冲蚀减轻情况和农产的增益情况。

根据这样研究所拟定的远景方案,结合当前的需要和可能,黄河综合利用规划进一步制定出黄河综合利用的第一期各项措施。第一期工程完成后,就可以基本上解除黄河水灾的威胁,并为各项利用创造了有利的条件。

中国人民治理黄河虽然有悠久的历史,积累了丰富的经验,但是只有在中国共产党和毛主席领导下,在苏联的帮助下,我们才找到了治理黄河的最正确的道路。我们有决心克服一切困难,为实现黄河综合利用规划所规定的任务而奋斗。

学习黄河综合利用规划的经验

黄河规划委员会委员　李　锐

《人民日报》(1955年8月2日)

经过水利部、燃料工业部、地质部和其他有关部门五年的努力和苏联专家组的帮助,关于治理和开发黄河的综合规划报告已经编制出来了。

解决黄河的问题,为什么必须先做好全河流的规划呢?这是因为一条河流特别是大的河流,自然情况非常复杂,它同社会经济的关系也非常复杂。这两方面的情况如不弄清楚,要治理和开发河流,以及为此目的在河流上选择工程目标时,就可能带有盲目性和偶然性,不仅不能获得应有的效益,还会影响整个河流的合理开发。

河流的天然水量和河流的自然坡降(各河段上下游间的落差)都是国家宝贵的财富。河流规划的基本任务就是要根据各国民经济部门提出的迫切要求,正确选定第一期工程;同时根据全流域(或某一主要河段)的社会经济情况和地形、地质、水文条件,布置河流的梯级开发方案,使目前利益和长远利益相结合。第一期工程和梯级开发,都必须最大限度地利用河流的资源——河流的水量和落差。

同河流关系密切的国民经济部门主要有防洪、发电、灌溉、航运、城市和工业给水等五个方面,他们对于河流各有不同的要求,这些要求相互之间有一定的矛盾,情况是错综复杂的。河流综合利用的基本原则就在如何以国家最经济的投资,从国民经济的最高综合效益出发,来满足各有关方面的要求,而不是仅仅满足某一方面的最高利益。

以上五个方面间的矛盾主要在于要不要水和如何使用水这两方面。中国一般河流的洪水集中在夏季和秋季,如黄河水量的百分之七十集中在七、八、九、十月。为了消除洪水灾害,要求控制洪水时期超过河道排泄能力的多余水量。但是发电、灌溉、航运、城市和工业给水都需要水,都唯恐水量不够;其中灌溉、给水是消耗水的,发电、航运只使用水。这四个方面在用水上有共同处也有矛盾处,它们都要求提高河流的枯水流量(一般每年十一月至次年三月是河流枯水季节),但对水量的分配、用水的时间和取水的地点都有一定的抵触。灌溉用水随农作物生产情况而变化，一年四季不平稳；发电用水季节性变化较小，且可比较灵活处理；航运只要求航道维持一定的深度；城市和工业给水一年四季用水也是比较平稳的。

河流的天然流量很不均匀而且变化很大，如黄河最大和最小流量相差约二百倍。怎样才能解决上述五个方面对河流水量盈亏控制和合理使用的要求呢？用什么办法来控制河水的流量呢？主要的办法就是修筑拦河坝，在坝的上游形成一个水库。水库的作用就是对河流的天然流量进行控制和调节，根据人们的需要来平衡水量。打个比方，水库好像是银行，天然流量是收入，人们的需要是支出；如何做好收支平衡，满足各方要求，就是水库的任务。这种水库调节和水量平衡的计算，在苏联已发展成为一种专门的科学，所有水电和水利工程设计中都必不可少。

防洪和其他四个方面对于水库的关系，主要是水库水位消涨的矛盾。防洪要求在汛前降低水库水位，以便空出库容来拦蓄洪水；而其他四个方面特别是发电则要求水库保持一定的深度，并供给所需的水量。苏联的经验告诉我们，只要充分研究掌握了河流的水量变化情况，并根据各个方面的需要做好了合理的水库调节和水量平衡的工作，防洪同其他四个方面的矛盾及四个方面之间的矛盾都是完全可以解决的。如果在水库上游做好了洪水预报的工作，能及时放水和蓄水，水库调节还可以做得更合理，更好地利用河流水量。现在丰满水电站的水库操作就是这样办的。

在河流上修建拦河坝及一系列的水工建筑物的时候，也必须认真地考虑它们的综合利用问题，即使之能够满足国民经济各方面的综合要求。正如城门为一切车马人等通行，不能为大人开大城门，为小人开小城门。如拦河坝抬高了水位，给水力发电造成了落差，同时也为灌溉和给水造成了有利的取水条件，水库区内的航运也增加了便利。在有防洪要求的河流上修建水电站，必然要考虑到最大的洪水，必然要装建泄洪的设备来控制下游的安全泄量，因而就完全没有必要另外再修建一套专为防洪的水工建筑物。因此，拦河坝、溢洪道、水电站的厂房、灌溉和给水的取水口，以及船闸等各个水工建筑物，都应当根据当地河流的自然条件、各个建筑物的技术要求和经济比较作全盘统一的考虑。在设计水利枢纽的总体布置时，如果对国民经济任何一个方面考虑不够，就会造成水工建筑的不合理，甚至引起不可补救的损失。

中国许多河流的洪水问题特别严重，水灾影响到广大人民的生命财产，因此考虑水库的综合利用时，往往防洪需要摆在最首要的地位。在有严重水害的河流上修建水工建筑物时，发电和灌溉等自应服从防洪的要求。这就是说，河流的综合利用固然是要最大限度地满足各方面的要求，但并不是从平均观点出发，而应根据经济分析比较，分清主次关系，取得统一协调。

历史说明，上述对于河流综合利用规划的原则，只有在人民民主和社会主义制度的国家才能彻底实现；资本主义国家受到生产资料和土地的资本主义所有制的限制，不可能实现这个根本的原则。河流开发和水利工程不合理的例子，在美国和其他各资本主义国家是举不胜举的。

中国人民同黄河的灾害作了几千年的伟大的斗争，积累了许多治理水害和灌溉、防旱的经验。但是过去由于社会条件和科学技术条件的限制，对于黄河只能从消极的治理出发，而不可能提出全面开发的口号。历代治理黄河，只局限于在下游地区修筑河堤输送洪水和泥沙入海，当然这些工程也在一定时期和一定程度上控制了黄河的洪水，但这毕竟只能暂时减轻水患，而不能根本解决黄河的问题。千百年来，泥沙仍旧在下游河道内淤积，河床仍不断在抬高在变化，河堤就不得不同河床竞高。如果洪水过大过猛，河堤被冲破，黄河就有另改新道的危险。这种危险今天仍然存在。

对于黄河的灾害问题，不仅要从其结果——下游的洪水和泥沙淤积来解决，更重要的是必须从灾害的原因——中游的水土流失来解决。水土保持工作要在三十多万平方公里的黄土区域获得成效，自然不是短期内所能办到的，须做几十年的持续努力。因此，为解决黄河下游迫切的水灾问题，就必须同时解决洪水和泥沙的问题；就只有选择适当地点，修建有巨大库容的水库，使之拦蓄洪水和泥沙，以争取长的时间来做好中游的水土保持工作。

除水灾之外，整个黄河流域还有常易发生的严重的旱灾。现在黄河流域的灌溉面积仅为全流域可能灌溉面积的百分之十，下游广大耕地极少得到黄河灌溉之利。为了同旱灾做斗争，增加农业产量，黄河流域迫切需要发展灌溉。

黄河流域有丰富的矿产和水力资源。甘肃、山西、陕西、内蒙古、河南等省（区）在今后几个五年计划时期内，将要建成许多工业中心城市，为此就需要大量廉价的电力，因为只有廉价的电力才能更快推动工业的发展。黄河本身蕴藏的丰富的水力资源和优越的技术经济条件，正好来圆满地完成这个任务。可是目前黄河一千瓦的电力也没有被开发。

随着黄河流域工农业的发展，工业城市的成长，对于黄河的航运、都市和工业给水，也将提出新的要求。

因此，为解决黄河的问题，我们自然不能再走历史的老路，再不能只从消极的治理出发，而必须结合积极的开发，充分利用黄河的资源，根据苏联的经验,以综合利用的原则求得各有关方面最大的综合效益。在解决黄河的问题上,我们国家今天的政治经济情况,完全可能也完全必须走综合利用的道路。特别是为解决下游洪水和泥沙问题的巨大水库,需要国家巨额的投资,更应该完成最高的综合利用的任务。

然而由于中国河流洪水问题的特殊严重和防治任务的急迫,以及中华人民共和国成立前技术资料的极端贫乏,在中华人民共和国成立之初,不得不在没有做好河流规划之前,就动手解决某些河流的防洪问题。历史传统观念给我们的某些限制,以及苏联先进经验推广的不够,也使得河流综合利用规划的原则曾不容易得到贯彻。有些技术人员对河流的综合利用有过一些不正确的和混乱的观念:如认为综合解决所有水利事业的要求是不可能的;或者也赞成综合利用,但将河流上游、下游割裂,分而治之;或者将水库机械划分为几层,各不相犯;或者将有机的水工建筑物孤立安排。总之,对河流的规划、水库调节和水量分配的计算以及具体的工程布置,都发生过不合乎综合利用原则的事。这些不合理的思想也曾反映到黄河规划工作中。如黄河各项第一期工程的选择问题,特别是三门峡的选定,就是批判了对综合利用的某些不正确思想之后,才得到圆满解决的。

黄河综合规划,在我国第一次提出了根治黄河水害和开发黄河水利的计划。规划的任务是要解决五个迫切的问题,即:防止下游严重的洪水灾害;灌溉面积的广泛增加;发展工业和农业所必需的电力;航运的相应发展;广大黄土区域内的水土保持工作。根据黄河的自然条件和社会经济情况,各项目前利益和远景开发的结合,规划报告中拟定了自龙羊峡至海口间四十六个梯级的开发方案,选择了若干处库容很大具有高度综合利用效益的水利枢纽,如龙羊峡、积石峡、刘家峡、黑山峡和三门峡,都能解决防洪、发电、灌溉、航运等项问题。其中三门峡和刘家峡水利枢纽已被选定为第一期工程。四十六个梯级方案布置中避免了若干重要川地、平原和灌区的淹没;自龙羊峡至海口河道共计二五三七公尺落差,计划利用二一一二公尺,利用率达百分之八十三。灌溉远景的发展几乎使用了黄河全部可利用的水量。规划报告中还规定了各河段综合利用的不同特点。自龙羊峡至青铜峡一段,主要为发电,同时结合防洪、灌溉和航运;自青铜峡至河口镇一段,主要为灌溉和航运,发电意义不大;自河口镇至龙门一段,主要为发电和水土保持;自龙门至邙山间为当前黄河治理和开发的关键地段,主要为防洪(拦泥沙)、灌溉、发电和航运。邙山以下主要为航运和灌溉。

以上全河分段的各项问题实际上是整个黄河问题的若干方面,其相互间都有互相约束和互相发展的综合关系;在解决任何一项问题时都不能忽视问题的综合性,必须尽可能求得其他问题的同时解决。例如解决灌溉问题时,灌溉区的选择必须利用第一期水利枢纽所造成的水量调节的有利条件;计算灌溉水量时,必须和发电、航运的要求取得协调;设计灌溉工程建筑物时,必须同时考虑灌溉渠中的通航问题,落差集中处的发电问题,以及泥沙淤积和可能遭遇的洪水问题;在水土保持地区发展灌溉,则必须同水土保持的支流水库相结合。

龙门至邙山间为解决黄河问题最关键的河段。在此河段修建第一期工程自应综合解决当前和长远的防洪、拦沙、灌溉、发电、航运等任务。防洪和拦沙为一个问题的两面,两者应同时加以控制。泥沙不能再听任继续下冲,否则下游河床照旧淤积,堤防紧张如故;同时稳定河道和灌溉均要求水库放下清水。因此,为解决上述各大问题,必须选择在经济上和技术上都适宜建筑高坝的地点,以造成有巨大容积的水库。

经过周密比较,三门峡为唯一能够解决上述综合任务的地址。综合规划也规定了修建三门峡水利枢纽作为第一期计划的主要工程之一,当前的任务就是集中力量做好这项工程。三门峡工程,按计划提高水位达海拔三五〇公尺高程时(河面为海拔二八〇公尺),水库容积为三六〇亿立方公尺。

拦河坝式的三门峡水电站建成之后,在防洪、灌溉、发电、通航各方面,将得到高度综合的效益。在防洪方面,可以把设想中的黄河最大洪水流量由三万七千秒公方减低至八千秒公方(将来更可减低至六千秒公方),此项流量为下游河道的安全泄流量。对下游伊、洛、沁三支流洪水再加以控制后,就可根本解除黄河下游洪水的威胁。可以拦蓄泥沙,下泄清水,使下游河床不再淤高,河道趋于稳定,两岸大堤便于防守。可以调节枯水流量,给灌溉、发电、航运的发展创造有利的条件。由于泥沙得到控制,流量得到调节,三门峡下游广大地区在一九六七年以前,可以顺畅地发展灌溉面积二千二百余万亩。由于流量的调节和拦河坝将落差集中,三门峡水电站发电的能力达到一百万千瓦,多年平均发电量约为四十六亿千瓦时(等于我国一九五二年发电量的百分之六十四)。这个巨大的电力可以供给河南、陕西、山西等省正在发展的主要重工业地区。以三门峡水电站为中心联结附近地区的火电厂,将成为中国中部的大电力系统;将来更可以同长江流域计划兴建的水、火电站联结起来,成为中国最大的一个电力系统。三门峡下游航运也将得以改善,在水库区域内可以发展航运。

三门峡水库有巨大的淹没损失,这是在黄河规划工作进行中所遇到的一个最困难的问题,但这也是一个无法回避的问题。在考虑这个问题时,一方面要看到解决黄河问题的伟大的政治上和经济上的积极意义;同时也要看到经过总路线的宣传教育之后,人民群众的觉悟程度不断提高,在我们国家内能够做到局部利益服从整体利益。因而,相信在中国共产党和人民政府的正确领导下,经过艰巨而细致的工作,对于被迁移居民的生产条件和生活条件作了妥善的安排,这个问题是完全可以得到解决的。我们不能因为这一问题,阻碍了整个黄河综合利用规划的实现。

为了减少黄河的泥沙量,减少三门峡水库的淤积,同时为了发展广大黄土区域的农业生产和改善该区人民生活,在修建三门峡水电站的同时,必须大力动员广大群众开展水土保持工作和兴建以拦泥沙为主的支流水库。根据水土保持工作的十五年计划,到一九六七年,流入三门峡水库的泥沙,估计将减少一半。因此,水土保持工作同三门峡工程所担负的使命是密切关联着的。

总之,三门峡水利枢纽的建设,可以保障我国社会主义经济建设不受到黄河水灾的威胁;同时在广大地区内为工业、农业的发展打下深厚的基础;特别是围绕这一个巨大的电力中心,可以建设起整套的大工业,建设起几十个现代化的农场,为我国社会主义工业化起巨大的作用。

黄河问题是中国几千年来所没有解决的问题,对我国当前的和长远的社会主义建设,关系极为重大。三十多年来苏联在河流综合利用方面创造了整套的学说,进行了和正在进行伟大的建设,今天我国在苏联政府的帮助下完成了黄河规划的工作。苏联专家以丰富的经验、高度的技术和辩证的思想方法具体地向我们传授了这一先进的科学知识,他们不仅帮助我们解决了许多重大的技术问题,更重要的是帮助我们提高了解决像黄河这样复杂问题上的思想水平。

在进行黄河综合利用规划的过程中,各个有关部门进行了全面的合作,使这一工作得以顺利完成。但在工作过程中,也遇到过许多问题,有过一些不同的意见,这些问题和意见最后都获得了解决,从而取得许多经验。其中最重要的一条经验,就是对综合利用规划的基本原则如何逐步求得思想认识的一致。

黄河综合利用规划为我国所有重要河流的治理和开发提供了良好的范例,像长江这样关系整个国民经济的重要河流,毫无疑问也应该走这条道路。

中国人民一定要征服黄河 为实现千年来的愿望而努力

《人民日报》(1955年8月7日)

为实现千年来的愿望而努力

山西省平陆县县长　郭逢恒

编辑同志:

黄河流经我县县境二百多里。多年来,滔滔河水,不但不能用作灌溉,反而冲刷去无数肥沃的黄土,使“平陆不平”,沿河土地贫瘠,遍地是沟。仅仅去年一年,我县范滩、沙口两乡就被水冲去近两千亩滩地;百年来太阳渡半条村成了黄河底子。因此,治理黄河是我县人民千年来的愿望。但是,在旧社会,这个愿望是不能实现的,那时在我县就流传着“柏叶落、柳叶圆,清了黄河塌了天”的说法。今天,在中国共产党、毛泽东主席的英明领导下,千年来的愿望将变成现实,黄河这条“害河”将变成“利河”,为祖国的社会主义建设服务。我们深受黄河水害的平陆人民怎么能不欢欣鼓舞?

三门峡位于平陆和陕县两县的当腰。将要在三门峡修建的综合工程是治理黄河和开发黄河的关键。平陆人民能够站在这一伟大工程的最前列,感到无限光荣和愉快。现在我县人民决心要做好水土保持工作,沿山淤沟滩,修梯田,植树造林。工程开始时,我们要动员十二万人民全力以赴。水库区人民一定要本着“一户搬家,保了千家”的美德,坚决服从国家计划,按照政府指示实行迁移。这是黄河下游八千万人民对我们的希望,也是我们义不容辞的光荣任务。

做好工作迎接光荣的治黄任务

河南省黄河河务局办公室

编辑同志:

我省沿黄河各防汛指挥部和各修防处、修防段的全体人员,在七月十九日收听了邓子恢副总理“关于根治黄河水害和开发黄河水利的综合规划的报告”的录音广播后，受到很大的鼓舞。二十日上午各地职工分别进行座谈和讨论，大家一致表示坚决要用做好工作的实际行动来迎接这个伟大的光荣的任务。

开封修防处一位从事治河工作三十多年的老技术人员高兴地说：“过去反动统治时期的河官们，哪为治河费过心呢？谁不是为了在河上发洋财呀？美帝国主义考察团进行的考察，还不是装装样子欺骗中国人民。现在在毛泽东主席的英明领导下，黄河水害就要进行根治。我今后一定要把自己所有的老力气贡献出来，参加这个光荣的事业。”开封县防汛技术训练班的学员刘才（四区的乡民兵队长）、张德富（护堤模范）和岗村乡的农业生产合作社副社长都说：过去黄河在咱们这里开口，淹的人们东逃西散，在旧中国，老百姓一听说黄河就害怕。现在不一样了。第一期工程完了之后，我们就能亲眼看到自己的旱地变成水田，黄河两岸修建起新的工厂，河里也有了轮船。这样改造自然的大事情怎么能叫人不高兴呢？我们一定要学好技术，做好防汛工作，保证黄河不溃决。花园口的硪工宋水生和工程队老工人田金盛说：过去反动政府在花园口扒堤放水淹人民，把我们的家园冲走了一半。今天的政府却是根治黄河，造福人民，这真是全国人民的大喜事。我们坚决要把大堤修坚实，让黄河从一条“害河”变成一条“利河”！

战胜黄河被根治前的水害

黄河河务局利津修防段　于佐堂

编辑同志：

邓子恢同志“关于根治黄河水害和开发黄河水利的综合规划的报告”使我感到无比兴奋。我是将近六十岁的人了，身受过黄河几次决口的灾难，逃过荒，要过饭。我从小就当河工，走遍了山东境内的黄河南北两岸。但是，那时反动派的河官们只管自己发财，不管黄河决口会给人民带来多大的灾难；他们还欺骗人民说这些灾难都是“天数”。现在，在中国共产党和毛泽东主席的领导下，人民将用自己的力量来战胜“天数”了。这怎能使人不感到欢欣鼓舞呢？

中华人民共和国成立以后，人民在同黄河水害做斗争的时候，就变得更有力量了。一九四七年我在黄河河务局利津修防段工作，那年利津出现了五处严重的险情。我们的工作条件很艰苦：白天有国民党反动派的飞机来扫射，夜晚没有照明工具；既缺少材料（特别是石料），又缺少技术工人。但是，我们终于克服了一切困难，完成了抢修工作。这个事实使我相信，在共产党领导下的中国人民终有一天会完全战胜黄河的。

一九四九年黄河又出现了历史上少有的洪水。在那次抢修中，我接连十四昼夜坚持工作，在石料快用完的时候想出了用麻袋装红泥代替石头的办法，抢住了险工，并且为国家节省了大批石头（折秋粮一百多万斤）。因此，我被评为特等治黄功臣，还出席了全国第一届工农兵劳动模范代表会议。党和人民给了我荣誉，我决心加倍努力，在治黄工作中做出更大的成绩。

今天，一个伟大的计划宣布了：我们不但要使黄河不再制造灾难，而且要使它为我们造福。我相信，在共产党领导下的中国人民是完全有力量完成这个计划的，我一定要把所有的力量献给这个伟大的事业。我保证要和利津修防段的同志们一起，认真做好勤查、勤修和换水工作，努力战胜黄河根治前在利津境内可能发生的一切洪水。

愿为征服黄河献出毕生精力

黄河水利委员会第三地形测量队技术员　蒋正清

编辑同志：

我是一个青年团员，是黄河水利委员会第三地形测量队的一个测量工作者。一九五五年四月我们测量队来到了黄河边上，进行三门峡水利枢纽工程的测量工作。目前我们队正热烈开展着劳动竞赛，争取提前在十月底以前完成任务，然后再去支援兄弟队一起完成今年三门峡库区光荣而艰巨的地形测量任务，及时向设计部门提供精确可靠的资料。

当我在报纸上看到邓子恢同志“关于根治黄河水害和开发黄河水利的综合规划的报告”的时候，我内心有说不出的兴奋和愉快。千百万人民几千年来治黄的愿望，终于要在中国共产党和毛泽东主席的英明领导下实现了！对于全国人民，特别是对于黄河两岸的人民来说，这该是多大的福音！

在治理和开发黄河的伟大事业中，我能够参加三门峡工程建设，当一名侦察兵，使我感到无比的骄傲和光荣。我保证要认真钻研业务，做好测量工作。要努力学习政治，提高阶级觉悟，争取加入光荣的中国共产党。我决心把我的青春、把我的毕生精力都献给治理和开发黄河的事业。到那一天，当黄河驯服于人们的意志，成为一条为人民服务的幸福的河流的时候，我将无愧地说：“我曾经在这个改造自然的伟大斗争中献出过自己的力量。”

安心做好迁移安置工作

河南信阳专区迁安委员会　郑在禄

编辑同志：

读了邓子恢副总理“关于根治黄河水害和开发黄河水利的综合规划的报告”以后，我深深地感到兴奋和自豪，因为我们正在做我们的前人从来没有做过的极其光荣伟大的事业。报告中谈到三门峡水库区居民的迁移问题的时候说：“在拦蓄的水位达到三百五十公尺的时候，就需要淹没耕地二百万亩，迁移居民六十万人。当然，这同黄河泛滥、决口所造成的损失，是完全不能比较的。泛滥、决口要造成生命的损失，财产的损失更无法计算；迁移由于是在人民政府领导和帮助下有计划地进行的，政府保证移民在到达迁移地点以后得到适当的生产条件和生活条件。因此，过去在修造水库或开放蓄洪区、滞洪区的时候，当地居民都能够服从社会的需要和政府的安置，顺利地完成迁移或临时迁移计划。”我是一个做迁移安置工作的人员，参加南湾水库迁移工作将近三年了。我亲眼看到，有关地区的人民政府对移民生产和生活上的安置，认真负责、照顾得很周到。而被动员迁移的居民，在政府的教育和帮助下，都懂得“一户迁移，千户受益”的道理，愉快地转移到安置区，重新开始自己的劳动生活。

我们这里的迁移安置工作到九月就要胜利地结束了，如果能够把我调到三门峡水库继续做迁移工作，我一定毫不踌躇地去参加这个伟大光荣的工作。因为我知道，做迁移安置工作虽然艰苦和困难，但也是国家整个建设事业中不可缺少的一项工作，是有关全国人民长远利益的工作。能够安心做这样的工作，就是热爱祖国、热爱我们伟大的社会主义事业的表现。

保卫祖国伟大的建设事业

解放军某部战士　周金赞

编辑同志：

我的家乡在河南开封，离黄河只有十几里地。在我童年的记忆里，黄河是一条可怕的害河，它张开大口就会吞掉千百万人民的生命和财产。我永远不能忘记：一九三八年(那时我才六七岁)国民党反动政府在郑州附近的花园口决开了堤，淹没了几十个县的土地和村庄，很多善良的人民被大水吞噬了，到处都是扶老携幼的灾民……

现在，中华人民共和国成立才五年多，就提出了伟大的根治黄河水害和开发黄河水利的综合规划，要把黄河驯服，使它为我们及子孙后代服务。作为一名中国人民解放军战士，我除了用极其兴奋的心情表示热烈拥护和支持，还要加强学习，提高政治觉悟，练好军事技术，做一名优秀的现代化国防军，为解放我们的领土台湾，为保卫祖国伟大的建设事业而奋斗！

治淮委员会派人支援三门峡工程地形测量

星　光

《人民日报》(1955 年 8 月 11 日)

为了保证三门峡水库和水电站工程测量工作迅速完成，水利部治淮委员会于七月十日派出两个测量队包括十七个小组、一百三十多名测量技术人员，赴河南省陕县支援这一工程的地形测量工作。

三门峡工程的地形测量，包括淹没区等很多方面，任务浩大复杂，要一律采取苏联的规范测量，以达到高度的精确标准；整个地形测量要在今年年底完成，以便给三门峡工程设计提供可靠的资料。治淮委员会支援的测量人员到达陕县黄河水利委员会测量总队后，就热情地投入了关于苏联规范测量的学习。学习半月后，他们将分配在陕西渭南一带进行测量工作。

三门峡水库区紧张进行大规模的勘测工作

《人民日报》(1955 年 8 月 21 日)

在黄河三门峡水库区，大规模的测量工作正紧张进行。参加这一工作的有黄河水利委员会测量总队，以及淮河水利委员会、山东省水利厅、山西省水利局、黄河西北工程局支援三门峡的测量人员，共一千五百多人。十月，他们要完成库区四千二百七十七平方公里的万分之一的地形测量的野外作业，年底要交出图纸进行设计。截至七月底统计,地形测量的图根选点已完成百分之八十五,四等水准已全部完成,地形测量的关键——碎部,已完成整个任务的三分之一。

测量队员们在炎热的夏天,翻山涉水,每天都在工作。他们当中出现了大批的先进小组和模范人物,现已有十个组被命名为"青年突击组"。

当地农民也大力支援测量队的工作。测量队到了哪里,哪里就准备好了房间。经常有许多车辆为测量队搬运粮食、器材。农民对测量队在山头上插的每一面小旗,每一个标号,都像看守自己的庄稼一样地保护着。

三门峡水库正进行施工准备

《人民日报》(1955 年 9 月 7 日)

黄河三门峡水库工程的各项准备工作正在大力进行。会安(陇海铁路会兴镇车站至三门工地附近的大安村)专用线的草测、初测和找寻水库建筑材料的第一期砂石勘探工作,八月底已胜利完成。会三公路(会兴镇至三门)的改建和水库坝址补充钻探工作,目前也正在进行。为及时了解、掌握三门峡的水文情况,以适应当前工作需要,三门峡水文站也在大力扩建。现在三门峡至会兴镇四十多里的丘陵峡谷地带中,沿途布满了为征服黄河而忘我劳动的大军,满山遍野都搭起白色的帐篷,到处可听到机器马达声和青年工人的劳动歌声。

为三门峡工程的开工进行准备工作

《人民日报》(1955 年 9 月 12 日)

三门峡是黄河规划第一期工程中最大、最重要的水利枢纽,在这里修建的防洪、发电、灌溉的综合性工程是治理和开发黄河的关键。

三门峡水库建成后,它的容积可以达到三百六十亿公方,仅次于世界最大的古比雪夫水电站的水库。它对解决黄河下游洪水灾害问题起着决定性作用,三门峡水库在黄河缺水时期,可以把下游的最低流量由一百九十七秒公方调节到五百秒公方，保证下游河南、河北、山东接近河岸地区的灌溉用水和航运所需要的水量，并使黄河下游河水变为清水。三门峡水电站可发电一百万千瓦，陕西、山西、河南等地相当时期内在工业和其他方面所需用的电力就可得到充足而廉价的供应。

目前，为了支援施工前的准备工作，铁路专用线的勘测和建筑材料的勘察都在加紧进行。许多单位正在积极生产、加强各项工作和抽派技术人员来支援这一巨大的工程。

三门峡水库的面积约为两千三百五十平方公里，库区的地形测量正在积极进行。参加这一大规模测量工作的一千五百多名工作人员为了在十月完成交图任务，开展了劳动竞赛。这是地形三队碎部三组（青年突击组）正在三门峡附近黄河边上工作。（图略）

黄河水利委员会机械修配厂工人生产和加工了许多治黄器材和产品，支援黄河治本工程。这是车工间工人正在制造三门峡进行钻探工作所需的钻头、钻杆箍。（图略）

由陇海铁路会兴车站通往黄河三门峡工地的铁路专用线正在勘测。这是一条工程艰巨的和技术十分复杂的线路。这是地质工作人员在做这条铁路的地质调查。（图略）

黄河水利委员会机械工程大队是为了迎接黄河治本工程开始后大规模机械化施工的队伍之一。这个队拥有大批新式施工机械，工人们正在学习技术，准备参加伟大的三门峡工程。这是工程师正给工人们讲解开山机的技术原理。（图略）

黄河水利委员会泥沙研究所积极为三门峡工程做各种科学试验工作。这是工作人员利用三门峡模型做三门峡最大洪水量的试验。（图略）

会兴到三门峡铁路加紧勘测

《人民日报》(1955 年 9 月 18 日)

从陇海铁路线上的会兴车站到三门峡的铁路正在加紧勘测。将来全国各地支援三门峡水利枢纽工程建设的大量物资将由这里运输。勘测人员已初测了三条比较线，经过研究后，现在已选出一条质量较好的线路。

从会兴到三门峡间的黄土台地上，铁路线要经过六条六十到九十公尺的深沟。在这里进行勘测工作的铁道部西北设计分局的勘测人员，腰里缚着麻绳吊在深沟的半空测量地形。他们还访问了附近的老农民，收集了有关的水文资料。

关于三门峡水库的维持年限问题

《人民日报》（1955 年 10 月 10 日）

在邓子恢副总理“关于根治黄河水害和开发黄河水利的综合规划的报告”发表以后，我们不断接到读者来信，询问三门峡水库的使用年限问题。这些读者来信说，将要建设的三门峡水库，是改造黄河第一期计划中的主要工程之一，是我国伟大社会主义建设的一个重要组成部分。它将为人民服务二三百年以至更多的年代。但是在邓子恢副总理的报告中提到这个水库的维持年限的时候，为什么只说是“五十年到七十年”呢？

现在，我们把黄河规划委员会对这个问题的答复发表如下：

邓子恢副总理的报告中是这样说的：“三门峡水库至少可以维持五十年到七十年或更长的时间。”其中所提到的“五十年到七十年”这个数字，是大体上按照一九六七年以前实施的第一期计划中修建的干支流水库和第一期水土保持工作的效果进行估计的。也就是说，这是最低限度的维持年限。事实上，在第一期计划实施以后，我们将继续治理黄河，修建更多的干支流水库，更进一步地开展水土保持工作，减少泥沙的作用一定会更加有效，三门峡水库也就一定能维持更长的时间。

在初期，水库是不免要淤积一些的，但这正是它的任务——只有拦住泥沙，才能使下游河道不再淤高，而能避免决口改道！由于三门峡水库容积很大，可以留下位置让泥沙淤积，而且随着黄河治理工作的不断开展，泥沙淤积量会逐年减少，三门峡水库仍然可以维持一定的库容，来负担防洪、灌溉、发电、航运等各项任务。

等到黄河综合利用规划的远景计划完全实现时（邓子恢副总理的报告中指出，这需要几十年时间），黄河的面貌将大为改变，浑浊的黄河变成了清水河，三门峡水库就不怕泥沙淤积了，也再不必担心它的维持年限问题了。

当然，要做好水土保持工作和干支流水库的修建工作，任务是很艰巨的。

这不但因为它的工作量很大,更重要的是因为它是一个宏伟的群众性工作。这样伟大的改造自然的工作,在资本主义国家是完全不可想象和不可能实现的,只有在我们优越的社会主义制度下,在中国共产党和人民政府的领导下才能完成。因此,这也更需要我们千百万人民的共同努力!

做好治理黄河的第一期工程

《人民日报》(1955 年 10 月 16 日)

黄河,这条横贯祖国大陆北方的、蕴藏着无限资源的巨流,在人民的时代将根本改变它的面貌。

根据《关于根治黄河水害和开发黄河水利的综合规划的决议》的为期十五年的第一期工程计划,决定要在三门峡和刘家峡修建两个巨大的水库和水电站,同时还要在干支流上修建三座壅水坝和十几座中小型水库。这些工程全部建成后,黄河下游的水灾威胁即可完全避免;三门峡和刘家峡每年可以输送出 98 亿度廉价的电力;全河水量将有一半用于灌溉,沿河各省将出现许多新的灌溉区;航运极端不便的黄河河道中,约有 1800 公里的距离可以分节通航轮船;黄土高原的水土保持工作,将使当地的农业生产量增加一倍,流到黄河的泥沙可减少一半左右。

为了保证做好治理黄河的第一期工程,在全国人民的积极支援下,在苏联专家热情的帮助下,有关第一期工程的各项准备工作正在大力进行中。在三门峡和刘家峡工地上,满山遍野都是白色的帐篷和震撼山谷的机器马达声;从陇海铁路会兴镇到三门峡工地的专用铁路线初测工作和水库建筑材料的第一期砂石勘探工作都已顺利完成。第一期工程中规模最大的三门峡水库和水电站,计划在 1957 年开始施工,1961 年完成。仅仅在五年时间内,我们就要建成这座坝高 90 公尺左右,容积达到 360 亿公方,仅次于世界最大的古比雪夫水电站的水库。

黄河的伟大远景鼓舞着我国人民。我们祖先世世代代不能实现的梦想,却要在我们这一代人的手里变成现实。

三门峡附近开始营造水源林

齐保元

《人民日报》(1955 年 11 月 14 日)

三门峡附近陕县、灵宝两县，今年计划营造水源林三万五千多亩。陕县、灵宝两县处于黄土丘陵地带，土质松散，树木很少，水土流失情况十分严重。中华人民共和国成立后，为了改善这种情况，两县已经在水土流失最严重的地方，先后造林五万多亩，初步起了保持水土作用。今年秋季，两县召开了营林保土和林业代表会议，计划营造水源林三万五千亩。现在，除当地苗圃已培育了大批树苗外，已陆续从外地运来了橡树、紫穗槐等种子二十万斤，树苗二十万株。造林工作正在积极进行。

三门峡铁路完成初步设计

《人民日报》(1955 年 11 月 19 日)

西北铁路设计分局最近完成了三门峡铁路专用线的初步设计。这条铁路专用线有十二多公里长，由陇海铁路的会兴车站开始，直达距离工地三公里多的地方，负担着运输三门峡巨大工程所需要的沙石、水泥等建筑器材和庞大的发电设备。铁路沿线的许多为三门峡工程服务的附属工厂如制材厂、钢筋加工厂、钢筋混凝土预制构件厂等的产品也要经过这条铁路运到工地。

为提早完成五年计划而奋斗：三门峡坝址钻探工作提前完成

《人民日报》(1956 年 3 月 25 日)

三门峡水利枢纽工程的坝址钻探工作已经在三月中旬提前一个多月完成。钻探取出的岩心进一步证明,坝址的岩石很适合建筑巨大的高坝。

这种为工程初步设计提供资料的钻探工作,是工程设计的重要依据。这项钻探工作从 1954 年 5 月开始,到同年 12 月就钻了 31 个钻孔,初步探明了岩层情况。为更正确地掌握对坝身安全有决定性的岩石的透水性、破碎情况,以及岩石的厚度,经苏联专家建议,在 1955 年 9 月又增加了 30 个钻孔。在先后约 15 个月的钻探工作中,几百名钻探人员,在争取工程提前开工的口号下,不分白天黑夜,经受狂风暴雨,在峭壁悬崖和三门天险的激流中,在坚硬的岩石上,共钻了 61 个钻孔,钻进深度约有 4000 公尺。目前,在室内作业的技术人员正在紧张地进行最后的资料整理和汇编工作。

现在,大部分的钻探人员都转入短期的集训,以迎接为工程提供技术设计资料的钻探任务。

三门峡地质勘探工作完成

《人民日报》(1956 年 4 月 20 日)

为黄河三门峡水利枢纽提供初步设计资料的工程地质勘探工作已在 11 日完成。

这项工程地质勘探开始于 1954 年 5 月,到今年 3 月 11 日,61 个钻孔的钻探作业已全部完成。到 4 月 11 日,又整理完全部成果资料。这些成果资料已陆续送交设计部门。

根据这次勘探资料的初步推断,坝基岩石不仅适合建筑巨大的高坝,而且在这块很厚的坚硬的岩盘上，破碎、透水现象不甚严重，只要进行适当处理，完全可以保证大坝基础的坚实可靠。钻探还证明，这一带的岩石是硬度很高的闪长玢岩。闪长玢岩极耐风化，一般风化裂缝的深度仅二公尺左右，建筑大坝时需要挖掉的风化岩石并不多。而且由于河中的岩岛坚硬，在除掉风化岩层和用灌浆法处理后，还可利用它作为坝体的一部分；挖掉的风化岩石，又可作为筑坝时的混凝土的骨料。这样，建筑大坝时，可以节省许多人工、工料和施工时间。

拦住三门峡以上黄河支流的泥沙
治理伊河、洛河等的设计工作正积极进行

《人民日报》(1956 年 5 月 4 日)

在黄河三门峡水库工程即将动工的同时，黄河水利委员会又积极进行根治黄河支流的准备工作。这是根据黄河综合利用规划第一期工程的规定，为了拦阻三门峡以上各支流的泥沙，以保护三门峡水库和发展支流流域地区的工农业生产、解决黄河下游的洪水灾害而进行的。

黄河勘测设计院今年对黄河支流的治理进行大量的基本工作。河南省西部的伊河、洛河和山西省东南部、河南省西北部的沁河流域规划工作在一月底完成后，又在四月开始了伊河和洛河水库的初步设计；今年要完成一个水库的初步设计。山西省西部三川河的流域查勘在四月完成后又开始了流域规划。三月下旬还派出了两个查勘队到泾河流域和无定河流域搜集资料。

从三门峡来的人

大 群

《人民日报》(1956 年 5 月 25 日)

当我访问他的时候,他摆着仅有的一只右手,豁朗地笑着说:这个工程规模太大了。我在这个大工程中,目前只是担任架设钢索桥的任务。要完成这个任务虽然也很费事,但是和巨大的三门峡水利工程相比,就是很微小的了。

生长在旧社会里的谢世新,十八岁就成年累月地在淮河长江两岸架桥。在那种年月里不用说养家糊口,三天两头连自己都空着半个肚子。1946 年他流落到上海,国民党招工堵花园口大堤缺口,他就报名去做工。本来他想赚点钱回山东老家,可是一到那里算是进了活地狱,国民党派兵看守着,干活不分白天黑夜,不但一分钱不给,每天连顿饱饭也混不上。有一次,谢世新在没腰深的水里打桩子,由于过度劳累,被一个大锤轧了左手。半残废的谢世新的生活从此就陷于绝境了。

当他无依无靠地流落到郑州的时候,解放军来了。他第二天就报名参加了解放军第二野战军后勤部的第二工程队。正是江南无处不飞花的季节,百万大军南下,他随军一路上逢山开路,遇水架桥。当大军挺进到安徽境内的时候,有一条名叫七里河的河,水流很急,河底又是流砂,载重汽车不能通行,大批军需物资被拦在河边。涉水过河的大部队已经到达长江北岸,可是军需的粮食却供应不上去。司令部根据作战情况,命令工程队在二十天内一定要把这座桥架起来。这座桥能不能如期架好呢?有人说:过去在这个地方也架过桥,曾经动工六次,可是始终没有修成。修不成的主要原因是河床有八尺深的流砂,打不住桩子。一些才参加工作的懂得架桥技术的工程人员说:在这个地方架设一座载重汽车可以通行的桥,最少也得两个月工夫。

这时谢世新带着一个班走在工程队的后边。工程队的张政委知道他有十几年的架桥经验,就通知他快点赶到前面来。

老谢赶到工程队以后,立即就到河边去看。他仔细地看了以后坚定地说:“这座桥可以架起来。”当时领导给他架桥的期限是十五天,他估计有十天就可以了。结果他们仅仅用了一个星期零半宿的工夫,就把桥架起来了。

这天早晨他睡得正香,张政委把他叫醒说:“老谢,成绩不错,由昨天夜里十二点到天亮,光汽车就过去了六百多辆啦。”到下午,张政委又告诉他:“长江边上来电话了,部队同志因为粮食送上去而吃上干饭了。”老谢虽然疲劳得浑身酸痛,但是他再也躺不住了,他跑到桥上去检查桥的质量。他在桥上碰到步行过桥的刘伯承司令员,这时也在桥上的张政委指着谢世新对刘司令员说:“这就是提前完成架桥任务的谢世新!”刘司令员一面说着“很好!很好!”一面还用随身带着的照相机给他拍了一张照片。

解放大军挺进到重庆的时候,架桥工程减少了,工程队也比以前扩大了。这时后方治理黄河又需要人,谢世新就在这种情况下被调到黄河水利委员会,参加了人民胜利渠的建筑工作。这期间,他不断地受到领导的表扬。

1954 年黄河水利委员会的办公大楼开始兴建。参加这项工程的老谢,不但提出了很多合理化建议,保证了工程质量,还创造了比当时用人工揹灰效率高八倍半的吊灰架。由于他忠于党的事业,1954 年他光荣地加入了中国共产党。

1955 年 7 月,他到了全国闻名的三门峡工作,他说:“我能参加这个伟大工程,是一生最大幸福。”

黄河的七月,正是伏汛季节,三门峡的河水开始上涨。负责设计三门峡水利枢纽的苏联专家组,急等着三门峡水文站测验的材料。现在动手工作虽然非常困难,但是又不能推延,因为如果过了伏汛期再测验水文,那就要使工程停顿很久。这时领导方面决定在三门峡河面上架设三道二十五公分粗的钢缆来进行水文测验,保证专家能够按期进行设计工作。

老谢接受了这个任务以后就要了四只大船,二十五个精通水性的工人。第一道钢缆要架设在红石坡。他带领工人到了河边,一边查看施工地址,一边访问一个有五十年撑船经验的老艄公。老谢问:“能不能从这里撑船过河?”老艄公看看站在他对面这个将近四十岁的人说:“别说是船,就是羊皮筏也会撞得连影子都看不到。”老谢并没有被这个困难吓住,经过他不断地琢磨和征求其他同志的意见,终于想出了办法。他向领导方面建议用浮标投掷器把九公分的钢缆挂在上面送过河岸。这个建议被采纳了。可是连着试验了四五次都没有成功。每次试验,投掷器还没有漂到河心,就被急流卷跑了。当时有人对他说:“老谢,你要相信科学,别瞎动脑筋了,等水落了再搞吧!”老谢没有听他的这种警告,因为他知道,做这工作跟打仗一样,一定要坚决完成任务。他还想:毛主席有决心根治黄河,就是他相信人民的力量大!就是他知道,在黄河边上,有中国共产党员在那里工作。他想到这里,完成任务的信心就更坚强了。他暗暗地说：不能等到水落，一定要干下去！

他琢磨来琢磨去，了解到浮标投掷器不能把钢缆带过河去，原来是因为九公分的钢缆分量太重。他根据这种认识，就先用浮标投掷器把五公分钢缆带过对岸，然后再把九公分钢缆系在五公分钢缆这头，再利用绞车把九公分的钢缆也拉到了对岸。用同样方法，又把二十五公分的钢缆也拉了过去。他还接受了群众意见在二十五公分的钢缆上扎上羊皮筏，使钢缆便于绞拉。这样，便把这个断面的钢缆架设好了。

为了能够让另外两根二十五公分粗的钢缆拉过河去，他又建议在已架好的钢缆上挂一个吊篮。当时一个姓潘的工程师不同意，他说："恐怕不成吧！上这样的吊篮可不是闹着玩的，翻个筋斗就不得了。"他主张挂羊皮筏。工程队根据工程师的意见开始试验。费了两天工夫连接起来的一百个羊皮筏，才顺到河里不久，只听嘎叭一声就顺水漂走了。

挂羊皮筏的办法失败以后，谢世新就根据他原来的想法来进行挂吊篮的试验。他向工程队要了些旧板子，亲手钉了个吊篮。在曹传友、吴清让两个同志协助下试验成功了。工程的进度加快了。原先要六天架设的一个断面，现在三天就完成了。

他们战胜了困难，争取了时间，按苏联专家的要求，完成了取得三门峡水文资料的任务。同时，因为他所创造的这个吊篮试验成功，不但减少了往返两岸过人运物的时间，还避免了乘船或坐羊皮筏过三门峡的危险。人们都称赞这是"空中过三门"。

1955 年封冻以前，地质勘探总队的坝址钻探队还有三个钻孔急待开工，可是这些钻孔设在人门、鬼门、神门汇流的地方，波浪奔腾，无法安装钻塔。他们又找谢世新想办法。谢世新建议使用在钢缆上挂船办法来解决安装钻塔的困难。由于采用了他的建议，顺利地安装了钻塔。这样做的结果，不仅保证了钻探工作及时完成，并且节约了价值人民币四万元的钢缆。

谢世新刚到三门峡工作的时候，在他领导下的许多同志都叫他谢同志，过了一些时候以后，大家都叫他谢师傅了，因为他在工作中毫无保留地把技术教给他们了。

谢世新是三门峡工程局办事处工程队的副队长。我访问他的时候，他正在北京出席全国先进生产者代表会议。

一座新城市开始兴建
将成为三门峡工程的基地

《人民日报》(1956 年 7 月 22 日)

据新华社郑州 21 日电　黄河三门峡附近一座未来的新城市,正在进行施工的准备工作。

这座城市的名称还没有确定,它的初步规划中的干道定线和七个街坊的建筑设计工作,已经完成。

三千平方公尺的库房在十一日建成以后,另一个一千三百六十平方公尺的库房又接着动工了。位置在新城区东面高山上的水塔正在施工,容水三百吨的水池工程已经完成了一半以上。预计到九月间,将有一部分机关迁到新房内办公;新建的三门峡水力发电学校和一所小学校,也将在新市区开始上课。

这座新城市将建设在陕县城东五里的地方,东、南两面有陇海铁路,会兴车站就在市区的东面。将来有连接陇海铁路的铁路专线和永久公路通到三门峡。

根据规划,市区要建立三门峡水利枢纽的辅助工业,成为三门峡水利枢纽工程的基地。

致三门峡居民

然　冰

《人民日报》(1956 年 7 月 30 日)

祖祖辈辈居住在黄河边,黄河里的水把你们养大;今天,怀着一个崇高的理想,你们一齐离开了自己的家。老年人挥泪和百年老屋告别,一次次抚摸屋前的豆棚瓜架。这一切又有什么可惋惜的呢?你们将会有更好的住宅,更茁壮的庄稼。到大戈壁去种植葡萄,到阴山山麓去放牧牛马;引天山的雪水灌溉良田,降服黄土高原的风沙。二十年后再来重游故园,那儿的一切都会叫你惊讶:旧日的山谷激荡着万顷波涛,人门、鬼门、神门全都幽禁在水底下。鲤鱼再也不愁跳不过龙门,轮船在山峰旁激起浪花。大禹的鬼斧没能劈掉险滩乱石,我们能把它一口吞下。神奇的事迹到处都可以碰到,岂止是那硕大无比的拦河坝?夜里,千万盏电灯会耀花你的眼睛,工厂的煤烟会叫你错当作出岫的云霞。哪儿是原来的沙滩、陡崖,你对每个游人的疑问都给以满意的解答。因为你是黄河两岸的老居民呵!曾经住在这举世闻名的三门峡。

三门峡工程局迁到工地

《人民日报》(1956 年 8 月 3 日)

新华社郑州 2 日电 黄河三门峡工程局七月底从北京迁到了三门峡工地办公。三门峡工程局是根据全国人民代表大会第二次会议关于根治黄河水害和开发黄河水利的综合规划的决议建立的。这个机构一月初在北京成立以后,近来因为三门峡工程施工前的准备工作越来越紧张,而且明年就要开工,工程局为了适应工程发展的形势,加强准备工作,就从北京迁到工地办公。

三门峡建立一个医院

《人民日报》(1956 年 8 月 5 日)

新华社郑州 4 日电 支援三门峡建设的辽宁省第三康复医院的全体医务人员已在七月下旬到达工地,大批医疗设备和药品也随同医务人员运到工地。

这个医院分内、外、五官、针灸、小儿、妇产等六个科。院内医疗设备比较齐全,有二百五十个床位;共有医师和医务人员一百四十一人,大部分经过了长期的工作锻炼,具有一定的技术水平。

三门峡在1955年秋季以前，只有一个医务室，同年十一月初扩大为医务所，现在已发展为设备比较完善的医院。

三门峡水库区农民开始迁移

《人民日报》(1956年8月15日)

新华社西安13日电 陕西境内三门峡水库库区的农民开始迁移。8月11日，五百多名农民乘汽车从西安出发前往甘肃省银川地区。在最近十天左右，还有四千多人也将分批出发。

三门峡水库工程占地二百多万亩，其中大部分在陕西境内。水库区内的陕西农民们为了支援这一伟大工程的顺利进行，都决心响应政府号召，从今年开始分批迁移。第一批移民中都是青壮年和农业社骨干，其中有很多人是共产党员和青年团员。他们将先在甘肃银川专区的安置区修建房舍，开垦荒地，为将来全家、全社、全村的迁移创造条件。他们走后的家庭生活问题，也都得到了妥善的安排。

陕西省人民委员会在移民出发前，已初步制订了合理处理移民财产、补偿损失的方案。国家将在安置地区分配给移民土地，并发给垦荒补助费。对移民拆除、迁建的房屋，国家也将给予拆除迁建补偿费。在安置区修建房屋时，国家将在材料、设计技术方面给予协助，以充分保证移民生活不低于现在的水平。现在，陕西省人民委员会购备的移民盖房用的六万多根木椽，已经运到银川安置区。首批移民盖房、开荒需用的一百多头牲畜，五十多辆大车和三千多件双轮双铧犁等农具，也由国家负责提前运往安置区。

大批技术和行政人员到达三门峡工地

《人民日报》(1956年8月16日)

据新华社讯 水利部、电力工业部、铁道部和河南、山东等省支援三门峡水利枢纽工程的工程技术人员及行政管理干部,截至12日为止,已有五百九十多人先后到达工地,其余人员也将陆续来到。这些部门决定支援三门峡工程以工程技术人员和行政管理干部二千名。水利部和电力部支援的人员中,有很多是久经治理淮河、修建官厅水库、小丰满和狮子滩水电站等工程锻炼过的水利健将,其中有中国的水利专家汪胡桢、李鹗鼎。汪、李两位专家已于10日来到工地,并就任总工程师的职务。山东、湖北等省支援的行政管理人员,绝大部分都是革命斗争经验丰富的地委级和县委级干部。

三门峡水库区初步设计规划基本完成

《人民日报》(1956年9月3日)

新华社郑州1日电 三门峡水利枢纽水库区的初步设计规划工作,已在8月底基本完成。这一工作,从1955年8月开始准备,经过中央有关部、院及河南、山西、陕西三省的勘查,今年6月底已分别做出了初步规划综合说明书。黄河规划委员会根据各部门实地勘查的资料,在各有关部门的大力支援和苏联专家的指导下,经过两个月的紧张工作,8月底已胜利完成了这一工作。这一工作的完成,为三门峡水利枢纽工程提供了技术设计资料。

水库区的勘查规划工作,包括水库区的居民迁移;铁路,公路及电信的改线;城镇及工商业迁移;林木采伐清理;库区的环境卫生及古物的挖掘清理;滩岸的防护和绿化;以及发展航运、渔业等二十多个重大项目。

为积极配合三门峡水利枢纽工程的顺利进行,河南、陕西两省今年春季就开始了迁移水库区居民等工作。为保证水库区的古物不受损失,中国科学院和文化部组织了三门峡水库区考古队和挖掘队,自今年4月初开始挖掘,到8月底已挖掘清理了唐、汉等朝代的古墓二百多座。9月起,将进行更大规模的挖掘。其他有关部门也将根据全面设计的规划要求,积极展开水库区的一切清理工作。

三门峡和刘家峡的考古新发现

安志敏

《人民日报》(1956 年 9 月 6 日)

中国科学院和中华人民共和国文化部联合组成的黄河水库考古工作队，已经结束了三门峡和刘家峡两个水库区的初步调查工作，获得了丰富的收获。

在三门峡，发现古人类居住遗址二百十一处，包括中石器时代及新石器时代初期的“沙苑文化”，新石器时代的仰韶、龙山文化和殷、周、汉、唐、宋代遗址，总面积达七千万平方米。其中比较重要的是在陕西朝邑和大荔的砂丘地带第一次发现了细石器，包括大量打制的细石器、石片石器以及未经加工的石片等三千余件，绝对不见陶片共存。据目前的资料观察，它可能是属于一种新的文化，我们暂且称它为“沙苑文化”。这里的细石器虽与北方的细石器文化相似，但其中的石片石器却具有很显著的特点，特别是尖状器很像旧石器时代的产物，在一般的细石器文化中是缺少这种类型的。因为缺乏地层上的证据，目前还不容易确定时代。这个文化和附近以农业生产为主的仰韶和龙山文化也有很大区别，这是在黄河流域首次提供了中石器时代及新石器时代初期的遗存，值得今后详细加以研究。

三门峡区最丰富的是新石器时代的遗存，尤以仰韶文化为最多，约占三门峡遗址总面积的半数。分布非常密集，遗物丰富，富于变化，说明了仰韶文化在这里曾经经过长期多样的发展。这对解决仰韶文化的分期和其他文化的关系、对阐明它的社会组织、生产活动及物质文化发展过程，一定会有重大贡献。

在三门峡附近另一重要发现是关于古代为征服三门峡天险保证由东向西运输粮食而采取的一些工程措施，如汉代的栈道、唐代的开元新河、黄河北岸的山路和三门峡东、西的仓址。这些古代改造自然的伟大工程的发现，揭示了利用黄河漕运的一些具体史实。

刘家峡水库是我国远古文化发展的中心地区之一，在考古学上占有重要的地位。这里共发现了人类遗址(包括墓葬)一百七十六处，总面积一千万平方公尺。包括甘肃仰韶、齐家、辛店、寺洼等文化和汉代遗址。此外还发现了一处新的文化遗存，暂名为“唐汪文化”遗址。这次调查的最重要的收获，是根据地下堆积的层次，拟定了甘肃远古文化的相对年代，纠正了过去考古工作者把甘肃一带的远古文化分为“齐家、半山、马厂、辛店、寺洼、沙井”六期，误认为它们是属于一个文化系统，一脉相传。根据新发现的证据，这里文化交替顺序是甘肃仰韶文化（半山、马厂）——齐家文化——辛店文化。“唐汪文化”、寺洼文化及这里所没有的沙井文化，都可能是和辛店文化同时的另外系统的文化。这就纠正了“六期”的错误说法。

甘肃地区远古文化是比较复杂的，其中某些文化可能是属于我国兄弟民族的早期文化。我们相信今后的发掘，可能提供更多的新资料，对甘肃远古文化的分期问题也有很大帮助。

三门峡和刘家峡的考古调查是一次面积广、规模大的普查工作，在中国考古学史上是空前的创举。在这两个水库地区就发现了近四百处古代遗址，总面积达八千万平方公尺，在世界上也是少有的。通过这两个水库的考古发掘工作，一定会提供丰富的物质文化资料，有助于我国古代历史的研究。

郑州—洛阳—三门峡　开始兴建电力网

《人民日报》（1956 年 9 月 12 日）

据新华社洛阳 11 日电　以郑州—洛阳—三门峡为干线的电力网，已经在 9 月 10 日开始动工兴建。这条高压输电线路的第一期工程，线路长达二百二十余公里，电压为十一万伏特。这条高压输电线的电杆，采用铁塔和水泥杆两种，最高的电杆达五十六点二公尺。

按照现在的计划，这条高压输电线建成以后，将以郑州和洛阳的电力支援三门峡的基本建设工程，并且调剂郑州和洛阳两城市的工业用电。

预计这条高压输电线的郑州—洛阳一段，将在今年 12 月完成；全线将在 1957 年第二季度建成并且输电。

三门峡勘探队找到了砂石材料
这批砂石储量大、质量好、可以满足需要

《人民日报》(1956 年 10 月 30 日)

据新华社郑州 28 日电 为建筑黄河三门峡水利枢纽进行的砂石材料勘探工作,已经在最近完成。

这个砂石材料产地在灵宝县的涧河。勘探结果证明这个地区产的天然砂石材料质量好,储量丰富。据计算,这个产区共有天然砂石材料六百多万公方,可以满足建筑三门峡水利枢纽的需要。

砂石是建筑三门峡水利枢纽大坝的重要材料之一。砂石材料勘探就是为了找到储量大,质量好,运输距离近,开采条件方便的砂石。为了找到适合以上需要的砂石产地,三门峡地质勘探总队建筑材料队的职工,从 1955 年 6 月起,走遍了三门峡附近黄河两岸的大小支流。后来选择了灵宝涧河、稠桑河、南涧河、史家滩四个产区,以灵宝涧河的砂石为最好。入秋以来,又对灵宝涧河产区进行了最后一次更详细的勘探。

三门峡的明天

本报记者 叶剑韵

《人民日报》(1956 年 11 月 26 日)

生活在幸福的时代,人们往往会向往着明天,“明天怎么样呢”,这是每个人经常关心着的事情。和许多人的心境一样,为了向往我们的明天,一个秋天特有的晴朗的日子,我来到了三门峡。

三门峡的秋天,像一幅色彩鲜艳的图画,蓝蓝的天上飘浮着丝丝的浮云,远处的山梁上,牧羊人赶着羊群,随着鞭子的飞舞,羊群像天边泛起的云朵;

果实累累的柿树林,挂满了成熟的柿子,经日光照射,晶莹可爱;登高远望,那巍峨险峻,苍莽雄浑的群山,像两只巨大的铁拳,紧紧地卡住了黄河的咽喉,激流冲过峡谷,浪花飞溅,惊涛拍岸。

三门峡这个古老的峡谷,像我们古老的民族一样,每一方石块,每一寸土地,人们都可以滔滔不绝地谈说起许许多多美丽动人的神话。鬼门岛的马蹄窝,人门河的三颗印,娘娘河口的梳妆台,砥柱石畔的炼丹炉,还有仙人造桥……不知是什么癖好,我对仙人造桥的神话却留下了深刻的印象。

在很久很久以前,一个云淡天高的秋天,有个仙人来到了三门峡,他喜爱这儿的山,也留恋这儿的水,虽然三门峡的山是光秃的,水是混浊的,他却在这儿住下了。日子住长了,他想在这儿修一座桥;几天以后,仙人用上了移山倒海的法术,从附近王屋山上搬来了三座山峰,轻轻地置放在河心,这就是他意想中的桥墩。当他正要从更远的地方搬来金桥面银栏杆的时候,人世间却发生了相互残杀的战争。这位心肠慈悲的仙人恼怒了,马上就离开了这儿,在他离去的夜晚,人们仿佛听到半空中有位长者在叨咕着:“看来这座金桥银孔,只有到太平盛世才能修成了……”

几千年来,仙人造桥的神话在远近流传着,三门峡的桥却一直没有修起来。

在一排工棚中间,我见到了一群将神话变为现实的人。他们有来自丰满水电站的勘测队员,有建设官厅水库的机械施工队,还有福建古田的风钻手和放炮工,战胜淮河的水利建设工作者,穿过秦岭的宝成铁路的筑路工人也来到了这儿。这儿的人是忙碌的,也是喜悦的。记得在战争的年代,那时我在人民解放军里工作,当第一次因为军事行动从黄河上走过的时候,后有追兵,上有飞机,下有急流,黄河,它给我们带来了多少的困难啊!队伍过了河,紧接着又是激烈的战斗。等到松一口气的时候,战友们又议论开了。一个春天的夜晚,院子里的槐树花特别醉人,田野里的杜鹃在歌唱着,一幅和平景象展现在面前了。人们在谈论着,战争结束了,转业到什么岗位上去哩!当年我曾听过钢铁战士喊出的“征服黄河”的声音,今天,这个声音又在我的耳膜上响起来了。

“我们的国家,是一个拥有五亿四千万千瓦水力资源的国家……”一位年轻的工程师指着彩色的地图对我说:“五亿四千万千瓦这是一个多么庞大的数字啊!如果全部得到开发的话,它可以使我国六亿人民每人获得几千度电。我们是有决心开发这些宝藏的。在三门峡这儿筑坝,就是我们行动的开始。”他的谈话充满着远大的理想,豪迈的气魄和坚毅的决心。

过去,日本人和美国人都曾梦想过在三门峡筑坝,他们的目的是想劫夺我国的水力资源,把黄河灾害永远留在我们的土地上。我们兴建的三门峡大坝,则是一项完全新式的工程,既要它防洪,又要它发电,还要它担负起灌溉和航运的任务。

现在的三门峡水库比我过去所了解的已经有了很大的变化。1955 年邓子恢同志在做黄河规划报告的时候,水库的面积只有二千三百五十平方公里,水库的容量不过三百六十亿公方,现在水位增高到三百六十公尺,水库面积增加到三千五百平方公里,容量增加到七百亿公方。这个变化给我们带来的好处那就大得很了。库容加大了,不仅水库的寿命延长了,对防洪、发电、灌溉、航运来说好处那就更多了。这一变化,几乎使黄河中下游的灌溉面积增加了一倍。现在确定的水库的容积等于我国丰满水库的七倍,等于官厅水库的三十多倍。这里蓄存了这么多水,使三门峡以下八千万居民免除了洪水的威胁。另外,如果三门峡水库蓄存了充裕的水,对解决华北地区的旱灾来说,就有了可靠的保障了。

水,这个为近代人誉为"白煤"的取之不尽用之不竭的资源,在建设三门峡的人谈起来显得那样劲头十足。一天早晨,我和工程局副局长王化云乘车去三门峡坝址的途中,他热情地谈起了水力发电的问题。

"三门峡每年可以发六十亿度电。"这位在黄河上工作了十一年的副局长对我说,"水力发电是最便宜的,三门峡水电站的成本还不及火力发电成本的十分之一;以每度电耗煤零点六公斤计算,一年内三门峡电站就可以为国家节省三百六十万吨的燃煤。"接着他又说:"三门峡电站的成本不仅是便宜的,而且由于地点适中,它距离我国的工业城市西安、太原、洛阳、郑州都不超过四百公里,根据科学计算,在四百公里以内架设输电线,这是最节省最合算的。"

汽车越岭爬坡,很快就到了三门峡坝址了。车子在坝头上停了下来。其实,说坝头这是不恰当的,这里,除了一排排整洁的帐篷和钻机的塔架和架设在黄河上的钢索吊桥,周围尽是连绵不断的山岭,横躺在黄河上的山峰,和南岸的山岭几乎是连在一起的。三角小红旗和黑白显明的水文标志点缀在光山秃岭之间。三门河上发出呼啸的声音,在峡谷里引起了共鸣,这时王化云同志把我们引上了索桥的码头。

走过两段索桥,我们登上了神门岛的山峰,极目西望,远处的几只小帆船在河槽里颠颠簸簸,两岸白色的沙滩上行走着驼骡队。古代诗人在形容三门峡的交通艰险时曾写过:"鬼门幽幽深百篙,人门逼窄愈两牢;舟人叫渡口流血,性命咫尺轻鸿毛。”身临其境,这种情景,真使人惊心动魄。

在我们的前方,黄河在这儿拐了一个大弯,露出了一段不大的河谷盆地,这里是未来三门湖的一角,将来水库蓄起水来,山西、陕西、河南的沿湖城镇都要变成商旅云集的水陆码头了。下游河道,经过一番整治,五百吨的客货轮船,就可以从郑州直放入海口,将来在三门峡装上了过船闸,黄河上的轮船,就可以从入海口直放兰州了。黄河通航以后,在辽阔的华北平原上,就等于增添了一条几千公里长,沟通七八个省(区)的铁路干线。将来三门湖的面积比我国第三个大的淡水湖太湖还要大三分之一。水库里的水平均有二十来公尺深,在这儿养鱼的话可以养几层,据初步估算,水面得到充分利用以后,仅水产一项的收入,就可以抵偿淹没三百万亩土地的收益。

同行的一位同志开玩笑地说:“山西人不爱吃鱼,将来三门湖出产了大量的鱼虾,那时候他们得改变生活习惯吧!”这句话引起了大家的一阵哄笑。改造黄河,就是改造我国大自然的面貌。几年以后,这儿出现了一望无际的人工湖,江南的鱼米之乡将要在黄土高原上出现了。那时候,这里有青的山,有绿的水,旱燥的气候也润泽起来了;湖滨的居民随着自然条件的变化,生活习惯也得改变了。从此,在我国西北这块比英国本土还要大的黄土高原上,将会出现弱柳迎风吹,清溪绕户来;禾黍连云碧,园林对水开的良田万顷、果树成林的绿色花园了。

“三门峡工程的规模是巨大的。”我们来到黄河左岸以后,工程局总工程师李鹗鼎同志随手在山坡上摊开了图纸边指边说。“确定了坝址以后,苏联和中国的专家们,又选择了三条坝轴线,还拟了十二个坝型方案,将每个坝型方案进行了比较,在这儿建筑的大坝不仅是便宜的,而且在技术上也是最先进的。将来在这儿修造的大坝有一百二十公尺高。”他指了指对面山上的那个小山峰向我比画着:“这座坝差不多和这座山一样高,坝基的断面是一百三十公尺。”随着他的手指,再看看周围的群山,一点也没有荒凉的感觉。在奔腾湍急的三门河上,像有一座铜墙铁壁矗立在我们面前。据说目前有关单位正在考虑把陇海路和同蒲路衔接起来的问题,并且利用三门峡大坝作为两条线路联结的桥梁。一百年前,人们都说“天下黄河只一桥”,这座桥就是兰州北关用木船和筏子架起来的浮桥;几十年以后,黄河上出现了铁桥,现在,不仅有了为数众多的铁桥,而且还将有巨大而坚固的拦洪发电大坝,在这座坝上还可以走火车。

要修这座大坝,光是砂石材料就需要九百万吨,这么多材料,要在十里宽一里长的材料产地挖地一丈才能取得。仅是运输,就需要七十挂列车日夜不停连续三年的时间才能运完。大坝浇筑高峰期间,这儿每天要生产九万立方公尺的混凝土。

我们爬上了一座更高的山,面对着山连山、岭接岭的峡谷,这儿是未来的火车站,通过它和全国各大工业城市联系起来。那儿是比四层楼房还要高大的混凝土拌和楼,还有揽式和塔式起重机的基地;距坝址十七公里的会兴镇,那儿有规模巨大的混凝土预制工厂、钢筋加工厂、木材加工厂、水力机械安装工厂、机械修配厂。通过运输工具和搬运机械把会兴工厂制成的产品,几万吨几万吨地运到坝头上倾泻在滚滚的黄河里。凝神看去,仿佛在我们面前的已不是乱石穿空的山区,而是一座近代化的工业区了……

这时四周传来了爆破声,各工段系统的山地开挖工程开始了。爆破扬起的尘土,发出的巨响,震荡着这古老的峡谷。鬼门河、神门河的激流,瞬息不停地向东逝去。三门峡的面貌,在迅速地变化着。

勘查三门峡的矿藏

张国维

《人民日报》(1956 年 12 月 13 日)

黄河三门峡,不仅有着巨大的水力资源,而且矿藏也很丰富。

在三门峡两岸,特别是平陆县一带的石膏矿,早在几百年前就有人开采了。中条山一带都已露出了矿苗。但是这个丰富的石膏矿无人过问,有的地方的群众只好用它来砌墙。

在三门峡周围的铝土矿蕴藏量也很大,据三门峡地质勘探队的工程人员说:"在几年的地质与水文地质勘查中,在三门峡发现很多铝土矿,在会兴镇附近,各个煤层间都藏有几公尺到十几公尺厚的铝土矿。"

但是,这些丰富的矿藏却没有引起有关部门的注意。因此,我建议有关部门尽快抽调一批人员,配合三门峡坝址及水库勘察,进行一次普查工作,弄清矿藏量,并加以开采和利用。

三门峡水库航测工作进展快
伊、洛、沁河灌区航测工作正在进行

张国维

《人民日报》(1957 年 1 月 8 日)

本报讯 为了加速黄河水利建设,林业部的航空摄影测量队的四十多个队员,乘坐飞机两架,随带大批器材,在中央气象局、黄河勘测设计院、黄河三门峡工程局等有关单位的密切配合下,积极进行了黄河中、下游的航空摄影测量工作。截至 1956 年 12 月 5 日,这个队已经先后完成了三门峡水库区扩大部分、水库周围造林绿化区及施工区等总计万余平方公里的航空摄影测量工作。同年 12 月中旬,这个队又开始了黄河下游河道及伊、洛、沁河各灌区的航空摄影测量工作。到 12 月 27 日,黄河下游河道(包括郑州至山东洛口的黄河道及南、北金堤滞洪区)一万一千多平方公里的航空摄影测量工作,亦已胜利完成;伊、洛、沁河三大灌区的八千多平方公里的航空摄影测量工作已完成了一半以上。在天气无大变化的情况下,这个队的全部航空摄影测量工作,预计在 1957 年 1 月 10 日以前即可完成。

随着航空摄影测量工作的进行,极为繁重的室内冲洗整片工作,亦在紧张地进行。现在,这一工作亦已完成大部,并送黄河勘测设计院进行调绘,有的已送到北京进行编整,全部工作计划在 1957 年二三月间完成。为密切配合这一工作,黄河勘测设计院还抽调大批测量人员,组成十多个调绘组,以潼关为中心积极进行野外的调绘工作。目前,各调绘组已取得了不少调绘经验,为今年大规模地进行调绘工作,打下了良好的基础。

这次的航空摄影测量工作,不仅提前和超额完成了计划,而且还保证了质量。根据屡次检验的结果,基本上达到了苏联专家的水平。室内工作及野外的调绘工作,也都完全合乎标准。

航行三门峡水库

程馨华

《人民日报》(1957 年 1 月 26 日)

冬天的朝阳,透过层层薄雾照射着大地,我们坐上去三门峡上空进行航空摄影的飞机,迎着朝阳往潼关方向飞去。

这是一架在座舱的中部装有自动摄影机的飞机,机翼上“中国民航”几个大字下面的俄文字母还隐约可见。还是在 1954 年,苏联专家在内蒙古的海拉尔和齐齐哈尔帮助我国培养了这第一支航空摄影测量队;等到这几个年青的领航员和摄影员能够独立工作以后,苏联朋友们就把航测飞机送给了我国,让他们亲手培养出来的徒弟们继续操纵这些飞机,为我国的社会主义建设航测河川、地形和森林资源。

这是拍摄三门峡水库区周围两万五千分之一的地形照片的最后一次飞行。飞机按照正常的速度前进,西安市郊和邻近各县整齐的田畴和棋布的村庄飞快地从机翼下面掠过;陇海铁路像两条黑色的细线往西逶迤而去;出现在飞机右翼下的西岳华山,恰似浮沉在云雾中的一片丘陵;不久,蜿蜒的黄河也在飞机右前方隐隐出现了。这时,驾驶室里突然呈现着紧张的气氛;年青的领航员宁世杰透过航线瞄准器开始在寻找地面的目标。机长和副驾驶全神贯注地不断扭动这个或那个开关,飞机倾斜着身子来了个急转弯。在座舱里,摄影员王相俊已经戴上耳机坐在摄影机旁边的座位上,在用长形的镜子探测风向的变化,并及时地通过送话器把风向的变化情况报告给领航员。飞机急速地扭动了一阵,就准确地按照选定的摄影航线稳稳地飞行,而王相俊已经准时地按照驾驶座舱里传来的命令、拧开了电钮,自动摄影机就开始哒哒地工作起来。飞机在领航员、机长和摄影员的紧密配合操纵下,就像一只听命令的苍鹰一样,在黄河上空不断地绕着有规则的圈子。这是一种非常困难的技术飞行。因为飞机在两千八百多公尺的高空,以每分钟四公里的速度来拍摄地形照片,而且每张照片的左、右、前、后都必须保证有一定比例的重叠,丝毫马虎不得。这时候,不管是领航员或者是摄影员,只要稍有一秒钟的疏忽,飞机的航线就会发生很大的偏差,以至造成工作上不可弥补的损失。

飞机继续飞行着,摄影机也在有节奏地工作着。

我安静地坐在机舱里,一面看着这几个能干的年轻人那么娴熟地进行工作;一面又俯视着飞机下面那一望无际的、被冲刷得千沟万壑的黄土高原。我立即联想到那干涸开裂的土地,就是未来的三门峡水库的湖底。这时我好像看见了在浩瀚的湖面正有巨大的轮船在平稳地航行;在绿荫环绕的湖岸边散布着一座座疗养院的白色楼房;成群的渔船的白帆衬托在青翠的山峦和湖光之间;在远处地平线上,拖拉机正在辽阔的田野上耕作;工厂的高大烟囱隐现在湖光山色的雾霭之中。现在正在航测飞机上工作的这些年轻人,正是为了这样美好的事业,为了改造祖国大自然的面貌,使江南的鱼米之乡在干旱的黄土高原出现,而全神贯注地工作着。

这时尚未开始工作的高个子摄影员刘克勤拿着一本地图走近我的身边,向我解释航测工作的进展情况。他告诉我,飞机在一小时内就可以拍摄两万多公顷土地的地形照片。航空摄影测量的特点就是速度快、花费少,提供的技术资料真实可靠。我从航测队的负责人那里了解到在一个月的时间里,他们这一小组人已经完成了三门峡水库区周围东起三门峡、西到咸阳、南起鄠县、北到黄河与汾水交界的河津县,面积达九千平方公里的航空摄影工作。拍摄好的二万五千分之一的地形照片,大部分已经送到了三门峡工程局的有关设计部门。他们根据地形照片,找好控制点,就可以在几个月之内描绘出准确的三门峡水库区的地形图。三门峡水利枢纽这样一个世界罕有的大工程,测绘这样大面积的地形图,如果光靠地面测量,至少得动员几个庞大的测量队,花相当长的时间,才能够分区分块地测绘出来。而航空摄影测量却能在短短的时间内,把九千平方公里面积的河川地形面貌,完整地真实地摆在工程师们的设计桌上,让他们像俯视着这一大片土地似的,来周密地考虑在哪里修筑起最经济合用的铁路专用线,在哪里培育起护堤的防护林带,在哪里竖立高压输电线的铁塔,在哪里兴建一系列的新型工厂……

时间快到下午一点钟,在驾驶室门口出现了领航员宁世杰愉快的面孔,他笑嘻嘻地告诉我们:“就要飞到三门峡上空去了”。坐在旁边的刘克勤马上站起身来,走到摄影机旁边去接替王相俊的工作。一会儿,三门峡就在飞机的右前方出现了。俯视着这块黄河的瑰宝,在我的脑海里又出现了一幅壮丽的图景。在不久的将来,这里就要矗立起像高山一样的大坝,像蛛网一样的高压输电线就会从这里伸向郑州、洛阳、西安,伸向广大的农村。每年从这里发出的六十亿度廉价的电力,会使陕西、河南、山西等省的若干城镇,变成工厂林立的不夜之城……。猛然一下,我觉得人像从高空直摔下来似的。这时，飞机已从两千八百多公尺的高空俯冲下降到离地面一千三百多公尺；机身倾斜着，来了个急转弯，太阳的影子在机翼上不断地摇晃；飞机就像狂涛中的渔船，在三门峡上空绕着圈子；自动摄影机又在哒哒地工作了。这时候，我因为连续受了几小时的飞行的颠簸，已感到头昏心悸，很不舒服。而领航员顾镇藩和摄影员刘克勤却还在聚精会神地工作着。

黄河的洪水

叶永毅

《人民日报》(1957 年 2 月 15 日)

黄河是我国的第二大河，蕴藏着十分丰富的水力资源。可是黄河的洪水灾害也是十分严重的，千百年来它给下游两岸人民带来无穷的灾难，以致被称为“中国的祸患”。

现在，我们的国家正在大力修建三门峡水库，用以制服和开发黄河。为了除害兴利，我们必须了解黄河洪水的特性。

黄河洪水在一年中有“桃、伏、秋、凌”四汛，每年三月底四月初，桃花开放的时候，银川、包头之间和前后河套一带，河里的大量冰块融化，这些水流到下游就形成一次小洪水，所以称为“桃汛”。夏秋雨季多有暴雨，河水常常陡涨，这是“伏汛”和“秋汛”。寒冬季节或是春暖解冻的时候，许多凌块随着水流漂浮而下，在弯曲而狭窄的河段常会阻塞，因而抬高水位，引起漫溢，这叫“凌汛”。

四汛之中，桃汛一般不引起灾害。凌汛常在河套和山东境内造成漫溢，虽然范围不大，却也值得注意。中华人民共和国成立以来，就曾经有两次凌汛在山东境内造成灾害。伏汛和秋汛常在黄河下游华北平原造成严重的灾害，威胁最大。我们平常所说的黄河洪水就是指此而言。

黄河各段洪水的性格是不同的。威胁黄河下游的洪水主要来自河口镇(在包头下游一百三十公里)以下的地区。

兰州以上的黄河流域，位于甘、青高原，那里暴雨的强度不大，并且还散布着一些湖泊、沼泽、草地和森林，具有很好的调节水流的能力，因此这个地区虽有二十四万平方公里的面积，而洪水并不大。纪录中洪水最大的 1946

年，当洪水涨到最高峰时，每秒钟流过的水量（称为洪峰流量）才五千九百公方。兰州一带黄河洪水的涨落也比较平缓，逐渐上涨，缓缓下落，前后历时长达一二个月。

由兰州到河口镇，虽然流域面积增加十四万平方公里，但所经地区大部分为干旱的平原，有很多渠道从黄河引水灌溉，而很少有支流加入。这一段河道的河槽宽阔，流势平缓，上游洪水经过河道时停蓄荡漾，洪峰流量降低，洪水延续时间也加长。

河口镇以下，黄河流入峡谷河段，两岸都是黄土的丘陵和石山，坡度陡峻，有许多支流汇入。夏秋季这里又多强烈的暴雨，每次雨后，千沟万壑同时涨水，连水带泥奔泻而下，往往一昼夜之间黄河水位可以猛涨一丈多，因此龙门的洪峰流量常可以达到一万秒公方以上。这一段黄河洪水具有山洪性质，涨的猛落的快，一次洪水不到两三天，但一月之中常可以发生几次洪水，前峰未落而后峰又到，同河口镇以上各段黄河洪水的性质迥然不同。

龙门以下到了潼关，又有泾、洛、渭、汾诸河汇入。汾河流域中间为一片盆地，所以它下游的洪水不大。而泾、洛、渭各河洪水的凶猛，有似龙门以上的峡谷河段。所以，若泾、洛、渭地区和山陕峡谷河段同时发生洪水，汇合以后就会引起下游的大水灾，1933 年的大水就是这样造成的。

潼关以下，黄河流经陕县和三门峡再到郑州，这一段又有两条大支流——伊河、洛河（河南）和沁河注入。这一段地区也时常发生较大的洪水，威胁黄河下游堤防的安全。1935 年的水灾就是因为这样造成的。

这就可以看到，威胁黄河下游的洪水主要发源于上述三个地区——山陕峡谷，泾、洛、渭和伊、洛、沁。要消除黄河水害，必须控制这三个地区的洪水。如果修建防洪水库，最好是修建在伊、洛、沁河入口以下郑州以上的地方，这样就能拦蓄全河的洪水，完全控制水灾的来源。可惜这里没有适当的坝址，因此不得不向上移到三门峡去筑坝。三门峡水库可以控制潼关以上的两个洪水来源地，却无法控制它下游的伊、洛、沁河的洪水。这也就是为什么除了三门峡水库，还得在这两条支流上修建水库的原因。

为了设计水库的防洪库容，还要知道洪水的大小。每条河流各年洪水的大小是不同的。黄河陕县水文站（在三门峡上游二十二公里）在三十五年的纪录中，洪水最小的 1924 年洪峰流量只三千二百秒公方，而在洪水最大的 1933 年却达到一万八千五百秒公方。从调查中我们还知道在 1843 年（清道光二十三年）黄河还发生过一次非常大的洪水，沿河一带的居民到现在还流传着一首民谣："道光二十三，黄河涨上天，冲走太阳渡，捎带万锦滩"（注：这两处都是陕县沿河地名）。根据洪水痕迹推算，当年的洪峰流量约为三万六千秒公方。

既然黄河洪水的大小年年不同，那么我们修建防洪工程应当以多大的洪水作为我们的防御对象呢？显而易见，我们不能只以纪录中的最大洪水作为设计标准，因为再过多少年可能会碰到更大的洪水，因此就要计算更为少见的洪水。若干年来工程师们想了一些数理统计方法，利用已有的纪录推算各种频率的洪水的大小。例如百年一遇的、千年一遇的洪水，然后视工程的重要性选择某一频率的洪水，作为设计标准。三门峡水库由于工程很大，又关系到千百万人民的生命财产安全，因此就选用了比较少见的千年一遇的洪水作为设计标准。

利用水库来调节洪水，除了洪水最高峰的流量，我们还要知道在某些天内一共流过的洪水总量。洪水总量大的也就需要更大的水库容积来调节。黄河在陕县纪录中最大的三十天的洪水量为一百五十八亿公方，推算千年一遇洪水的三十天的洪水量为二百二十亿公方。三门峡水库所需要的防洪库容就是以这为根据设计的。

黄河的洪水和南方的一些河流相比是较小的。例如汉水流域在襄阳以上，面积只有十万零六千平方公里，仅为黄河陕县以上流域面积的六分之一，而纪录中的最大洪峰流量却曾经达到五万二千秒公方，三十天的洪水量曾达到二百六十九亿公方，都超过黄河的千年一遇的洪水的数量。那么，为什么黄河的洪水灾害会比其他河流严重呢？这主要是由于黄河的泥沙问题。黄河在洪水中带有大量的泥沙，这些泥沙一到华北平原，由于水流变缓就有一部分沉淀下来，日积月累河床就逐渐淤高，而堤防也就不得不随着加高，以至形成今天黄河河床高于两岸平地的局面。由于河床中泥沙淤淀，水流就时常改变位置，顶冲堤岸引起决口。而一旦决口，水流由高而下一去不回，就形成了改道。所以，古人把黄河下游的河性总结为“善淤、善徙、善决”三点，而我们今天要根治黄河水害，除了兴修水库，加固堤防，还得在黄土区域大规模进行水土保持工作，以消除泥沙的来源。同时，水土保持措施也会削弱洪水的凶势。在三门峡水库修建以后，为了不使水库很快淤死而维持其作用，更要加快这项工作。

虽然现在我们对黄河的洪水已经有了比较详细的了解，但在三门峡水库的运用中还会碰到一系列新的问题。例如为了更好地发挥水库的防洪作用，当上游发生暴雨，我们就必须预报洪水的大小，以便把水库事先放空一部分准备拦蓄洪水；当三门峡以下地区发生暴雨的时候，我们也要根据预测减少水库下泄的水流量,使不至为害下游堤防。当水土保持措施逐年发展以后,我们还要推算它对减少洪水的作用。这些都有待于中国的水文工作者继续研究。

当黄河洪水被控制以后,我们就有可能来利用黄河的丰富的水力资源:全河蕴藏的二千六百万千瓦的发电能力将要被逐步开发,一亿几千万亩的土地也将逐渐得到灌溉,黄河各段的航运也将会得到改善。将来,我们在黄河里看到的不是滚滚浊浪,而是碧水绿波。它将不再是“中国的祸患”,而将成为中国人民幸福的源泉。

迎接三门峡水利枢纽开工系列报道:锻炼有素的施工队伍已组成

《人民日报》(1957 年 3 月 29 日)

新华社三门峡 28 日电 开发和治理黄河的重大工程——修建三门峡水电站工程快开工了。现在,三门峡工地上,一支施工队伍已经组成。这支队伍包括中华人民共和国成立七年来在各地水利建设中锻炼出来的骨干力量,其中有工程技术人员六百多人。

三门峡工程局的两千多名干部来自中央有关各部和湖北、河南、山东等地。该工程局下属坝工附属企业、交通、铁路、设计、物资供应等十个分局。

直接担任大坝施工的职工都是前几年修过全国几个著名的水库的。修过官厅水库和唐山陡河水库等的熟练工人,现在他们承担修三门峡的左岸工程。来自四川狮子滩水电站的五百多名老技工,多数是和东北小丰满水电站一起生长起来的,现在他们承担了三门峡的右岸工程。开采砂石材料、制作混凝土和浇灌混凝土的任务,将由来自淮河梅山、佛子岭、白沙等水库的工人担任。

此外,还有很多年青的工程技术人员参加了这个队伍。在这里几乎可以遇到全国任何一个水利学校或水利科系的学生。

迎接三门峡水利枢纽开工系列报道：为了更好地工作　职工加紧学技术

《人民日报》(1957年3月29日)

新华社三门峡28日电　为迎接三门峡水电站工程施工，三门峡工程局所属的干部和职工普遍在加紧学习技术和文化。

坝工第一分局是第一期工程的施工主力，这个分局有95%以上的工人参加了技术或文化课的学习，有些工程队组成了专业文化技术学校。学校由曾经参加过修官厅、陡河、大伙房等水库的老工人编写施工教材和担任教员；由赵德祥、王永成等青年技工担任代数教员。

黄河三门峡工程局有个技术学校，中共三门峡工程局委员会第二书记张海峰、工程局副局长谢辉和其他八九位领导干部，是这个学校的学生，讲课内容是有关施工的四十四张图纸。

从农村来的老干部赵维喜、汤丽夫等，在农村当过多年县长或做党的工作，现在是附属企业的领导者，他们正在自修初级中学的各门理科，计划一年自修完。

不久以前，三门峡工程局坝工第一分局的工程技术人员，为三门峡第一期基础开挖工程提供了六个开挖方案，这个局的"科学宫"为此组织过一次热烈有趣的"百家争鸣"的讨论会。三门峡总工程师李鹗鼎曾在这个"科学宫"里做过工程介绍的报告。

三门峡工程局设计分局的很多青年技术员在刻苦地钻研俄文，有些学习了一年，现在已经能阅读专业性的书籍了。技术员汪祖汴本来是学水工的，为了工作需要，他学习了地质与上、下水道等专门科学知识，不久前，已被提升为工程师了。

工程局先后还派出了一千多技术工人，在北京、抚顺、天津、郑州等地学习电铲和其他机械的操作技术。

迎接三门峡水利枢纽开工系列报道：大批施工机械源源运到工地 像巨人般的电铲将大显身手

《人民日报》（1957 年 3 月 29 日）

新华社三门峡 28 日电 两个苏联出产的“乌拉尔巨人”——四立方电铲，已经到达了会兴镇车站，即将参加三门峡水电站工程的施工。这两个“巨人”来时坐了六个半车皮。巨人的最大的一个部件就重三十七吨九。这种电铲每部每月可挖两三万石方。同时来到的还有三部容量三立方公尺的电铲。

黄河三门峡工程局物资供应处的负责人说，最近一个时期，每天都有十四个满载机械设备和各种器材的车皮来到这里。

三门峡水电站工程施工所需的全部机械装备，数量达七千多台（套）。目前已有一千五百台（套）运到了工区，有一部分电动机、推土机、空气压缩机等已经运到工地，有的正在安装，有的已经开动。三门峡会兴车站上和四万三千多平方公尺面积的临时仓库场地上，都摆满了各种机械和器材。

国内的重型机械工业生产部门也在为三门峡水电站工程服务。全国有二十四个大、中城市，包括东北的齐齐哈尔和西南边远的贵阳，都有工厂和三门峡工程局订立合同，他们将供给三门峡工程各种供水、供电、供风等机械设备。三门峡工程的附属企业所使用的二百五十台车床和锻压设备，也由他们供给。目前在仓库和工地上，已经可以看到抚顺重型机械厂出产的一立方的电铲，大连机车车辆厂出产的四十五吨大吊车和贵阳矿山机械厂出产的卷扬机等各种崭新的机械。

另外，工程局除向苏联订货外，还向捷克斯洛伐克、波兰、德意志民主共和国、日本等国家订了货，从捷克斯洛伐克进口的二十辆载重十吨的自卸卡车，已经在工地上使用。

迎接三门峡水利枢纽开工系列报道：初步设计的蓝图

《人民日报》(1957年3月29日)

本报讯 黄河三门峡水利枢纽工程的初步设计,已由受我国委托的苏联水力发电设计院列宁格勒分院在今年1月完成。译成中文的初步设计文件已经送到三门峡工地。现在三门峡工程局的全体职工正积极进行施工准备,迎接三门峡水利枢纽工程的开工。

初步设计确定,黄河三门峡水利枢纽是一个综合性的工程。它将用一座百余公尺高的混凝土重力坝在陕县下游二十二公里处的三门峡峡谷里把黄河截断,使它的上游形成一个面积三千五百平方公里的内海——水库。内海可容水六百四十亿立公方。用这样大的一个水库调节黄河流量,可把千年一遇的洪峰,由三万五千秒公方减到六千秒公方,使威胁下游八千万人民生命财产的洪水灾害基本解除。可把灌溉季节的最低流量从三百六十秒公方提高到九百五十秒公方,使河南等省四千万亩农田得到灌溉。它的水电站是目前全国最大的,全部建成后装机容量为一百一十万千瓦,年发电量为六十亿千瓦时,可以保证新的工业基地建设的用电。库区内将首先通行轮船,邙山到入海口七百九十公里的河道内,由于水库的调节,航运也将得到发展。

三门峡水利枢纽的主体工程是大坝堆筑和水电站安装。由于工程量浩大,受黄河汛期和施工场地狭窄的限制,整个工程将采用机械化施工。

各地热情支援三门峡水电站工程

《人民日报》(1957年3月30日)

新华社三门峡29日电 全国各地都在热情地支援兴修三门峡水电站

工程。

现在,全国有五十个工厂的工人在加紧赶制三门峡工程局的订货。上海第一机床制造公司试制的中国第一部切管机,将首先在三门峡工地使用。东北国营四平机械工厂、上海公私合营新建船舶修建厂为使订货适用,都曾先后几次派过负责干部来三门峡工地研究订货的制造。

三门峡新建九万多平方公尺面积房屋所需的主要器材,全部由外地供给。湖北省为此曾压缩了本省的用竹量,及时运来了六万根竹子。洛阳铁路分局在运输计划以外,设法给三门峡工程增加了一百九十三个车皮,保证了有一个时期内工地每天用砖四万块的供应量。山西省供应了全部的建房草料。上海市五金公司水暖器材商店压缩了零售数量,供给三门峡工程一千五百件在市面上不容易买到的自来水头和白铁湾头等五金器材。河南省各级党政领导曾在多次供销、运输等专业会议上,做过支援三门峡的工作布置,正当工地运输紧张的时候,又及时调来了二十部大卡车来支援。

冬天,在三门峡工区可以经常吃到西红柿和韭黄等蔬菜,这是洛阳、西安等地支援的结果。洛阳蔬菜公司曾一度压缩本地的蔬菜供应量,来支援三门峡工地。甘肃省的甘古蔬菜公司也首先把土豆供给了三门峡工地。

三门峡工区当地的党政机关约两千多名干部,其中有一千八百多人投入了支援三门峡的工作。当地居民也自动让出了许多房屋给工人家属居住。

另外,三门峡工程局不断地收到来自全国各地的表示深切关怀三门峡工程的信件。写信的人包括基本建设工人,汽车、电话修配工人,农业社的生产队长,架子工,黄泛区的农民,家庭主妇和整班、整队的少先队队员们。所有信上都是热情洋溢的语言。一个青年狄海坤的信上说:“我愿意将自己的青春献给祖国,亲自把一块砖、一块瓦放到这一有历史意义的建筑上”。

三门峡架设跨河铁桥

《人民日报》(1957 年 4 月 3 日)

新华社三门峡 2 日电 为兴修三门峡工程而架设的跨河铁桥已在 4 月 2 日开工。

这座长一百九十二公尺的铁桥将架设在三门以下的砥柱石近处,它建成后将是第一期工程的主要跨河动脉,以便把在右岸拌和的大量混凝土及各种重型机械,运送到左岸工地。这个工地的混凝土拌和系统是设在右岸的,因为左岸都是悬崖陡壁。

预计明年2月前,左岸开始浇灌混凝土时这座桥就可完工。

三门峡市的诞生

新华社记者　君　谦　陈　健

《人民日报》(1957年4月5日)

一个新的城市诞生了,这就是三门峡市。它在潼关以东、洛阳以西的黄河南岸,它的前身是陇海铁路上的一个小镇——会兴镇和黄河三门峡附近原属陕县的黄底等几个乡的农村。这个新城市是在祖国建设声中诞生的,是国家为开发治理黄河兴修三门峡水利枢纽工程建立的。现在,黄河三门峡工程局就设在这里。

会兴车站

沿陇海铁路西行,进入河南西部的峡谷地带,不久,便到了会兴车站。这个一向不为人们注意的四等小站,因开发和治理黄河热闹起来了。几年来,不知道有多少水利、地质的勘测人员和专家到过这里,有多少国际友人到过这里,多少作家和诗人到过这里。现在,兴修三门峡水利枢纽工程快开工了。车站附近摆满了各种工程所需的机械,一直摆到一个四万平方公尺的器材仓库。每天,这个车站都迎接着成列车的器材和新的客人。大连机车车辆厂出产的四十五吨的大吊车像巨人一样立在车站上,担负着从火车上吊下各地运来的机械的任务,而现在它的巨大的臂膀更忙了。这些机械,有的来自东北的齐齐哈尔,有的来自西南的贵阳。这个车站的站长告诉记者说:1956年有七千个车皮为三门峡工地送货,这等于我们以往全年运输任务的七倍。而今年的运输任务,还要大得多。

黄河三门峡工程局的很多干部都知道,一年以前他们初到这里时,下了火车还是一片旷野。那时候,夜晚车站上只有一盏昏暗的油灯。现在的夜晚,车站上和车站附近都是一片辉煌的电灯。

会兴镇

距离车站约一华里的会兴镇是新的三门峡市的中心。

这个古老的小镇,在抗日战争时期被战火烧得衰落荒凉了。中华人民共和国成立那年镇上只有一家中药铺。1956年4月,河南支援三门峡工程办事处在这里成立时,也仅有十一户小商小贩。街上堆满垃圾杂物,房屋多已歪斜倒塌。镇南头有块一百五十平方公尺的臭水坑,威胁着居民的健康。

现在它的面貌全变了。镇上出现了很多新房,一个初具规模的工区市场在这里形成了。全镇已经有邮电局、银行、书店及百货、布匹、文化用品、医药等八十多个专业性的商业门市部(全市连同大安、史家滩等工人村有上百个门市部)了。还有从东北旅大迁来的一所设备完善的医院。那些从河南各地搬来支援三门峡工程的各种服务性的商贩就更多了。镇上有了浴池和讲究的理发店,姑娘们已经有地方烫发了。镇南面的臭水坑填平了,上面盖了竹棚子,形成一个市场;旁边新建了一座可容纳一千多人的剧场,河南豫剧院和一些专区的职业剧团,不间断地在这里为工人和农民演出。今年春节,附近农业社的业余剧团,也在这里为工人演出过。过去镇上的居民依靠从五十多丈深的井汲水吃,现在已经有自来水了。镇上的工人俱乐部落成了。俱乐部旁边还设有阅览室,它前面的光荣榜上,经常公布有全市的先进生产者的事迹和照片。在逢集和过节的日子,这里是全镇的热闹中心。

黄河三门峡工程局新落成的办公大楼和楼房宿舍,离会兴镇约二华里。工程局的六个附属工厂也要在这里兴建。这里将和会兴镇连成一片,成为市的中心。将来三门峡的巨大水库建成后,这里将成为一座风景幽美的湖滨城市。

距离会兴镇约三十华里是黄河三门峡,三门峡的一片峡谷山地,现在是这个新市的重要组成部分。这里和会兴车站和会兴镇有公路连接,连接会兴车站的铁路也正在施工。

这个过去除了听黄河水声而外什么也听不到的幽静的河谷,现在沸腾着社会主义的建设生活。三门峡附近山脚河边的史家滩、大安等荒僻村庄,现在盖起了七万多平方公尺红瓦砖房,成了人烟密集的工人村。河边山岭陡峭,过去只有通行毛驴的曲折小道。现在沿河修成了公路,交驰着往返的汽车。

三门峡河谷南岸将来是筑坝的地方,山坡上从下到上都是帐篷。河上架设着铁索吊桥和北岸相通,北岸也出现了一千四百多平方公尺的为施工服务的厂房。河谷中还有少数矗立的钻塔。现在连接南北两岸为施工服务的铁桥已经动工了,河谷两岸堆了很多器材,河谷中喧嚣着各种机器的吼声和人声。

三门峡水利枢纽工程下周动工

新华社记者 君 谦 周 原

《人民日报》(1957 年 4 月 6 日)

新华社三门峡 5 日电 国务院已经批准黄河三门峡水利枢纽工程将于 4 月 13 日正式施工。开工那天,黄河三门峡工程局将举行隆重的开工仪式。现在,三门峡工地上的职工,正在加紧进行开工前夕的最后准备工作,等候开工命令。

在此以前,三门峡工程局已经作了浩繁的准备工作。除组成了第一期工程的施工队伍、陆续运到了开工所必需的许多机械装备和器材外,还建筑了工区所需要的房屋和道路,做好了工程施工的总体布置。从工程局总工程师室所挂的一张"工程平面布置图"上,可以看到整个工地沿黄河长数十里,分三门峡区、大安区、会兴区和灵宝区四个工区,而其中灵宝区还在百里以外。各工区之间有公路、铁路相接,会兴、大安、三门峡之间各种道路和高压输电线的线路,在图上构成了一个密集的网。这四个工区是,灵宝区为砂石材料厂,会兴区为工程局和六个附属工厂,大安区为坝工分局和工人区,最前线的是三门峡区也是最重要的一个工区。这里,工程局的施工前哨指挥所将设在右岸接近坝址区的一个山头上,混凝土拌和系统机械、汽车、电气等基地都分布在右岸。河谷西岸各有一个工段系统,有架设在三岛上的铁索吊桥和正在兴修的铁桥相接。从灵宝到会兴、到大安、到三门峡,沿黄河形成了庞大的工地,一个庞大的施工系统。

三门峡河谷两岸山崖陡峭、沟岭重叠,地形复杂,加以村舍、居民很少,增加了施工准备的困难。现在,数万职工云集,一切办公楼、厂房、职工宿舍都是新修的,职工物质生活和文化生活所需,经长期努力和各地支援已初具规模。河岸山间道路曲折,已修成的公路和正修建的铁路,都是在沟岭之间一上一下,左转右转,极为艰巨。第一期施工工地用水是在掘井六十公尺深的地下取得的；第一期施工用电准备使用的一千二百千瓦的柴油发电机也已经安装就绪了。第一期施工开挖闪长玢岩，使用风钻，一部分空气压缩机已经开始运转了。开工后将首先开挖左岸坝基的岩石，左岸开挖的准备工作近日还在加紧进行。

三门峡水利枢纽工程能按原计划在今年春天开工，我国委托苏联编制的三门峡工程初步设计的完成是重要的关键。这个设计今年年初就完成了，这就为技术设计和施工提供了依据。这个设计规定大坝横在河中三岛和中流砥柱之间，三岛在将来的坝内。设计的水库水位海拔高程为三百六十公尺，可以拦蓄洪水六百四十七亿公方。和原规划比较，水位提高了十公尺，水库容积增加了二百八十七亿公方，但这是几年以后工程修成了的最后的水位和容量。施工中将采取大坝逐年加高的办法，使库区内得以从容清理和迁移。而今年施工主要是开挖大坝左端的坝基，因而今年还是一面施工一面继续准备，施工与准备工作并重，为明年更大规模地施工创造条件。据工程局一位负责人说，今年的施工计划，是根据争取 1961 年开始拦洪发电和 1962 年基本上建成全部工程的总目标制定的。

捷克斯洛伐克将供给我国四部列车电站
第一部列车电站将开往三门峡

《人民日报》(1957 年 4 月 9 日)

新华社保定 7 日电 捷克斯洛伐克为我国设计制造的一部最新式的列车电站，已经在保定市我国新建的列车电业基地安装完毕。到 4 月 6 日上午 10 时为止，这部列车电站已经经过了三天多的试运转，情况良好；不久就将开往三门峡支援那里的建设工程。

这部列车电站是由十一个车厢组成的，设备极其完善，全部生产过程都是高度自动化的，每小时发电量为两千五百度。

这部列车电站是 2 月 28 日开到保定的，随着列车来的七位捷克斯洛伐克专家在保定市进行了拆卸安装表演。他们把有关列车电站的拆卸安装操作等技术，一件一件地教给了列车电业局的技术人员。今年上半年，捷克斯洛伐克将要供给我国四部和这部设备完全一样的列车电站,支援我国工业生产和工业建设用电。

千年梦想要实现

《人民日报》(1957 年 4 月 13 日)

千百年来,人们一直传颂着禹凿龙门、劈砥柱的功绩。实际上,这些传说只是反映了人们渴望打通三门天险,征服黄河的愿望。

过去,三门峡像整个黄河一样,曾经带给人民不少灾难。黄河水流经三门峡形成了凶猛的激流,无数船只和船民都在这里粉身碎骨。在陇海铁路修通以前,三门峡是东西交通要道。众多的船民在过三门峡以前,都聚集到唐代修建的禹王庙里去祈求神灵保佑。庙里终日香烟缭绕,庭院中落满爆竹。但是,禹王究竟给了人们什么保佑?庙中被人摸得发光的铁鸭子,究竟显示过什么灾祸与平安的预兆?

现在,黄河流域人民的愿望开始实现,根治黄河水害、开发黄河水利的重要工程——三门峡水利枢纽工程今天就开工了。

三门岛上,钻探机群已经架起来了。一个一百多公尺深的竖井已经从鬼门岛打进去,通过神门河的下面,伸进神门岛。横跨在三门岛上的三座钢丝缆桥把三门和两岸连成一片。庞大的机群分布在河谷的沿岸。一座将横跨在三门峡下游的铁桥也已经动工。开山炮声震撼山谷。两岸山腰的工地帐篷里,不时地传出来自官厅、陡河水库、狮子滩、丰满水电站的工人们的欢笑声。由三门峡工地到会兴镇的公路上,公共汽车和满载器材的卡车来回奔驰。从陇海路上的会兴车站连接三门峡的长约二十公里的铁路,铁轨已经铺好很长的一段。火车的汽笛声开始回荡在这里的平静的山谷里。

数面迎风招展的红旗由人门岛斜插到右岸。这里就是伟大的三门峡水利枢纽的坝轴线。

三门峡水利枢纽在黄河中游的下段。它的南岸是河南省的陕县,北岸是山西省的平陆县。在这里筑起的大坝,将把黄河流域 92%的面积的来水控制起来。

三门峡水利枢纽工程的拦河坝,是钢筋混凝土的重力坝。这座工程被安排在一块十分坚固的岩石上。这块岩石地质学上的名词叫作“闪长玢岩”。人们只要想想它在多少万年以来一直没有被洪水冲击坏，就可以知道它是多么的坚硬。

三门峡水利枢纽的拦河坝的高度有一百二十公尺，坝顶长度约一公里。当这座拱托天空、衔接白云的重力坝建成以后，在上距河源三千八百公里，下离海口约一千公里的黄河上，就将出现一座巍峨的“水利城”。

之所以称三门峡水利枢纽为“水利城”，是因为这座重力坝，还包括溢流坝与左右两岸的非溢流坝及一个水电站。

在这群水坝的上游，就是能蓄水六百四十七亿公方、面积比太湖还要大得多的水库。它将是高原上巨大的内海，美丽的人工湖泊，鱼类繁多的鱼场，晋、陕、豫人民的海港。

三门峡水库是相当深的，但波浪很小，适合航运。在水库建成后的五年中，客运量可达十四万人，载重二百吨的船只也可航行无阻。将来再配合下游的八里胡同水电站和桃花峪壅水坝等梯级开发，轮船就可以从海口驶达西安，开创黄河航运史上的新纪元。

计划中还要开辟灵宝涧河、陕县涧河，作为鱼类自然繁殖区，并将修建育鱼场。这个巨大水库将成为鲤鱼、鲫鱼、白色鲟鱼的自由世界。

未来的水库也是一座秀丽的花园。住在附近新建的会兴镇、张座镇、吴圩村等新型市镇的居民，将得到一个美丽的生活环境。

三门峡水库带给人民的幸福，远不止这些。更主要的是，由于水库能装进黄河大部分的水，黄河如果发生千年一遇的特大洪水，流量也可以由三万五千秒公方减至六千秒公方，使下游能够安全排泄。假如大坝以下到京汉铁路黄河铁桥一段的黄河干流和支流出现特大洪水，那就可以把闸门关起来几天不放水，等下游洪水过去后再开闸。这样，黄河下游地区人民的生命财产就有了保障。等支流伊河、洛河、沁河的治理再完成以后，黄河水害就完全成为历史名词了。

过去人们对黄河的希望，不过是要求它平平安安地流到海里去，不要出来害人。然而，三门峡水库却还要将拦起来的水用来灌溉河南、山东、河北三省的四千万亩农田，使国家与农民每年能够增产四十亿斤粮食。同时，山西、陕西、河南三省的畜牧业也将因此得到很大发展。

黄河是我国人民的宝库，不但水力资源丰富，而且在附近蕴藏着无数的矿产。要充分开发这些矿产的一把钥匙，就是三门峡水利枢纽工程中的水电站。

这座水电站是我国目前最大的水电站。如果它同西安、太原、郑州、洛阳、开封等地的火力发电联系起来，就将构成我国中部的一个最大的电力网。计划中要把这些只用几毫钱就能买到一度的廉价电力，送到制铝、炼镁、炼钢等工业基地去。

伟大的三门峡水利枢纽工程，今天我们要歌颂你，说你是这里的农业的命脉，工业的母亲，航运的源泉，人民幸福的保证。

伟大的三门峡水利枢纽工程，今天我们要预祝你早日把黄河的洪水装进你的口袋；早日听到你落成典礼的炮声；早日看到你电光四射，像是地上的太阳。

伟大的黄河，我们也预祝你早日改变你暴躁的性格，早日由害河变成利河，让人们一齐欢唱：黄河，你是我可爱的家乡！

黄河的三门峡水利枢纽工程，今日正式开工了。

三门峡序曲

徐　迟

《人民日报》（1957 年 4 月 13 日）

三门峡的人们已经在这样说：

“到坝头去！”

虽然大坝还没有动工，可是，坝头有着何等雄伟的景色。大自然在这里摆起了一副威严的面孔。浑浊的河水从一座乱石布成的迷宫中奔腾经过，难怪黄河上的老艄公要把它称为“一道衙门”。

这坝头诚然是一幅奇景。首先是峭壁雄流，河山气概磅礴。可是如今，人的气概盖过了河山。高高三座铁索桥，压在三门上面，一幅动人的奇景。

跨过铁索桥，履险如夷，我们从右岸走向鬼门岛去。桥下便是鬼门，凶险的水势只供我们观赏。

又一道铁索桥，跨过神门。黄河的主流冲下神门，直向砥柱石冲去。泥沙在旋转激荡中形成花纹，像一个巨大生物的背脊上披复着鳞甲，在卷动，在跳跃。

从神门岛又跨过一条铁索桥，经过人门，我们到了人门岛，到了左岸。左岸已经是一片社会主义建设的工地。

当河水在这里作九十度转弯，激腾起来，冲出三门之时，水声轰响，却远不如左岸那些电铲、推土机和一排排的风钻发出来的喀喀之声那样震耳欲聋。左岸，像战士在进攻一个山头似的，工人们分布在三个工作面上，开挖人门岛。

三门峡的坝头已经一天天地在变化了。人门岛正处于消失的过程中。以后，整个人门岛都要被挖掉的；神门岛和鬼门岛要被淹掉，永远葬在波涛中。从人门岛到左岸中间，横亘着一条娘娘河。我来得总算还不晚，还能看见这条人工开凿的运河。这是在坚硬的闪长玢岩中整整齐齐地凿出来的，唐代开元年间的一件工程，我几乎要说它是一件石刻艺术，或者说，这是在古人的神奇的设计思想下，建成的一个船闸吧。可惜，以后到坝头来的人，再不能用惊羡的目光来观看这条富有历史兴味的古代河道了。最近的任务就是把它来填没，在娘娘河的上面筑成一条开工以后会非常繁忙的运输公路，只听见风钻声不断的传来。

我在坝头见到了担任左岸工程的一支队伍。这是坝工第一分局的队伍，诞生在官厅，长大在浑河和陡河上，现在来到了黄河。

“大坝将近八九百公尺长，一百多公尺高，坝顶宽三十多公尺”，分局的总工程师对我说。他刚从北京参加了审核三门峡的初步设计的会议回来。“这好比一座大山，横过这里”，说着，指向人门岛最高处的一根旗杆。我看见有一面并没有升起的红旗卷成一卷，盘缠在这根旗杆的下端。“坝轴线从这里通过”，他接着说。

他给我谈到大坝的工程，大坝将分为两期导流。第一期在左岸，正是他们担任的工程，要把人门堵住，让黄河只从鬼门、神门中流走。第一期的左岸工程包含筑一道围堰，从左岸围到神门岛，围到梳妆台，再围到左岸，团团围成一圈；然后，在围堰中挖去那些风化了的岩石；最后浇灌混凝土坝。预计这一切需要两个枯水期，两个年头；在第三个枯水期之前这部分的坝可以筑到一定的高度。

第二期工程在右岸。第二期工程中，将发生一场和黄河恶战的惊险场面。所谓在神门断流就是不准黄河从神门流过。三年之后，将有那么一个时间，新中国的工人阶级要和黄河激战。大约十天半个月决定胜负，到那时，这条害河将被我们擒住。第二期工程也要筑围堰、开挖并浇灌，同时安装水电站，预计这一切需要三个枯水期，三个年头。

随着来到的下一个汛期里，三门峡水利枢纽就要开始拦洪蓄水，并让水电站的一部分运转送电了。

现在,巨大的准备工作在进行。三门峡下游在建一座四个桥墩的黄河大桥。四面的山头上,比山鹰飞翔的还要高得多,公路和铁路盘旋而来。将来,火车一直要开到大坝上,开到十台巨人似的带鸟嘴架的门式起重机下面去。在施工最紧张的时候,那情况是无法描绘的,最高处是一对缆索起重机,中间有门式起重机,下面还有许多爬行的起重机。就像一个交响乐队摆在舞台上,有低音大提琴、中音提琴和小提琴,还有笛子、单簧管、低音大笛、各种铜乐器和打乐器,拥挤然而谐和。现在,处于施工的前夜,三门峡的人全都在摩拳擦掌的,仰头盼望着开工的号令,就像乐队在调整音调,试着听听弦音,等待指挥棒举起。不过,序曲已经奏起了。

当我回到右岸,沿着公路向下游走去,看到中流的一座砥柱石,回首又看到三门展开如一把折扇,砥柱石像扇柄下面的轴心;又看到铁索桥,飞架在三门之上,十分雄伟。这时,我注意到人门岛高处,那面红旗已升到了旗杆顶上。红旗迎风招展,猎猎有声。

忽然警报汽笛拉响了。

这是一种可怕的声音,而我并不是不熟悉的。这奇怪的声音突然把我带回到战争时期。铁索桥上的行人也显出了匆忙的神情。可是在我们附近许多修公路的工人却丝毫不觉得惊惶,继续在铺砌岸坡。而第二次,紧急警报的汽笛声拉响了。这声音更叫人心悸,好像已有成百架敌机在向我们飞来,论吨的钢铁和火焰将倾泻而下……

然而,这一次是为和平建设而拉警报啊!

一天三次,三门峡坝头要升起红旗,鸣响警报,然后放炮炸开岩石。这时,左岸娘娘河畔,电铲和推土机已退下阵地,攻山的战士们都不见了,所有的人都已掩蔽起来,只留下点火药线的人了。一会儿连他们也进了避弹室。寂静。三门峡如画一样,只有河水奔腾。这时轰轰隆隆的炮声传来了。一瞬之间,人门岛上硝烟迷漫。只见岩石飞迸,巨大的石块腾空而起,火光闪闪。黄河中流,飞起了一根根水柱,而峡谷中回宕着爆炸声。

当祖国不再是一片战场,她就成了一片大工地。

最后,爆炸声消失了。一切又安静了下来。解除警报的汽笛声又鸣响了。人们又回到地面上,电铲和推土机从远处蠕动而来……风钻声又响了。

征服黄河的开端 举国瞩目的三门峡水利枢纽工程正式开工

《人民日报》(1957 年 4 月 14 日)

新华社三门峡 13 日电 峡谷里响起爆炸的轰鸣,从此,人们要在这里凿开峭壁,拦住洪流,使千年为害的黄河永远为人民造福。

举国瞩目的治理和开发黄河的三门峡水利枢纽工程今天正式开工了。

上午,隆重的开工典礼在三门峡河中间的鬼门岛和河南岸的山坡上举行。主席台在鬼门岛上,面对着屹立在激流中的中流砥柱。台上两旁悬挂着“根治水害、开发水利”的对联。高大的标语塔、彩色的旗帜、巨幅的大坝示意图、明媚的阳光、奔腾的河水和河谷两岸斑驳的岩石辉映着,使会场显得格外的雄伟和美丽。和鬼门岛相对的南岸狮子头的岩石上,原刻着“峭壁雄流,鬼斧神工”八个大字的地方也有一副对联,写着“根治水害有日,黄河变清有期”。

参加开工典礼的有三门峡工程局的职工,坝址附近的农民,中央有关部门和甘肃、陕西、山西、河南等省的负责人,坝址所在地的河南省陕县和山西省平陆县的党政机关代表,和帮助我国进行三门峡工程设计和施工的苏联专家共五千多人。

九时四十五分,开工典礼在波涛伴奏的国歌声中开始。

三门峡工程局局长刘子厚致辞。他首先对苏联专家的帮助和全国人民的支援表示感谢。接着,对三门峡水利枢纽工程的规模和意义作了概述。他说,今年施工的方针是主体工程和准备工作并重。今年要开挖左岸的坝基石方四十万公方,开始修筑第一期围堰,并完成灵宝砂石筛分厂的部分建筑工程,混凝土拌搅和系统的安装工程,公路、铁路、供电、供水及其他各项相应的附属企业的建筑工程。他号召全体职工在施工中要坚决贯彻国家增产节约的精神,开展先进生产者运动。

接着讲话的有黄河流域规划委员会副主任、水利部部长傅作义,苏联专家代表波赫,黄河流域规划委员会委员、甘肃省省长邓宝珊,陕西省副省长谢怀德，河南省省长吴芝圃，职工代表张文义，国家计划委员会副主任柴树藩，电力工业部副部长王林，中国农林水利工会筹委会副秘书长尤奔，山西省水利局局长乔峰山，黄河水利委员会副主任赵明甫，三门峡工程局总工程师汪胡桢和当地政府代表、农民代表、工地青年代表等多人。

傅作义说："我们现在举办这样一个工程，把千百年来的水害变成水利，只有在中国共产党的领导下才能办到。"他还兴奋地和苏联专家代表波赫热烈握手表示感谢，向参加这次工程建设的职工表示敬意。他号召黄河中游地区的人民做好水土保持工作，下游地区的人民继续加强修堤防洪工作。

苏联专家代表波赫讲话，表示他们对于帮助中国人民开发治理黄河的热情和喜悦，讲了苏联政府指定最优秀的工程师参加三门峡工程的设计的经过。最后他高呼"让中国人民历年来的理想实现""让三门峡水利枢纽不仅在中国，而且在全世界成为有创造性的和平劳动的象征"。

各省省长在讲话中一致表示要发动人民，做好水土保持和移民等工作来支援这个工程。吴芝圃特别说，河南人民由于过去身受黄河水害今后又将先得其利，因而对于这个工程的开工特别兴奋鼓舞，河南人民一定要走在支援队伍的最前列。职工代表和青年代表的讲话，都表示要把自己的智慧和劳力献给伟大的治黄事业。

代表讲话结束后，男女青年职工将二十多份增产节约、超额完成计划、安全生产的保证书献给党，中共三门峡委员会书记刘子厚和副书记张海峰、王化云接受了这些保证书。接着，主席台宣布，已经收到全国各地的贺信近九百封；并宣读了苏联水力发电设计院列宁格勒分院和黄河流域规划委员会等部门的贺电。

十二时五十五分，三门峡工程局局长刘子厚发布开工命令。这时，在左岸的人门岛下，就连续响起了爆炸的轰鸣，岩石碎块飞舞，烟尘随风飘散。伟大的三门峡水利枢纽工程正式开工了。

社论：大家来支援三门峡啊！

《人民日报》(1957 年 4 月 14 日)

黄河三门峡水利枢纽工程正式开始施工了。

三门峡工程是对黄河除害兴利的关键工程。在三门峡修建的拦洪发电的大坝和水库，不仅可以控制黄河上游水量的92%，拦蓄三门峡以上地区的特大洪水，使河南、山东、河北、苏北、皖北等地八千万居民免除洪水的威胁；而且可以灌溉黄河下游四千万亩土地，可以为三门峡附近地区的工业提供充裕而廉价的电力，可以发展黄河上的航运。三门峡工程即是这样密切地关系着我国黄河流域的工业、农业和交通运输事业的发展前途，这项工程的兴建，怎能不叫全国人民欢欣鼓舞！

三门峡工程开工以前，由于中外专家的努力，尤其是苏联专家的无私援助，加上各有关部门的配合协作，黄河三门峡工程局的职工们在施工准备工作方面已经取得了显著的成绩，给顺利施工创造了良好的条件。但是，这个工程要在一条以险恶著称的河流上，建成一座长达八百四十公尺、高约一百一十公尺的拦洪发电大坝，把凶猛的黄河拦腰切断，可想而知，它的施工技术多么复杂，需要多大的人力物力财力。加上三门峡工地又是处在一条狭窄的峡谷地带，施工场地受到限制，而且由于汛期施工不便，某些工作量很大的工程还必须争取在一个短短的枯水季节完工。这样，工程要求和自然条件，就决定了这里必须采取机械化程度较高的施工方法。施工设备和建筑材料能否按照规格充分而及时地供应，就成为三门峡工程能否顺利进行的关键。机械工业部门在供应设备时，应该尽量照顾到这些特点；其他各方面在输送人力、物力、财力支援三门峡工地的时候，也应该尽量注意到这一点。

三门峡工程正式开工以后，工地上需要陆续增加许多干部和各个工种的工人。到今年年底，聚集在工地的人数将有数万。这么多人聚集在这里，要大约六年的时间才能施工完毕，他们的生活供应是一个很重要的问题。可是，由于三门峡处在一个距原有城市较远的山区，当地过去不仅没有商店，就是简单的邮政机构也没有，更不要说其他的服务性行业了。这些问题也必须马上解决。

还有关于附属企业的筹建，工区用电输电线的架设，铁路公路专用线和钢架桥的建筑，以及寻找地下水源等工程，都需要和主体工程的建筑进度密切配合，否则就会影响整个工程的进度。

总之，三门峡工程开工以后将有不少的困难。要克服这些困难，首先要依靠黄河三门峡工程局贯彻执行勤俭办企业的方针。可以节省的都要力求节省；可以缓办的就要推迟到有条件的时候再办；可以不办的就应该从建设项目中削掉；可以用代用品或用其他办法求得解决的就不必订购。但是，由于三门峡工程是“平地起家”，它不能不要求全国各方面的支援。它要求全国二十二个工业城市五十多个厂矿企业供应设备和器材;还要求从全国现有的各水利水力建筑工地抽调不同数目的技术干部和技术工人;它要求铁道和交通部门修建铁路专用线、永久性公路和横跨在黄河上的桥梁;它要求商业部门在工业区建立商业网,以保证主副食品和日用百货的供应;它还要求设立邮电、银行、理发等行业为职工服务。这许多工作,都希望有关的各方面分工合作,积极负责,大力给予支援。

由于这项工程是在河南省境内进行的,河南省的支援任务就特别繁重。河南不仅要动员足够数量的民工,调拨大量的民用建筑材料;而且在副食品的供应,以及便利工区人员来往的交通线路的开辟等方面,都需要担负主要的责任。希望河南省的党政领导机关有一个全面的规划,并动员当地人民保证实现。

治理黄河,使黄河为工农业生产服务,这是全国人民多年来的愿望。现在,这个任务由我们这一代人担当起来了。三门峡工程的兴建,正是实现这个任务的中心环节。目前,全国各地将有一批工程技术人员、工人、行政管理人员、商业及经济工作人员、医务工作人员、理发等服务行业的人员,以及大批民工,受着全国人民的委托,到三门峡工地去工作。同时,全国将有更多的人在直接或间接地为三门峡工程服务。我们祝贺一切直接或间接参加三门峡工程建设的同志们,发扬我国人民勤劳勇敢、艰苦朴素的传统,战胜种种困难,把三门峡工程建设得又快又好又省。

黄河历史的新的一页

黄河三门峡工程局副局长　王化云

《人民日报》(1957 年 4 月 14 日)

黄河三门峡水利枢纽工程,在 4 月 13 日正式开工了。三门峡水利枢纽工程是“根治黄河水害和开发黄河水利的综合规划”中的一项重大工程。这项工程的胜利完成,将为全部实现根治黄河第一期工程奠定巩固的基础。

三年准备

三年来,在中央领导、全国人民和苏联专家的支援下,我们进行了巨大的勘测设计和施工准备工作。首先,是进行了地形测量、地质勘测、水文泥沙测验等巨大的收集资料的工作,同时从1956年起兴修了一系列的施工准备工程。其次,是委托苏联列宁格勒水力发电设计分院进行了水利枢纽和水电站的设计工作,由国内有关部门进行了灌溉设计、支流水库设计、水土保持措施设计、水运设计和水利枢纽辅助工程的设计。在初步设计中,仅列宁格勒设计分院参加此项工作的技术干部就有一千多人,不少专家多次跋山涉水亲自到工地和广大的黄河流域进行了查勘。在1956年4月完成初步设计要点以后,今年1月又完成了研究周密、计算精详、篇幅巨大的初步设计工作。我们对苏联政府、苏联人民的友谊表示衷心感谢。

自动化的水电站

整个水利枢纽建筑物,即我们通常所说的拦河大坝,包括溢流坝,右岸的非溢流坝及左岸的非溢流坝三个坝,还有一座水电站。这四部分建筑物连接在一起组成了整个的水利枢纽。

水电站是整个水利枢纽中的重要部分。初步设计决定在水电站里装置八个机组。每个机组的出力为十三点七五万千瓦,八台机组的发电设备容量为一百一十万千瓦,年发电六十亿度(千瓦时)。

这个水电站的自动化水平,在达到正常运行的时候,机器房内无人管理,同时把遥控制设在洛阳。为了灵活调动,统一时间计算,在电站内设置有自动电话、无线电探寻信号、三回线的电钟站、无线电转播中心等设施。

先进的经济指标

关于水利枢纽的工作量和投资,以及它的经济指标,我们曾同世界上十二个著名的水利工程做了比较,只有两个比三门峡水利枢纽稍好,其余均不及,这说明它的经济指标是良好的。但它的工作量和投资还是巨大的数字,除了我们自己设计的铁路、公路和住宅,土石方的挖填量达一千六百九十一万五千公方,混凝土浇筑量二百九十五万三千公方。总计水利枢纽建筑和水库投资约为十六亿元左右,但是我们可以分作两三个五年计划内来投入,而且和我们将能获得的利益相比还是合理的。

初步设计中不仅对水利枢纽建筑的安全、经济合理作了极为周密的研究,而且还注意了把建筑物各个部分同周围景物联成一个互相协调的整体。我们决定保存下游高耸出水、形状奇异的梳妆台,请我国的艺术家将它修饰为富于表现力的艺术雕刻品,并且将利用上下游地区设置运动场、草地和满植花木的公园等，使水利枢纽不仅成为一座伟大壮丽、极其简洁的建筑物，而且成为风景如画的风景区。

无穷的利益

黄河蕴藏着丰富的水利、水力资源，它在过去曾经是人们的大灾祸。中国人民几千年来都想把黄河水害变为水利。汉代贾让的治河三策中，明确提出了“富国安民，兴利除害”的见解，近代的改良主义者康有为在三门峡咏砥柱诗中曾有“吾欲铲平新巨嶂，扬帆碧海大河源”的理想，等等。但是，由于社会制度的限制，这都只能是一种梦想。今天，三门峡水利枢纽的兴修，是在比过去几千年来治河理想高得不可比拟的水平上，来充分利用黄河流域的资源。这项工程完成以后，必然给我国人民带来巨大的利益。

第一，工程完成以后，河南、山东、河北、皖北和苏北等地大平原上的八千万人民，可以基本上避免遭受黄河洪水的威胁。黄河洪水再也不能决堤泛滥，吞没人民的生命财产。在伊河、洛河、沁河兴修水库，上游水土保持获得成功以后，黄河水患就会根除。同时，由于黄河不再改道，黄河流域的下游人民将获得永远的安居乐业；邻接黄河的淮河和海河水系，也免除了黄河的侵袭，使根治淮河和海河的成就得到巩固。可以说，兴修三门峡工程，治理黄河，是铲除淮河以北海河以南整个大平原上的水灾祸根。

第二，水库蓄存的水，当正常高水位达到三百六十公尺时，有一百九十三亿公方的水，可以用以灌溉山东、河南、河北等省的四千万亩农田。旱田改为水地，增产一二倍是可能的；即按每亩增产粮食一百斤计算，一年便能增产四十亿斤。在兴修灌溉渠系中还包括排水系统，所以灌区内不仅可以解决旱灾，还可以解除内涝灾害。这还是照 1967 年以前的情况说的，将来邙山以上的反调节水库（蓄存非灌溉季节发电放下来的水再用于灌溉）兴修以后，下游还可能再多灌溉农田三千万亩。如果灌区中间加凿水井，引江济黄获得成功，整个黄河流域的下游便可能绝大部分变为水田，华北平原就成了江南。三门峡工程的完成，也为这样美丽的远景提供了有利的条件。

第三，每年还能发电六十亿度。如果一度电按一角钱计算，每年收入六亿元，等于为全国人民每一个人增加一元钱的财富。更重要的是，由于有了这样巨大而低廉的电力，就能够推动三门峡周围几百公里内地区的工业发展，例如铝、镁、钛、铜等冶金工业，煤炭工业，机器制造工业，纺织工业和其他工业，都将得到廉价动力。同时，它也为下游八里胡同等电站的兴修创造了有利条件。三门峡的电，不仅用于工业，还要用于交通运输业和农业，例如陇海路西段就可以考虑改用电气牵引机车。

第四，水库和郑州至入海口两段长近一千公里的水道，可以通行二百吨的轮船。我们知道从孟津到西安附近，过去几乎可以说不能通航，郑州至入海口也仅能勉强通行吨位不大的帆船。水利枢纽完成，下游河道经过整理以后，上述航道就可以利用，这等于增加了一条陇海铁路，对东西方向的物资交流将有良好作用。同时，还可以利用黄河灌溉的干渠，结合考虑华北的航运网的建设，例如由郑州铁桥上游向北沿京汉线经过石家庄直达首都，由寿张位山南通济宁，北达临清，把古代的大运河全部恢复，使杭州的船只能够经天津到达北京。另外，利用贾鲁河经过淮河进入长江到达上海，也是一条可能的航线。这些都将由三门峡工程的建成，黄河浊流的基本变清，而被提上建设议程。我希望有关的设计部门对此予以充分的考虑。

第五，通过三门峡水利枢纽的建设，将为我国水工建筑事业培养一批熟练人才。

除了上述五个方面的主要利益，水库养鱼也有很好的前景。

总之，三门峡水利枢纽工程是伟大的，这个任务是光荣的。尽管我们建筑这样大规模的工程，还缺乏经验，工作上还有一些困难。但是，过去已经进行了一系列的准备工作，苏联专家的设计十分可靠，全体职工建设三门峡水利枢纽的热情很高，这都是有利的条件。我们只要很好地利用这些条件，1957年的工作任务和整个水利枢纽的建设一定会胜利完成。

三门峡地下文物　等于一部中国史

《人民日报》(1957 年 4 月 14 日)

三门峡市区和它的周围地区，地下文物极为丰富，从新石器时代一直到近代，各时代的东西都有，等于一部中国史。王莽始建国元年造的铜质律撮，是第一次发现的王莽时代最小的量器，为研究王莽时代的经济提供了新的根据。唐墓出土的大批器物中，有三个白瓷瓶异常精美，其中一个好像带青色的玻璃釉。这说明制瓷艺术到唐代已经达到了很高的程度。

在上村挖掘了四个春秋时期的墓，共清理出两百多样铜器。其中最突出的有两个戈，戈上刻着“虢太子元徒戈”等字。这个主墓附近有个长二十九公尺,宽四公尺的车马坑,在已挖掘的八公尺的一段坑内,发现春秋时的四辆车,对躺着很整齐的八匹马。主墓告诉给我们葬者的名字身份和虢国的位置,车马也说明是虢国贵族的殉葬品。

庙底沟地下主要是新石器时期的遗址,可能早于西安半坡的遗址,已发掘了九十多个灰坑和一百五十个墓葬。出土的东西,都是仰韶龙山及东周时代的。其中以仰韶时期的破碎器物为最多,已经复原成三百多件完整的复原的器物,花样复杂,其中的红陶制作很精美;一个仰韶时期的陶灶,是以前没有见过的。

三门峡的石刻,共约七十多处,上起汉代和平元年,下至清代乾隆年间,是很好的三门峡航运史资料。

苏联专家对三门峡水利枢纽工程的卓越贡献

新华社记者　君　谦

《人民日报》(1957 年 4 月 15 日)

伟大的黄河三门峡水利枢纽工程开工前夕,苏联专家又相继到了工地。三门峡水利枢纽设计总工程师柯洛略夫在 3 月 10 日向三门峡工程局干部报告了这一工程的初步设计内容,施工专家耶果洛夫又在 3 月 18 日专门做了初步设计中的施工部分的报告;地质专家萨维里也夫和女地质专家萨柯洛娃在帮助完成了三门峡水利枢纽初步设计资料的搜集后,又来指导技术设计资料的搜集。专家们将热诚地贯彻始终地要帮助我国把这个伟大工程建筑完成。

中国几千年来的封建统治和北洋军阀及国民党反动政府,对中外驰名的害河——黄河都没有妥善的治理办法,有些资本主义国家的专家们对它更做出了悲观的结论。可是现在根治和开发黄河的帷幕揭开了,控制黄河流域 92%面积的三门峡水利枢纽开工了,这项要变害河为利河的伟大措施,更有力地证明了中国社会主义制度的优越性,同时我们也要衷心地感谢苏联伟大国际主义的无私的帮助。

三门峡水利枢纽从规划、勘测、设计到施工,每一个阶段都有苏联专家的卓越贡献。

1952 年 5 月,两位苏联专家被邀请来到了交通困难、山陡水急,自古称为天险的三门峡实地查勘。这两位专家便是帮助我国改建小丰满水电站的哥罗格洛维奇和地质专家瓦果林哥。三门峡可做水利枢纽的优良地形和地质条件引起了两位专家的极大兴趣。他们坐船在激流险滩的河里观察,爬山越沟查勘后,哥罗格洛维奇肯定了三门峡在治理和开发黄河中的重要作用,建议对它做详细的勘测工作;瓦果林哥也给布置了一批地质勘探钻孔。哥罗格洛维奇还给我们介绍了苏联对河流综合利用开发的先进经验,建议搜集黄河各方面的基本资料,为黄河流域规划做准备。从此,钻探三门峡地质情况的工作开始了,对黄河流域的勘测和整编黄河水文资料等基本工作也加紧了。这两位专家的启发,对后来完成流域规划——黄河流域综合利用技术经济报告和三门峡水利枢纽的确定以至于施工都起了重要的作用。

水利部、电力工业部(当时是燃料工业部)和有关部门在1953年6月成立了黄河研究组,一面积极搜集和分析研究有关黄河的基本资料;一面向苏联政府聘请专家组来我国帮助做黄河流域规划。

在黄河上建筑水库,以便及早解决黄河防洪,保证国家经济建设的发展,这个意见是一致的。可是首先在哪里建筑拦蓄洪水的高坝呢?有的主张先建筑三门峡坝,有的主张先在邙山和芝川建坝。意见一直统一不起来。总的原因,是对河流综合利用的观点还不明确。

水工、水文、水工施工、地质、灌溉、航运、水电等门类以柯洛略夫为首的苏联专家组在1954年1月到北京。他们听了黄河研究组对黄河情况的介绍,检查了搜集起来的黄河基本资料。经过一个月的紧张分析研究,对我国专家和工程人员搜集的资料表示满意。认为已有的资料,编制黄河流域规划已经够用,建议着手编制流域规划。于是黄河研究组扩大组织,改为黄河流域规划委员会,开始了流域规划的编写。

专家们并不因为编制黄河流域规划的资料够用就满足了。他们为了把已有的资料和实际情况相印证,为了掌握丰富的黄河资料,使黄河流域规划编制得更充实和更科学,就随黄河查勘团对黄河做全面的查勘。这次大规模的查勘,下起黄河入海处,上溯刘家峡,历时四个月,行程万多里,查勘了干、支流坝址二十九处及下游堤防、河道、航运、水土保持、水文站等项。这次着重查勘了三门峡、刘家峡、邙山、芝川等坝址,特别是查勘三门峡就费了一天多的时间。查勘三门峡时,六十多岁的地质专家奥加林在陡峭的河岸和险峻的山崖上,爬上跑下,拿着地质家必备之物——铁锤子,这里敲敲,那里砸砸,检验岩石的性质。柯洛略夫也紧跟着奥加林了解情况。经过这次查勘后,专家们一致肯定了三门峡坝址是治理和开发黄河中最好而且应当首先建筑的枢纽工程。以邙山和芝川列为第一期工程的主张被否定了。因为这两个坝址的地质条件都不好,建坝的技术条件都不容易解决,花钱不少,还不能起综合利用的功效。

三门峡确定为黄河上首先兴建的枢纽工程了,专家们立即提出了查明三门峡一般地质和工程地质情况,作为选定坝轴线的二十四个钻孔的建议。

中国第一部流域规划的完成,苏联专家是起了巨大作用的。哥罗格洛维奇启发了做黄河流域规划的准备工作,当时水电总局的苏联专家给写出了一套河流流域规划的编制规程,专家组根据黄河的特点又对这个规程做了补充。专家们还非常热诚地、不厌烦地教会编制规划的原则、方法和步骤,指导规划委员会的机构编制和分工。向规划委员会做了系统的报告还不算,在帮助规划委员会的人员学习编制流域规划时,还解答了二百多个疑问。黄河流域规划报告初稿写出来后,帮助修改稿件,最后又写了黄河流域规划结论。苏联专家热诚耐心地帮助,中国工程技术人员艰苦虚心地学习,终于使流域规划报告在 1954 年 10 月完成。

1955 年 2 月底,苏联专家组再次来到中国,检查三门峡的地质勘探资料,作为拟定三门峡水利枢纽初步设计要点的根据,同时提出对下一阶段的勘探建议;了解了对黄河影响大的黄河支流泾、北洛、渭、伊、南洛、沁等河的坝址。

专家组第三次来中国,是在 1956 年夏季。这一次提出了三门峡水利枢纽初步设计要点,同时了解三门峡水利枢纽施工场地的地质及场地布置,并且围绕着三门峡问题,查勘了西北黄土高原区水土保持工作的典型措施,了解了郑州、洛阳、西安等工业城市用电的现状及远景。

现在,专家组到中国和三门峡来是第四次了。这一次提出了三门峡水利枢纽的初步设计,进一步检查三门峡的地质勘探资料和提出三门峡水利枢纽技术设计的补充勘探建议。而这中间,苏联列宁格勒设计院承担了复杂艰巨的三门峡水利枢纽的设计工作。以柯洛略夫为首参加这个设计工作的就有一千多人。

具有崇高国际主义精神的苏联专家还有许多高贵的品质和优良的工作作风。

苏联专家对工作处处表现了认真负责的精神。当他们初次到中国,了解了黄河资料已够编制流域规划用的情况后又到黄河上做了百多天的实地查勘,才肯定第一期工程。几次查勘三门峡时,总是攀登岭崖,跳越沟坑,下到百多公尺深的探井里去深入观看检查。三门峡的地质勘探,曾因没有经验,在钻探和开挖过程中,工作过程的详细记录和地质描述不够细致,萨维里也夫检查出这一点,使勘探工作得到了很大的改进。建筑三门峡水利枢纽时用的砂石材料,起初曾打算到远在一百到二百五十公里的陕西灞河和华山山麓去采运。萨维里也夫反对了这个计划,建议在附近寻找。结果在距坝址只有五十四公里的灵宝涧河找到了质量优良、数量丰富的砂石材料产地。这样,可以节省许多采运费用。专家们吃苦耐劳的精神也是很令人佩服的。去年5月底,专家们查勘三门峡水利枢纽施工场地、会兴镇供水钻探及南涧河砂石材料时,浮土飞舞迷漫,天气酷热,浑身流汗,专家们仍然坚持查勘。地质专家萨维里也夫和萨科洛娃更是非常沉着、非常细致地观察、寻问,一定要把需要的情况弄清才算完。哥罗格洛维奇在深入查勘了三门峡和王家滩等坝址后,曾为了赶上参加在北京的一个会议,从王家滩骑着马,翻山越岭,以三小时飞驰九十里的速度赶上经过渑池往北京的火车。专家们沉着无畏的精神,更为人们所称道。哥罗格洛维奇从三门峡坐船沿河往王家滩查勘,在一处急流中转弯时,忽然遇到山谷疾风的扑卷,船向山崖冲去,几乎被石头碰坏。在万分惊险中,哥罗格洛维奇仍然沉着地察看着峡谷和河道,计算着蕴藏多少动力。

苏联专家帮助我国编制出黄河流域规划,又帮助建设变害河为利河的三门峡水利枢纽的工程,这是中苏两国社会主义团结的具体表现。将来黄河流域受到改造黄河的利益的人们,将会永远感念苏联专家的功绩。

我们大力支援三门峡系列报道:“兵马未发,粮草先行”

——粮食部章乃器部长的书面谈话

《人民日报》(1957年4月17日)

“兵马未发,粮草先行”,我们粮食部门就是以这样的精神,担负起工业、交通建设和农业开垦事业“打前站”的任务的。征服黄河是我国历史上的一件极其伟大的事情,三门峡枢纽工程又是征服黄河工作中的第一个规模空前巨大的建设;我们粮食部门当然会十分重视这一工程,以无比愉快的心情负担起“打前站”的光荣任务,而且下决心要把粮食供应工作做好。我们已经在三门峡设立了粮食局。

我们知道，参加这一工程的工作人员，除了大量的当地民工，还有许多来自各地的工程技术人员，而且还有我们的伟大盟邦苏联派来的专家。因此，供应的工作是很复杂的。我们必须充分了解他们不同的消费习惯；尽可能地组织不同的粮种和不同的品级，适当地满足他们的要求。但是，由于去年遭受了严重的天灾，我们在粮种的调剂中遇到了一些困难；同时，粮种的调剂有时会违反合理运输的路线，浪费国家的运输力量。因此，也很难设想能够满足每个人的要求。这又是必须请求有关方面体谅国家的困难的。

粮食部门尽了应有的努力，各有关方面又能实事求是地讲清楚道理，参加三门峡建设的人员是会满意的，我们的供应工作是可以做好的。

我们大力支援三门峡系列报道：优先供应副食品　大大增设服务点

《人民日报》(1957 年 4 月 17 日)

振奋人心的黄河三门峡水利枢纽工程正式开工了，全国人民都为这个巨大的建设工程而鼓舞。为了使建设三门峡的人们愉快地工作和生活，城市服务部门准备加强工区副食品的供应工作，大量增设服务性的网点，保证工地上的人们对这方面的需要。

还在施工的准备阶段，三门峡工区就开始分别设立了副食品供应机构和理发、饭馆等服务性行业。蔬菜杂货供应店除供应当地生产的蔬菜以外，还从别的省运来多种蔬菜满足了工地职工的需要。这里的肉食供应是宽裕的，现在每人每月平均可吃到二斤猪肉，比大城市的消费水平还高。去年三门峡有十一个饭馆，今年计划再建设三个大食堂，配备招待员一百二十人，准备从上海、天津等地抽调一些技术高超的厨师，使工地职工吃到多种多样口味的饭菜。

服务性行业也准备大量增设。理发店现有四个，今年计划增加到十个，理发师将由原来的四十二名增加到一百八十六名；浴池现有一处，计划再建两处，其余如旅店、照相馆、洗染店等，今年都增设很多，尽量满足工地上日益

增多的人们的需要。(城市服务部)

我们大力支援三门峡系列报道：尽量满足工地需要

《人民日报》(1957 年 4 月 17 日)

根治黄河的重点工程三门峡工程正式开工了。这是一个伟大而艰巨的工程,供销合作系统要及时地、积极地支援建设三门峡的人们。

河南省各级供销社,应当在当地党政部门的领导下,主动地完成应该由供销社担负的工地供应工作,要经常关心工地职工的需要,尽一切力量给工地以支持。各省供销社对于工地需要的物资,如毛竹、麻类、棕绳、棕片等,也应积极完成调拨供应计划,以满足三门峡工地的需要。(全国供销合作总社)

我们大力支援三门峡系列报道：及时调拨现金　做好储蓄工作

《人民日报》(1957 年 4 月 17 日)

三门峡水利枢纽工程动工了,“河清有日”的理想要实现了,它将给我国人民带来巨大的幸福。可是,正如人民日报 4 月 14 日社论指出的:三门峡处在一个距原有城市较远的山区,要保证工地技术干部和工人的生活供应和便利,需要各方面支援。在人民银行方面,主要是做好下列四方面的工作:①做好现金调拨,以便利工地及时发放职工工资及零星采买原材料的现金支付;②做好商业放款工作,为便利商业部门组织商品供应,特别是日用品及副食品供应所需要的商品储备提供资金;③做好和支援工地有关的地方工业、手工业的短期放款工作;④做好储蓄工作,为工地广大职工同志们服务,使他们

存钱取钱都很方便、满意。做好上述这些工作,就是我们人民银行为伟大的治黄事业尽了一份力量。(中国人民银行总行)

支援三门峡

《人民日报》(1957 年 4 月 18 日)

出人出车出蔬菜

中共河南省委从去年以来已先后为三门峡工程局及中共三门峡工程局委员会配备了一百多名干部。河南省各级商业部门先后抽调了数以千计的各类服务性行业人员去三门峡为工地建筑者服务。目前洛阳、开封、安阳、商丘等地还在继续抽调一部分人员或采取代为培养的办法,解决工地服务性行业工作人员不足的困难。河南省卫生厅除在三门峡增设卫生防疫站、妇幼保健站以外,准备再派一个卫生防疫队,长期驻在工地帮助开展卫生工作。此外,全省今年还将有十个剧团巡回去三门峡工地演出。

郑州铁路管理局专门成立了一个三门峡水利枢纽工程铁路运输分局,来担负这浩繁的运输任务。在目前工地运输紧张的时候,河南省交通厅还及时调来了二十部大卡车加以支援。

为保证供应工地足够的新鲜蔬菜,三门峡附近的农业社,今年的蔬菜播种面积计划由去年的一千五百亩扩大到四千亩。

水库居民迁往甘肃安家

4 月 14 日,陕西省境内三门峡水库区又有一千一百多名移民在华阴县坐上火车,迁往甘肃省的银川专区安家落户。这批移民大都是去年迁移的青壮年移民的家属。

陕西省境内三门峡水库区的移民工作是在去年 8 月开始的。从开始迁移到现在共有一万多移民迁到甘肃省银川专区。现在,他们已经在那里建筑了三千七百多间房屋,并开垦了大批荒地,为全家、全村和全社迁移创造了条件。

三门峡水库淹没的地区,有 80% 以上在陕西省境内。因此,该省将把水库区的农民有计划有组织地分期分批外迁。已经迁移的居民,在迁移前,该省领导机关对他们的财产进行了妥善的处理。对移民拆除、迁建房屋和开垦荒地都给了补偿费。甘肃省的领导机关也给他们划出大批土地,在他们的新居附近成立了学校、供销合作社、邮电部门和医疗所。

筑坝植林减少水土流失

现在从陕西省境内流入黄河的泥沙,已经减少了五千多万公吨[1],占该省河流年平均输入黄河泥沙量的10%。这是陕西人民对于根治黄河的初步贡献。

陕西省是黄河流域水土流失最严重的地区,全省十九万平方公里的土地上,就有十三万二千多平方公里有水土流失灾害。而且多集中在陕北地区,每年由泾、渭、洛和无定河等河流输入黄河的泥沙约有五亿四千多万公吨,占黄河陕县年输沙量的39.5%。

为了减少泥沙流入黄河,陕西特别是陕北地区的农民从1950年以来,就开始了大规模的水土保持工作。榆林、延安专区的农民,先后在七百四十七万亩土地上改良耕作技术,并修筑梯田、谷坊、淤地坝和沟头防护等田间工程十万多个。绥德、米脂等十多县有八九万农民使用简单的钢钎、铁锹等工具,开山凿石,掘土挖泥,先后在四十多条沟壑内修成五十五座大型拦淤土坝。榆林专区的农民,在长城沿线的沙漠地区,已经营造防风防沙林五十多万亩。由于各地人民坚持不懈的工作,四年来,陕北地区控制水土流失面积一万九千多平方公里。

今春以来,榆林、延安专区的各农业社,根据“沟坡兼治、集中治理”的原则,已在许多水土流失比较严重的沟壑内,开始进行全面的综合性流域治理。要求在今年内控制水土流失面积七千三百多平方公里。

三门峡水利枢纽工程开工以后

韩学章

《人民日报》(1957年5月5日)

全面治理黄河的第一个工程——三门峡水利枢纽工程已经在4月13日

[1] 1公吨=1吨=1000公斤,下同。

开工了。

按照设计，将在三门峡修起一座坝顶长约一公里，高达一百一十公尺的混凝土重力坝，这个拦河坝把黄河拦腰堵住，形成一个水库。水库的容量将达六百四十七亿立公方，比鄱阳湖还要大，让河水在这里澄清，慢慢下泄；同时随着高原上的水土保持工作的开展，将使黄河变成一条细流碧波、为人民造福的河流。又由于水库的调节，由邙山到海口的七百九十公里内的河道，可以航行二百吨的船只。拦河坝还带有水电站，利用水库的高水位可以发电一百一十万千瓦，每年发电量为六十亿度，将是目前全国最大的发电站，可以保证陕西、山西、河南等省工业基地的用电。

由于水库的兴建，可把黄河千年一遇的洪水由三万五千秒公方减少到六千秒公方。使威胁黄河下游八千万人民的洪水灾害根本解除，使河北、山东、河南三省四千万亩农田得到灌溉。

征服黄河是我国历史上的一件极其伟大的事情，三门峡水利枢纽工程又是征服黄河工作中的第一个规模空前巨大的建设。人们几千年来的梦想，就要在我们手里变成现实。

十多公尺高的缆索起重机塔架已经架设起来，开始运输建桥的器材。(图略)

来自各地的上千的工人，正在河水冲击的人门岛上进行艰巨的开挖工作。风钻工攀登在悬崖峭壁上，开动着风钻，向三门峡最坚硬的岩石——闪长玢岩搏斗。(图略)

用浮箱架起的打桩机，在黄河急流中进行打桩，准备架设桥墩。(图略)

三门峡工程局动力分局线路工程队的测量人员登上山头，为马家河底至三门峡的发电列车测量输电线路。(图略)

苏联政府指定最优秀的工程师参加三门峡工程的设计，并派了大批专家来到工地。这是苏联地质专家萨柯洛娃在工作。(图略)

在人门岛上出现了中国科学院的一支考古队。(图略)

黄河岸上的午餐，别有风味。(图略)

下工后，推土机手王万新、齐东升的精彩表演——抖“空竹”。(图略)

支援三门峡水利枢纽工程的大批物资从各地运到会兴车站后，再用汽车运送到工地。(图略)

不知工人们挖掉了多少山石，填平了多少沟壑，才修起了一条从三门峡新市区至三门峡工地的三十余公里长的平坦的公路。(图略)

4 月 13 日在三门峡河中间的鬼门岛和河南岸的山坡上举行开工典礼。

参加开工典礼的有五千多人。(图略)

三门峡工程迎着困难前进 人门岛削掉了一半

《人民日报》(1957年7月18日)

本报讯 三门峡水利枢纽工程开工以后,职工们不断克服困难大踏步前进。

现在,左岸主体工程基础岩石开挖已完成七万余方,坚硬的人门岛被削去一半。由于两千五百千瓦的列车发电站通过八公里的高压输电线把电流送到了三门峡,强大的动力系统建立起来了。一分钟装一卡车石碴的“乌拉尔巨人”——三立方电铲投入运转以后,出碴赶不上爆破进度的现象根本扭转。

7月5日下午,职工们用新的爆破方法放响了第一个大炮,人门岛上有二千五百方石头倒塌下来,变成了碎石。新爆破法的试验成功,为完成7月大坝岩石开挖工程奠定了基础。

辅助工程也有了进展。右岸黄土台地上的汽车基地提前平整完毕,推土机群正在砥柱石右边的半山腰中给混凝土拌和楼和右岸工段系统平整场地。三门峡下游横跨黄河的钢桥,是供明年施工的要道。来自兰州黄河铁桥工地上的职工克服了种种困难,在激流中矗立起钢板桩围埝以后,正采用长江大桥管柱支承桥墩的方法来浇注三号和四号桥墩的基础。他们争取在大汛前把这两个桥墩的基础浇出水面。在三门峡上游的史家滩渡口,船工们正匆忙地向左岸抢运机械、器材和生活用品,以便保证大汛到来不误施工。连接陇海路的会三永久公路,除坝头一小段外,全线完成,并铺好了柏油路面。会三铁路有十三点七公里已经通车。

有关三门峡水库的几件事
——汪胡桢的发言

《人民日报》(1957 年 7 月 20 日)

我完全同意周恩来总理关于政府工作的报告,李先念副总理关于一九五六年国家决算和一九五七年国家预算的报告,薄一波副总理关于一九五七年度国民经济计划的报告。

在薄一波副总理的报告里已经提到黄河三门峡水利枢纽工程今年正式开工。这个全世界瞩目,我国破天荒的大工程是在今年四月十三日正式开工的。这个工程的规模很大,工作也很艰难,预计要历时五六年才能完成。但在中国共产党的正确领导下,三门峡全体员工是有信心、有决心来完成这个任务的。

这个工程是我国根治黄河水患、开发黄河水利的伟大计划里的第一个工程,也是这个伟大计划的一个良好的开端。这是又一次向全世界用事实来证明我国社会主义制度的优越性,在毛泽东主席和中国共产党的正确领导下,才有可能来进行这个伟大的社会主义建设工程。

大家知道黄河的性质是和长江不相同的,它流出的水量少而灾害反而严重。这是什么缘故呢?问题的关键就在黄河水流中含着大量的泥沙,当黄河流到郑州以下的平原里时,因为流速减缓,泥沙就沉淀下来,年深月久,把河槽淤高,成为“地上河”。现时黄河河底已比堤外的平地高出一到三丈,开封的河底比城墙还要高。在这种情况下,黄河已经到了极危险的地步,随时有改道的可能。我国历史上黄河大改道已有六次之多,每次改道时水流经过的农田、人民、村舍都有大量的牺牲。在历史事实面前,我们不能闭了眼睛装作看不见,不预先做好消除隐患的措施,而使国民经济有受到破坏的危险。建设三门峡水库就是正确的解决黄河问题的办法,不但可以利用黄河的水来发生巨量的电力和灌溉大量的农田,也可以用来消灭黄河改道的隐患。因为有了这水库,可以拦蓄从上游带来大部分的泥沙,向下游流出去的水流的含沙量就比较小,郑州到入海口的一段河槽不会继续淤高,而有逐渐刷深成为地下河的可能性。

没有疑问,三门峡水库在根治黄河水患和开发黄河水利方面是能起极大的作用的,但要使三门峡水库发挥最大的作用,下面三桩辅助工作是不能不特别重视的。

第一,要做好黄河上游水土保持工作。黄河上游黄土地区里的水土流失是黄河沙泥的唯一来源,只有完成这个地区的水土保持工作,才可得到正本清源的结果,否则尽管三门峡水库有极大的库容也要很快给泥沙淤满而失去其效用。所以,为了发挥三门峡水库的作用,必须重视上游各省(区)的水土保持工作。

第二,要做好上游移民工作。三门峡水库须淹没相当数量的耕地才能得到库容,尽管采取逐步升高水位的政策,在开始时也要迁移一定数量的人民。这种移民工作必须做得十分完善,才可减少人民变更生活环境时的困难。

第三,要做好下游河槽整理工作。三门峡水库完成后,从水库流出的水流虽不是完全清澈,但含沙量已大大减少。因此下游的河槽倘使整理得好,则水流集中,越刷越深,能逐渐改变“地上河”为地下河。反之,倘使不加整理,任其乱流,则也能造成串沟,冲决堤防。因此,在三门峡水库施工的同时必须打算好下游河槽的整理计划,及时进行,以免清水流下时措手不及。

人门、神门两岛快削平了
三门峡即将开挖水下岩石

吴继中

《人民日报》(1957 年 10 月 14 日)

本报讯 自从 4 月 13 日三门峡上空第一次响起征服黄河的炮声以来,三门峡的面貌在急剧地变化着。到 9 月底,工人们约已完成坝基开挖十九万五千公方石方。这些石方需用九万七千五百辆汽车才能载完;把这些汽车首尾相接,它的长度,相当于一条北京到包头的铁路。

现在人门岛已经被挖去三分之二,神门岛削去了约三分之一;坝基开挖已至二百八十四高程,再往下挖一点,就和水面切平了。上、下游基坑开挖工作已经开始,大规模的水下岩石开挖工程即将进行。

右岸拌和楼基地的平场工程和修建汽车基地等工程都有了很大的进展。第一期围堰工程也即将开始。

三门峡晨歌

马　锐

《人民日报》(1957年12月18日)

“梳妆台”[1]上的姑娘

早晨,我来到“梳妆台”前,看轻雾蒙蒙的石岛上,有人影儿摇晃,这可是传说中翩翩的仙女在台上梳妆?还是传说中来这儿休憩的娘娘?

我穿过轻雾,走到“梳妆台”上。啊,真是几个年青的姑娘!可不是披着透明的轻纱,也不是穿着华丽的宫服,是穿着朴素的工装;她们手上握的不是轻巧的梳子,而是沉重的钻把,钻机在她们身旁隆隆地轰响!唉,忙碌的姑娘,鲁莽的姑娘呵,黄风吹乱了她们的秀发,烈日晒黑了她们的双颊,油迹沾满了那深蓝色的工装!

我说:“你们好!梳妆台上的姑娘,难道说你们从来也没有想到过梳妆?”

答话的是年青的钻机长,她举一举手里刚取出的岩心:“哦,我们太忙呀,忙着给黄河裁剪碧绿的衣裳!”她又把小辫儿一甩,投过来顽皮的目光:“再说这空空的梳妆台也没有镜子,可怎么梳妆?等着吧,总有那么一天我们要在这儿好好地梳妆!”我说:“那么,镜子呢?”姑娘笑了:“你呀!忘了圆圆的水库就要修好在梳妆台旁!”

挂鼓石[2]

黑色的悬崖一会儿比一会儿亮了,渐渐现出它青绿色的本来面目,又是

---

[1] 梳妆台是三门峡左岸水边的一个亭亭玉立的石岛,相传有仙女在这儿梳妆,又传说娘娘游三门时曾在此休息。今岛上有一钻机。

[2] 三门峡左岸山上,有一个突出的悬崖,相传禹王治水时,曾在这儿挂一面鼓,每到黎明,就擂起鼓声,把治水的人们从四面八方唤来。

一个灿烂的黎明！你，耸立的挂鼓石，可记得鼓声已经停息了几千年？可怀念那禹王在朝霞里擂鼓的雄姿？可知道那一面召唤劳动者的鼓儿如今在何方？

青绿色的悬崖一会儿比一会儿亮了，更抹上一层淡紫色的朝霞。你，耸立的挂鼓石，可奇怪：没有咚咚的鼓声，从四面八方哪来这么多熙攘的人群？白胡子的艄公、红脸膛的青年、长辫子的姑娘……他们扛着风钻走来，肩着测量仪走来，驾着电铲、推土机和自卸卡车走过来……呵！这都是我们的鼓手呵，黑亮的机械，精密的仪器是他们的鼓槌。你可看到了这一面鼓儿？你那小小的悬崖已经挂不住它了，要知道整个大地才是我们的鼓面，看黄河不再咆哮、山岳为之震动，我们正昼夜不息地挥动臂膀，把社会主义的鼓声擂响……

黄河大合唱

早晨，在三门峡工地上，我听见黄河大合唱响在黄河之滨。

黄河呵，在那战火纷飞的年代，你听见过多少次动人心魄的黄河大合唱？多少次呵，你看见黄河儿女从你两岸的万山丛中，青纱帐里走出来，面对着你举手宣誓，趁着沉沉的夜色出发去歼灭敌人。当黎明到来，他们已经用敌人的污血擦了雪亮的马刀，唱着这一首雄壮的歌，蹚过你混浊的黄水……

如今，你可听见在三门峡谷里响起一首新的黄河大合唱？看多少英雄的黄河儿女，组成了一支多么壮大的合唱队，上千上万的钻工、船工、电铲手、工程师……用他们的青春的粗犷的歌喉，唱出劳动的最强音。多少乐器为他们伴奏呵，上千上万的钻机、马达、掘土机、电铲，发出高昂而谐和的音响，奏出这伟大乐章的序曲。看呵，人门岛像一架巨大的钢琴，每台黑亮的机器都是它的琴键，多少个琴键一齐响了！看神门岛像一只细长的提琴，用你汹涌的黄河作它的弦……这是一首气吞山河的新黄河大合唱，当水库完工的日子，我们要唱着这个合唱的最后一章，跨过你碧清见底的河水……

英雄立壮志　早日伏黄河
三门峡三年拦洪发电

《人民日报》(1958年3月13日)

本报讯　最近举行的中共黄河三门峡工程局首届第一次代表大会决定发动群众,苦战三年,争取黄河三门峡水利枢纽工程提前一年拦洪,提前半年发电,提前一年竣工。他们的奋斗目标是:提前一年,在1960年7月1日拦洪;提前半年,在1961年4月1日发电;提前一年,在1961年年底竣工。

大会代表、筑坝二分局党委书记王英先首先提出了争取三门峡水利枢纽工程提前拦洪、发电的倡议。这一倡议受到大会代表的热烈拥护。大家举出许多事例证明提前一年拦洪、提前半年发电、提前一年竣工完全可能。筑坝一分局代表石川说,去年风钻工每班台钻进定额是二十六公尺,现在实际生产效率已经最高达到一百三十八公尺。他代表筑坝一分局表示要在去年开挖石方三十三万公方的基础上,今年开挖石方六十六万公方,比去年跃进一倍,超过今年任务十六万公方。筑坝三分局代表赵文华说,去年12月和今年1月砂石厂、拌和厂的出勤率平均达到98%,砂石厂采砂队等的出勤率还高达100%。刘章元小组每天采砂定额是三百零六方,1月7日他们采砂九百方,超过定额将近三倍,后来又有提高。陆伯祥小组还超过了他们。赵文华代表表示:为了提前完成建设任务,混凝土、砂石要多少有多少。

三门峡进入施工高峰
拦河大坝开始浇灌混凝土

《人民日报》(1958年3月23日)

据新华社三门峡22日电 黄河三门峡水利枢纽拦河大坝工程,3月17日开始浇灌混凝土。这一天,三门峡建设者在大坝左岸的基坑里举行了奠基典礼。水利电力部副部长李葆华、张含英、钱正英和苏联专家茹可夫斯基等人也参加了典礼,向建设者祝贺。

三门峡大坝浇灌混凝土,是枢纽工程的第一个施工高峰。到目前为止:建设者从跨晋、豫两省的坝基线上挖掉石方三十三万立公方(立方米),使三岛(鬼门、神门、人门三岛)削去一个半,三股雄流汇成一股;郑(州)—洛(阳)—三(门峡)高压输电线早已通到了三门峡,连接陇海路的三门峡铁路专用线,也提前全线通车;灵宝采石厂提前建成。

在全国"大跃进"形势下,三门峡建设者提出:"苦战三年,提前一年拦洪,提前半年发电,提前一年在1961年年底竣工"的口号。为了赢得时间,建设者们在三门峡下游钢桥未建成以前,架设了浮桥,建立了临时混凝搅拌厂,并修筑石围堰。现在三门峡上下百里的施工场区,到处呈现出大施工的繁忙景象。

三门峡工地上两少年

陈伯吹

《人民日报》(1958年6月1日)

夜深了,三门峡水库工地上却愈来愈亮,灯光照耀得如同白昼。

从黄河上游刮下来的风,凉飕飕的。可是干活紧张的人,大多数只披一件单衫。

我们跨过了架在神门岛上的便桥，到了左岸工地上，一路走过去，看着，看着，不知不觉地从爆破出碴的工段，到了浇筑的工段来了。

一个少年的活跃的形象，跳进了我眼睛里：他提着铅皮桶，盛满了泥浆水，从石坑里蹦出来，飞奔到老远开挖的沟头那里，一抬手，就倒个干净，又奔了回来，纵身跳落在坑里。一会儿却又蹦了出来，干劲挺足，活儿干得也挺熟练。

我站到沟头去等他。

他奔过来了，盯了我一眼，没让我开口，倒先问了。"你们可是来参观的？"

"是的。从北京来。"

"北京"两个字像电一样地触着了他，眼睛里闪着喜悦的光彩。

"欢迎！"

"谢谢，你们可辛苦了。"我紧接着问："你从哪儿来的？"

"家在孟津。去年暑假小学毕业了就上这儿来。"

我微笑着。"是没考上初中？还是……"

他打断了我的话。"不是。是我要支援三门峡！"

"你要支援三门峡？"

"为什么不？"他咬了咬牙齿，一双大眼睛更加发亮了。"这一回，一定要把那黄河灾难的老根拔掉！"

我点点头。"你干什么活儿的？"

他低下头，声音也放低了。"我现在只是个学徒工。班长分配什么工作我都干。现在我一桶一桶地倒掉脏水。"话到这儿顿住了，随后又提高了嗓门说："您要知道，每一方地在浇灌之前，先要把底子洗干净，这是细致的工作。——得保证质量！"

我禁不住拍拍他的肩膀，"你说得对。这儿的不论什么工作，都是重要的工作。"

"啊呀！对不起，我得赶快去提泥浆水啦。"

他提起铅皮桶就跑。忽然转过头来，天真地喊着："再见！——我叫李开甲。"

就在第二天，我们从高耸在右岸的混凝土小拌和楼旁边走下来，绕过了整修“滑坡”[1]的地方,在弯来弯去的山路上走着。一阵钟声响了,看手表,正是下午五点钟整,是到了早、午班交替的时候了。

太阳虽然西斜,峡谷里还是热烘烘的,刚下班的工人都累得满头大汗,不停地挥着柳条儿编织的安全帽,急匆匆地赶回去。可是有一堆人在前面停住了,坡下面正在赶筑一条汽车路。

一台推土机轧轧轧地吼着,一堆又一堆的砂土顺利地给铲平,可是困难也就来了。

驾驶这台推土机的是个十五六岁的小姑娘。她把着舵轮,推着、拉着操纵杆,对准着一块头角峥嵘的岩石推过去,不成;推土机退了回来。她一拉机件,把前面的刀片放低些,机身后部翘了起来,倾斜地推过去,岩石动了一动,还是没倒下来。她又一拉机件,翘着机头退了回去,把刀片放得更低一些,再推向前去……这样地三番四次地进了又退,退了又进。她决心铲除前进道路上的绊石,虽然已经早过了下班时间,可是她不愿意把困难留给别人,自己额角上的汗珠,顺着脸颊直挂到颔下。忽然轰隆的一声,岩石倒了,和砂土一块儿被推到旁边去。

小姑娘刹了车,轻轻跳下来,撩起衣角擦了擦脸,笑迎着接班的同志,挥了挥手,迈上坡来。

我赶快迎了上去。“小同志,你推土机开得不坏,什么时候学会的?”

她愣了一下,笑着回答:“不怎么样。才学了半年多,当助手。”

“这活儿怪费劲,你喜欢干?”

“太喜欢了!”她笑得眯缝了眼睛。“我在小学念书的时候,读到拖拉机,就喜欢它;后来考上技工学校,分配在拖拉机班,高兴得夜里睡不着觉,恨不得一口气就学好它。去年来到这工地上,干活带学习,得到老师傅的帮助,能开推土机了。”

“你干嘛不升初中?”

“家里还有两个弟弟和两个妹妹,经济上有困难,所以技工学校没读完,我就要求上这边来了。”

“你爹和妈都同意?”

“爹没吭声;妈不同意,说这活儿姑娘们干不了。”

“那你怎么来的?”

“辩论啊!——妈输了,给说服了。”她扬了扬眉毛,胜利的笑容堆满了紫

[1] 山坡滑动塌下去的地方。

堂堂的脸。“她疼我,她只能让我来。”

“多棒！你这个少年接班人大跃进,提早接班了。”忽然我想起来了,“你想家吗？回家几次了？”

“不,一次也没有。咱们班提出了决心书,不修好水库不回家。——我只是每月寄点钱回去。”

“你自己有什么规划没有？”

“有。”她向对岸一大片工地瞥了一眼,“通过建筑三门峡水库,提高自己,希望技术方面达到二级工;文化方面达到初中程度。”

我佩服这个姑娘,一边替她高兴。“你做得到。那时候你回家去多光荣,好在社里当拖拉机手。”

“不,不,”她堵住了我的话。“我还得干下去。咱们大伙儿已经谈过,这儿完了工,就上长江三峡去修水库。——你没听说过吗？”

“听说过。”我突然觉得站在我面前的是个高大的女同志,她那优秀的品质,美丽的智慧,比她身材高得多呢。

她以为我的沉默是在怀疑,还补充了两句:“我就是从官厅水库来的。——咱们已经宣誓,要修完了全国所有的水库才算数。”

“啊……”我像突然受惊似的说不出话来了。

“您瞧,他们在等着我呢。再见!”她说着轻快地迈上坡去。

山头上还站着三个年轻人,其中两个是女的。我不觉自语着:“社会主义给人思想,给人力量,给人信心!”

事情已经隔了一个半月,可是两个少年的面貌,老是这么清晰的,一闭眼就看见了。大概世界上爱劳动的人是最可爱的人,劳动的形象是最美丽的形象吧。

今日三门峡

《人民日报》(1958 年 6 月 7 日)

新华社三门峡 6 日电 在干劲冲天的职工们的征服下,三门峡的自然面貌已经起了根本性的变化。屹立在河心的三个石岛已被征服黄河的人们削掉一个半;巍峨的“梳妆台”不见了,壮丽的“狮子头”消失了;偏僻的山腰变成了施工的各种机械基地;梯形的陡坡建起一幢幢的厂房和平房。英雄们还劈开高山、填平深沟,修成了从新市区通往坝址的十六公里长的铁路专用线和三十公里的公路线。

这座规模宏伟的水利枢纽工程从去年4月开工以来,在苏联专家直接帮助和全国人民的支援下,经过全体职工的日夜苦干,已经挖填土石方三百八十二万多立方米。现在,这里已经进入了以浇筑大坝为中心的施工高潮。由各种汽车、电铲、吊车、推土机、风钻、钻机等机械联合作业组成的一支巨大的建设队伍,正在猛烈地向大坝浇筑和土石开挖大进军。

鉴于职工们的冲天干劲,并且根据党中央提出的多快好省地建设社会主义的总路线的要求,三门峡工程局党委在原定提前一年拦洪发电的基础上,最近又提出了再提前一年拦洪、提前半年发电的英雄跃进计划。为此,他们具体地安排了今年的艰巨的施工任务:开挖土石方一百四十九万多立方米,浇筑混凝土二十七万立方米,确保今年截流。

建设三门峡水利枢纽工程的全体职工,为实现提前拦洪、发电的计划,也纷纷制订出了跃进规划和保证条件,并且接连不断地出现了许多振奋人心的新纪录。为浇筑大坝生产混凝土原料的灵宝砂石厂职工提出,要提前一年完成三百多万立方米砂石开采任务。浇筑大坝混凝土的职工们,最近把每天浇筑三百六十立方米的纪录一跃而提高到一千八百多立方米。开挖坝基的风钻工,由过去每班次钻垂直浅孔二十六公尺多,提高到一百一十八公尺。

黄河断流时刻开始了
三门峡水利枢纽工程进入截流阶段

记者　君　谦

《人民日报》(1958年11月22日)

新华社三门峡21日电　举世瞩目的黄河三门峡水利枢纽工程,经过建设者们近十九个月的奋斗,在11月20日正式开始了神门河截流工程。至此,这项伟大的水利建设工程就进入了第二期施工,也即进入了关键性的最紧张的战斗阶段。

阴雨连绵达半个多月的三门峡工地,昨天天气晴朗。万余职工个个精神抖擞。整个工地既像战场,又充满了节日的气氛。今年黄河是个丰水年,进入11月以来的流量,最大曾到二千四百三十秒公方(立方米),又是五十年来同期最大的丰水月。但是具有大无畏精神的建设者们,为了加速这项工程的建设,仍然不顾困难,展开了同洪水争夺河道的猛烈战斗。新式重型汽车一辆接一辆地从史家滩和三门沟料场将石料运来,大约每分钟就有一车石料哗啦地往神门河里倾泻,河水被砸得飞溅出高大的浪花。这样不停息地抢投石头,抢筑截流的围堰,将逐步缩窄河道,最后将河道堵塞。

经过建设者们一年多的改造,现在三门峡的面貌已经发生巨大的变化。左岸的开元新河和梳妆台,早已没有了影踪。人门岛只剩了一段尾巴。张公岛只残存着炼丹炉一块岩石。这一带出现了用钢筋混凝土筑成的供泄水用的十二个梳齿孔,它可以通过一千五百秒公方(立方米)的流量。梳齿的右侧,顺着原人门岛和张公岛的方向,矗立起长二百六十公尺、最高二十七公尺的纵向钢筋混凝土导水墙、隔墩和隔水墙,这是将来泄水道和水电站的分界线。已炸去一半的神门岛和鬼门岛,又都劈为两半,中间出现了大缺口,作为截流时的泄水道路。鬼门河上横躺着宽大的公路桥,神门河截流用的器材和石料,就在它的上面运过。这座公路桥的下面,已安装好了三扇巨型钢铁闸门,为整个工程的最后截流准备了条件。所有原来的岩岛,现在只剩下几千年来象征我国民族风格的砥柱石,仍然完整地雄立在浪涛中。砥柱石下游,有连接两岸的钢桥,作为往左岸运输大坝建筑物的动脉。右岸有连接陇海铁路的三条现代化交通线:山上和山下,各有一条公路;山上还有一条铁路。两岸山上和山下,摆满了厂房、办公室和职工住房,入夜电灯辉煌,照耀得如同白昼。

改造黄河的英雄们,去年逼开元新河和人门河的水改走神门河和鬼门河,到今年6月完成了第一期围堰工程。待第二期围堰即神门河和鬼门河围堰工程做好准备后,本月16日十二时起又逼黄河水再走人门河,使神门河水位降低了一尺多。但是,这已不是原来的人门河了,河水现在是通过新建成的十二个梳齿底孔下泄。这是黄河第一次按人们的意志驯服地下泄。这是一年多艰苦工作的胜利。

这第二期围堰工程,将先堵神门河,再堵鬼门河。截流的方法,是用我国堵口的进占法,从右岸抛石筑堤,逐步前进,逐步缩窄河道,最后合龙,将河道全部堵塞。神门河的截流工程,从11月17日九时开始演习,因演习顺利,就接着不停息地干起来了。今后,围堰堤越往前伸延,河道越来越窄,河水流速越高,围堰上下游的落差越大,河水的冲击力越来越大,进占就越来越困难,施工的战斗性也就越来越强。在这样大的流量和这样大的河水落差中截流，不但在我国没有过，在世界上也极少见。具有改造自然的无穷智慧和威力的建设者们，在三天来演习的基础上，正满怀信心地英勇地向狂流展开攻坚战。

三门峡左岸溢流坝的梳齿，截流以后，整条黄河就要从这里奔向下游。

一切为了截流

本报记者　张丽君

《人民日报》(1958 年 11 月 22 日)

11 月 20 日，是三门峡工程开始切断黄河的时刻。

截流是从切断黄河的主流——神门河开始的。一条在鬼岛右侧开辟出来的长一百二十公尺、宽十五公尺的公路一直伸展到神门河下，这里是和神门河直接搏斗的所在。

已经削去山峰的鬼门岛将是进攻神门河的主要作战据点。成百个十五吨重的混凝土预制件在这里排列得密密层层。截流指挥台就设在鬼门岛上，面临着神门河。

截流就是逼着黄河让路。截流以后，出现在我们眼前的将不再是咆哮的黄河，而是在我们胯下被人掐住脖子的无可奈何的黄河了。

为了给截流创造条件，工人们从今年 2 月下旬浇筑混凝土围堰开始，到 6 月底就抢筑起一道四百二十七公尺长的强大的防水线，联结着激流中心的神岛和下游的张公岛，把三门峡劈成两半，第一次逼令黄河按照人们的意志让出半个河谷，保证了左岸基坑在今年汛期安全施工。左岸基坑的主要工程——溢流坝的梳齿工程，就是为黄河安排一条人为的新的道路。

许许多多建设三门峡工程的人忘记了休息，他们所考虑的就是怎样完成任务，征服黄河。风钻手、共产党员王进先领导的青年突击队就是这样，哪里任务最艰巨，他们就到哪里去。任务越艰巨，他们感到越光荣。

挑水坝基础工程的开挖，面临神门河，基础就是浅滩上的流砂。施工中，外面的高水位压迫着流砂向基坑渗透。茶杯大的口子向里灌砂的有好多个。风钻手们向外掏泥砂，可是七公尺左右深的基坑里，淤砂总是灌得满满的。整整半个月，黄河丝毫不让步。挑水坝基础的开挖工程始终未完成。

王进先懂得完不成任务意味着什么。这个在神门河下游的张公岛挑水坝,看来像条小小的尾巴,它却控制着即将从梳齿底孔倾泻下来的黄河水流的方向,直接保护着右岸混凝土制造厂和下游的交通要道——钢桥的安全。所以,挑水坝能否按期完成,关系着截流大局。“要露出岩石来才是胜利”,风钻手们展开了一场和淤泥斗争的恶战。

王进先领导的青年突击队在最紧张的关头连续战斗了二十四小时不下战场。当时支部书记的责任已经不是如何鼓足士气进行战斗,而是下命令要大家休息。在坐车回宿舍的路上,大家都相对笑开了,因为每个人除两只亮晶晶的眼睛以外,从头到脚都成泥人了。

一切为了截流,也为了明年横跨大河的浇筑工程创造全面施工的条件,谁都争取要为截流做点事情,大家都要求参加突击队,站在征服黄河的第一线。有的说,第一线不成,哪怕为截流战士洗洗衣服都是好的。

三门峡截流工程

黄庭济

《人民日报》(1958 年 11 月 22 日)

梳齿:通常在河流上建造水利工程建筑物时,为了要保证工程的顺利进行而又能使河水照常地流过,就要解决施工导流的问题,使工程能在干地上进行。一般施工导流有利用渠道、隧洞或渡槽导流,分期导流和梳齿法等。梳齿法常用于建造混凝土坝,是将坝体作成如梳齿的形状,在梳齿各齿间底处过水,然后利用闸门轮流加高混凝土。三门峡是用的分期导流办法,第一期先作左岸溢流部底部混凝土工程,作成梳齿状,盖上盖板,即形成十二个底孔,第二期工程进行时,河水经梳齿底孔流过。

围堰:围堰是用来围护水利工程建筑物施工基坑的临时性挡水建筑物。在施工以前,往往先修筑围堰,抽去基坑中的积水(如有水时),即可在基坑中进行工作。经常采用的围堰有土围堰、堆石围堰、木笼围堰、板桩围堰、格形围堰、混凝土围堰等。

进占法:在堆筑土堤(或石堤)和进行截流时,由河岸向河心方向逐步推进填筑的方法,叫进占法。可以由一岸进占,也可以两岸同时进占,最后合龙。

隔墙：一般的堤坝式水电站，在水电站和溢流坝之间常常修筑一道隔墙，用以分开溢流坝和水电站下游的水流，以免溢流坝泄洪时的高速水流影响水电站的尾水水流进而影响水轮机的工作。三门峡水利枢纽的隔墙，同时又用作施工时期的纵向围堰。

隔墩：三门峡水利枢纽在左边溢流部和右边电站部之间有一段隔墩，它实际上是坝体的一部分，但在施工期间作为纵向围堰，与隔墙相连。

三门峡截流初战告捷　提前七天截断神门河

《人民日报》(1958 年 11 月 24 日)

新华社三门峡 23 日电　11 月 22 日 22 时，三门峡的主流——神门河提前七天被截断了。

神门河宽六十公尺。在截流之前，它的最高流速是六点八六秒公尺，落差最高达到二点七四公尺。在截流的时候，三门峡的水流量是一千八百一十秒公方。但是叫河水让路的英雄的职工们，从正式截流开始到 22 日 22 时为止，总共用了不到三天的时间，就把神门河制服了。用这样短的时间在这样大的流速和落差情况下取得截流的胜利，在世界上是少有的。

截断神门河是三门峡整个截流工程的第一个战役。接着，截流的第二战役——截断神门溢流道的工程就要开始。神门溢流道断流以后，将立即转入截流的最后战役——关闭鬼门溢流桥的闸门。

据三门峡截流工程总负责人谈，神门河断流的速度表明，整个三门峡截流工程的完工时间，将比原定计划大大提前。

三门峡截流工程神速告成　战斗八天斩断黄河

《人民日报》(1958 年 11 月 27 日)

新华社三门峡 26 日电　黄河三门峡工程截流指挥部昨天宣布：经过七天

又二十一时四十五分钟的紧张战斗，三门峡截流工程在 11 月 25 日六时四十五分基本结束。现在神门河和神门岛中间的泄水道已全部堵塞，鬼门河的闸门早已安装好，今后随时可以落闸截流。从此，流经这峡谷的滚滚黄河水，一改自古以来凶猛顽劣的性格，驯服地顺从人们的意志，从左岸溢流部分的十二个梳齿孔和右岸的鬼门河向下奔泄。三门峡的建设者们将顺利地堆筑围堰、开挖右岸大坝基坑和浇筑拦河大坝。

三门峡截流工程进展非常神速，尽管截流工程从 11 月 17 日开始演习以来，河水流量一直远远超过设计流量，但是神门河河水却提前在 22 日二十二时被截断了。紧接着，建设工人们对已经筑成的围堰进行了加高，使它高出水面五公尺多；从 23 日开始，又对神门岛中间的泄水道展开截流战斗，到 25 日六时四十五分就胜利结束。按照截流指挥部原订计划，截流工程要在 12 月 6 日才能完成。

11 月 25 日清晨，当司机张治荣驾驶着载重二十五吨的汽车，把一块十五吨重的混凝土块投进神门河泄水道的最后一个缺口，将神门岛的一端和戗堤（石料堆筑的一道小堤）紧连在一起的时候，顿时欢呼声、鼓掌声和鞭炮声响彻三门峡谷，通宵守候在神门岛上的苏联专家们，首先跳上戗堤，同中国工程师和工人们握手庆贺。

这天下午，参加截流的各路大军怀着万分欢欣的心情，同中央有关部门、十多个省（市）的几十个水利工程的参观团和参加三门峡建设的苏联专家们，一起举行了庆祝大会。河南省副省长邢肇棠率领慰问团，代表中共河南省委和河南省人民委员会前来慰问。邢肇棠在会上宣读慰问信说，截流工程的胜利完成，使三门峡水利枢纽工程进入一个新的阶段，这是战胜历史上无法制服的黄河水患、加速社会主义建设和增进人民福利的伟大成就。水利电力部部长助理郝执斋在会上说，三门峡截流工程的成就，进一步解放了人们的思想，再一次证明有了党的领导，紧紧依靠群众，必定是攻无不克，战无不胜。苏联列宁格勒水电设计分院驻三门峡设计代表组组长康年柯夫，代表在三门峡工作的苏联专家和苏联人民祝贺三门峡的截流胜利。他说三门峡的建设在世界水利工程的史篇上记载下光辉的一页。他预祝三门峡的建设者们，在加速第二期围堰堆筑、基坑抽水工程和提前拦洪、发电中，取得更大的成就。长江流域规划委员会主任林一山、中共三门峡市委第一书记、三门峡工程局党委书记张海峰、三门峡市委第二书记李浩，都在会上祝贺三门峡截流工程的胜利。

黄河截断了

本报记者　君　谦

《人民日报》(1958 年 11 月 27 日)

11 月 25 日清晨,三门峡神门岛上泄水道截流工程合龙了,至此,黄河三门峡的整个截流工程基本结束。

按照设计,三门峡截流工程要在河水流量降落到一千秒公方时进行,要到 12 月 8 日结束。但是今年遇到了黄河丰水年,11 月又遇到了五十年来的最大丰水月,最大流量曾达到二千四百三十秒公方,在神门河泄水道截流合龙的时候,流量仍然在一千六百秒公方以上。即使流量这样大,但是截流工程只费时七天又二十一小时四十五分,比设计时间大大缩短。这样高的速度在世界水利工程中是少有的,这说明我国水利工程建设技术已跃到世界先进水平。

截流工程的提前完成,为今后右岸开挖大坝基坑和浇筑大坝奠定了胜利基础,为提前一年拦洪,提前半年发电,提前解决特大洪水对于下游的威胁,提供了有利条件。如果 11 月截流工程不能完成,或因为河水大而推迟截流工程,12 月凌汛开始,就不能进行截流,当然也不能开挖基坑,更谈不上浇筑大坝。那样,整个工程要推迟一年,损失将是很难估算的。

工程为什么进展得这样迅速?政治挂帅是极重要的保证。全体职工人人以能参加这项根治和开发黄河的伟大工程的建设为荣。各单位的一切工作,都为截流工程服务,人人干劲冲天,精神抖擞。三门峡工程局和三门峡市的党政领导同志,也都日夜在施工前线指挥,发现问题及时解决,使工程安全顺利地向前猛进。在截流的日子里,每一分钟左右就有一辆汽车把约四点五公方的石头倾泻到狂流中,每班都超额完成任务。设计规定每天投石四千公方,结果平均每天投石六千多公方。

严密的组织准备工作,起了决定性的作用。三门峡工程在 6 月就成立了专门机构,研究截流工程方案;10 月对职工进行关于截流工程的组织和宣传教育工作。有关的单位选拔了政治条件好、身体强健的工人参加截流,训练了运输截流物料的汽车司机,特别训练了驾驶载重二十五吨汽车的司机,几次检修了机械，充分准备了物料，修治了运输线路。进入 11 月，由工程局和三门峡市的党政领导同志组成了截流工程指挥部。各项工作作了预演，演习大块石如何吊装方便，演习抛投十五吨重的混凝土块。在截流工程模型试验中，发现了在进占的时候有严重的坍塌现象，实际进占的时候将会出现人身事故或机械事故。工程局副局长谢辉发明了在进占的戗堤上铺“安全排”的设备，这样，三辆汽车可以同时在上面往河里倾倒石头，既方便又安全，对于提高工效加速进占起了巨大的作用。工程开始后，三十多辆汽车，一辆接一辆，日夜不息有条不紊地轮番往河里倾倒石头，没有发生什么事故。真是兵精将勇，武器精良，组织严密，行动迅速。当一切准备工作做好了以后就以谨慎的态度，在 11 月 17 日进行了截流工程的演习，从演习中摸一摸黄河水的脾气，暴露问题，吸取经验。

建设工人们没有一个人在凶暴的黄河面前束手束脚，没有人被设计条文束缚住。拿截流方法来说，外国都是用在整个截流断面上全面抛石的平堵方法，但是我国有几千年来在黄河上行之有效的立堵式的进占方法，于是断然否定了平堵方法，采用了立堵式的进占方法。截流工程演习的那天，虽然河水流量是两千零三十秒公方，超过设计流量一倍多，但是建设者们没有等待河水的降落，而是积极地战胜这个困难，没有耽误整个工程的进度。

截流工程的组织准备工作和设备，虽然具有很多优越条件，但是黄河水毕竟是很凶恶的敌人，不能轻敌。指挥部除了在内部广泛地吸取职工的合理化建议外，又从黄河下游请来六位防洪工程队长，这六位队长都有几十年的防洪丰富经验，都堵过几十个以至于百多个黄河决口。他们日夜轮班在现场观察水势的变化，观察进占抛下石头的变化，用杆子试探河水对于戗堤淘刷的情况，及时将情况报告给指挥部，给指挥作战以很大的帮助。最后，应当谈到：苏联专家的无私的帮助起了很大的作用。苏联专家不但负责做了三门峡水利枢纽的设计工作，在施工中，又以伟大的国际主义精神来帮助施工。苏联列宁格勒设计分院三门峡工程设计总工程师柯洛略夫、施工处长阿加拉科夫等，都经常到工地观察指导，有力地支援了截流工程的顺利进行。

三门峡截流小记

雷　加

《人民日报》(1958 年 11 月 28 日)

早晨

这是一个久雨初晴的早晨。

五点钟,我被上操的口令声惊醒,一想可能是晴天,果然从窗上漏进满天星斗,再也睡不着了。

赶到史家滩吃早饭,还不到六点。饭厅黑板上写着:"昨天梳齿过水,截流演习今天开始了。"

这不是正式通知,可带着战斗气息。三门峡工程局谢辉副局长,第一个来到饭厅,这就是他写的。他今早不慌不忙地刮过胡子,这一阵却急忙喝稀饭。谁也看不出他为了迎接战斗,一夜没有睡好。

当技术处吴处长戴着柳斗帽跑来的时候,小吉普便向坝头开去了。在工人会上,谢副局长宣布了截流演习今天正式开始。他报告了任务数字、机械配备之后,接着又说道:"今年水情严重,这是五十年一遇的大水;但是截流不能拖后,再晚凌汛就来了。左岸梳齿过水,水势下去将近一公尺。人岛打了炮眼,神河截流之后,神门泄水道就爆破它几千方;鬼门泄水道,也准备两千方的炮眼。这会把水硬逼过去。我们想了一切办法,消减流速,保证截流。今天最后一班,指挥部开会研究情况,如无变化,就继续干下去。大家准备着吧!"

水情

水情并不理想。往年流量这时已经一千秒公方以下了,打上很大的安全系数,设计流量是一千秒公方;可是今早八时流量是二千零一十秒公方。

前几天实测水情表,真的叫人担心。10 月 15 日是四千三百八十秒公方。11 月 7 日下降到一千九百八十秒公方,可是到了 14 日又上涨到二千三百九十秒公方。那几天陆续下雨,这雨也是近几十年所没有的。演习的日子一再延期，正式截流的日子也没法确定下来。抛投的石料准备好了，就像炮弹准备好了一样，机械也检修好了，就像大炮擦干净了一样，只等发射命令。只是13日雨仍未停，14日华阴一带有雨，河水可能上涨，15日慢慢晴开，16日又阴下去了……每个人都好像变成了水文站和气象台，关心水情，又关心天气。虽然黄河不可轻视，又有风雨助威，但渴望战斗的心情却越来越高了。11月17日那天忽然晴了，不能再等了，锥子山上的落雪预示着凌汛可能提前来到，可是这一天的流量是二千零一十秒公方，比设计流量超过一倍。

第一个

谁是第一个？破土的是第一个，剪彩的是第一个，战斗的事业中，英雄是第一个。

过去，这里有着第一个钻探的人，第一个安装吊桥的人，第一个爆破的人，第一个浇灌混凝土的人和第一个打管柱的人，可是现在谁都想做第一个截流的人。

并不是每个人都能够直接参加截流，正像不是每部机械都能直接参加截流一样。比如财务处提出口号：给截流的工人洗衣服！只求得间接贡献出自己的力量就是无上的光荣。吴满山是有名的风钻工，浇灌了混凝土的坝基是他们开挖的，准备截流用的大块石，是他们用手风钻钻开的；可是这一阵他最大的苦恼，莫过于不知道自己能不能直接参加截流。他报了名参加突击组，他在誓师大会上也读过决心书，因为好几百人都报了名，好几百人也都读过决心书，可见就是吴满山也不见得有这个机会。他知道只是报名靠不住的时候，就天天到团委会去，到党委会去。这样做不知他什么时候就开始了；可是别人到后来才发现他的规律：他如果是第一班，就是下午两三点钟，如果是第二班就是晚上六七点钟……反正到时候他就来了。永远重复着这几句话："什么都准备好了，我们开过思想会，到了时候再有偏差，那弄成啥啦！""我们只有这个要求，达不到要求，批不准我的要求，我就是有意见。"困难从来难不倒有决心的人，他终于成了最幸运的一个。他不但是截流突击组的组长，还是截流开始的第一班。他马上穿上白色救生衣，面孔显得越黑了。他的面孔从来是像与岩石战斗过的战士那般活泼有力。

做救护工作的甄凤仙，我在三门峡报上见过她的照片，因工作好被称为白衣战士，她也第一个来了。

推土机手叶成，从前是官厅水库的劳动模范。这次苦战三昼夜检修机车，他像那台斯大林八十推土机一样，都是工地上的骄傲。

也许是赵绪恒,也许是刘和(两个电铲司机),装的第一车料。这时,一辆十五吨卡车,驰过鬼门溢流桥,顺着进占公路而下。这辆车在进占口来个九十度的回车,又打倒轮退到神河边上,于是第一车料在九点五分庄严地倒入了黄河。

第一辆汽车司机叫唐玉琦。我看见他探出车窗,回头望着渐渐上升的车厢。他虽然坐在司机座上,可是胸脯剧烈地起伏,如同他刚才自己跑过百公尺一样。

新的人门河

征服黄河的决心早就有了。从邓子恢副总理的报告中就开始了,从开工典礼那天就开始了。以后开挖基坑、把石头炸掉,以后又浇灌混凝土。第一期围堰一筑成,人门河就成了干河。现在要截流了,被截住的主流,就要改道从梳齿中流过。什么叫截流,就是黄河主流大搬家,叫它腾出地方来,好让我们进行第二期工程。7 月 16 日那天十二点一刻,梳齿正式过水了。过去的人门河不见了,新的人门河出现了。黄河历史从此翻开了新的一页。这是超过大禹在黄河上出现的人工的河流。新的人门河,今天迎接主流,明天又为整个发电、灌溉服务。它是在中华人民共和国中诞生的。它是在今天的工人阶级手中被驯服了的,所以它更值得骄傲。

新的人门河的出现,就是征服黄河伟大胜利的第一步。

截流的一昼夜过去了。第二天早阳升起的时候,整个河面上的探照灯,才随着天上的星群熄灭了。仅仅两个班共抛下石料六千多方,进占二公尺多。汽车循环良好,安全排(用钢轨做成的汽车排子)得到意外的成功。

指挥部的下面,柴油的淡蓝色烟雾中,一个突击队的红旗迎风飘扬。一阵阵汽车声、拖拉机声从席棚的窗口透进来。谢副局长一昼夜值了两个班,他不但不疲倦,反而为顺利的工作感到兴奋。

三门峡截流工程大功告成　滚滚黄水乖乖东流

《人民日报》(1958 年 12 月 12 日)

新华社三门峡 11 日电　三门峡截流工程已全部结束,工程重点开始由左岸转到右岸大坝的水电站部分。

12 月 9 日上午八时,当三门峡的流量为九百六十秒公方的时候,鬼门泄流道的两座钢板闸门开始下放,到下午二时下放完毕。整条黄河的主流,从此由左岸溢流坝的十二个梳齿底孔流向了下游。黄河开始了新的历史时期——驯服地流进了为人们所控制的新河道。

鬼门泄流道关闸前的最大流速是四点九四秒公尺;关闸前后落差由零点八九公尺增加到五点一九公尺,且关闸进行情况良好。

截流以后,三门峡工程的重点开始转移。现在在神门河上堆筑的第二期工程的上横围堰,已经宽达六十公尺左右,高度只差一公尺就能盖住鬼门岛。下横围堰已经从右岸连接到屹立在激流中的砥砫石,并且从砥砫向外伸展了十公尺。上横、下横围堰和今年 6 月以前修筑起来的连接着神门岛和下游张公岛的强大的防水线,形成了第二期工程的施工基坑。等到上下横围堰完成以后,就要把围堰里面的河水抽干,挖掉里面风化了的岩石,开始浇筑大坝。

助三门峡大坝早日修好
巨型缆索起重机在大连制成

《人民日报》(1959 年 1 月 3 日)

新华社旅大 1 日电　大连起重机器厂在新年前夕试制成功一台对加速三门峡大坝混凝土浇灌工程有重大作用的缆索起重机。最近它就要运往三门峡工地进行总安装。

这台缆索起重机是一个重达两千吨的庞然大物。它由两座七十公尺高的铁塔和四根粗大的承载缆索连接组成，整个机器安装起来像一座巍峨的凯旋门，可以横跨黄河两岸。这台缆索起重机的起重能力为二十吨，由七八个人管理，一次可以吊运六立方公尺混凝土，行驶速度每分钟三百六十公尺，相当于二千五百个工人手工操作的工作量。这台缆索起重机不是三门峡工程的永久性设备。当那里的工程结束以后，它就要转移到其他工程上去。

缆索起重机是我国第一机械工业部系统1958年制成的大型的、精密的产品之一。它的工作过程，都由工人通过电气化装置操纵。上边设有无线电话和自动测风等现代化仪器，在大风暴袭来有可能造成危险的时候，能预先自动停止工作。工人们可乘着电梯上下操作台。

这台缆索起重机是由第一机械工业部三局、华北金属结构厂等近三十个单位和大连起重机器厂协作制成的。这些单位在德国专家的帮助下，通过大搞群众运动，仅用了五个多月的时间就设计制造成功，比预定时间提前了六个多月。

神河断流

华　山

《人民日报》（1959年1月11日）

黄河落天走东海，万里写入胸怀间。——李白

世界上有许多动人的神话和传说。当大自然的威力还驾凌一切的时候，人们常常用神的力量来抒发自己的梦想和希望。唯独大禹治水的传说，这个歌颂洪荒时代的英雄诗篇，不是用神而是用人的形象来概括人们征服黄河的美好愿望和英雄气魄。三门峡的艄公说得好：“胆小的人，黄河上没有他的路；有黄河就有敢治黄河的人。”中国人民几千年来就是用黄河的惊涛骇浪来磨炼性格的。

人们把黄河叫作“害河”“孽龙”“败家子”，把黄河的洪水比喻成最大的灾难。可是都没有说出中国人民对于黄河的深厚感情。正如黄河下游的一个妇女人民代表所说：“我们怕它，恨它，怨它，骂它，又舍不得离开它。打从我记事起，母亲便背上我跑黄河，我会走路了，父亲牵上我的小手跑黄河；后

来我结了婚,有了孩子,我又背上自己的小孩跑黄河。可是洪水一退,我们又回来了。我们世世代代就是离不开黄河啊。没想到今天我们要亲手治住黄河了。”

从世界屋顶下的巴颜喀拉山到太平洋西岸的渤海湾,黄河这样颠狂、暴烈,在亚洲大陆上奔流万里。洪水一来,几千亩地眼巴巴看着便被掠走了。顷刻间一片汪洋,历代多少著名的河流与城市都被吞没,荡平,深埋地下了。可是洪水一退,又是千里沃野,撒下种子便是丰年。引一股黄河水,百里沙荒就喂肥了。中国大平原就是黄河把黄土高原搬到海里填成的。黄河里流的不是浊浪,而是土地,是庄稼,是浸透了血泪的乳汁啊!

黄河!黄河!你以文明古国的“文化摇篮”闻名于世界,用移山填海的气魄横贯中国大陆,暴烈的性格里深藏着慈母的心怀。当我们今天要把你抓在手里的时候,还有什么壮丽的图画能比眼前的惊涛骇浪更能激起人们的雄心呢!

我们要喝令黄河让路!

我们要锁住黄河!

我们要把万里黄河捏在手里!

是黄河终于低下头来,还是暴怒的河水终于把戗堤冲垮了?这是一场分秒必争的恶战。为了这一场扭转黄河历史的大决战,一个激动心弦的战斗口号日日夜夜在人们心里沸腾着。

黄河似乎也预感到决战的时刻到了,河水总是不肯消退。已经到了1958年11月中旬,流量还是停留在二千秒公方以上。超过截流的设计流量一倍。今年秋天碰到了五十年一遇的丰水年。

成万吨的大小岩石,以每分钟一大卡车的速度向激流中心猛泻着。

正当峡谷进口的鬼门岛,这是大决战的指挥中心,也是总攻击的进攻出发地,截流指挥台俯临危崖,截流公路从危崖下直迫神门河口。这就是三门峡的主流神门河、鬼门岛和神门岛之间的激流中心的禁区。五十七台自卸汽车日夜不停地奔驰着,满载着一车车的岩石,从右岸横过鬼门溢流桥,驰上鬼门岛,一直开到危崖下的公路尽头,堆筑着指向对岸的戗堤。

三门峡摆开了锁住黄河的阵势……

一连三天,强大的车队日夜奔驰着,这样勇猛,迅速,准确,而又有节奏。虽然来来去去,都要经过窄窄的鬼门溢流桥和危崖下的进占公路。第一天抛投的石料就达到六千方,平均每分钟一大卡车,超过了设计要求二分之一。11月20日第一个钟头,堆筑起来的戗堤已经直插河心十二公尺。黄河暴怒了!

万里黄河集中了它的主力，冲进神门，恨不得把两岸石壁和戗堤一气冲塌似的。时间就是一切。进攻的速度加快了，五十秒一车，四十秒一车，三十秒一车；载重十吨的，十二吨的，三台汽车并排着向河心猛击；刚从苏联赶来的二十五吨大“玛斯”也投入战斗了。可是多大的石头，总是站不住脚，好容易露出水面一点，又冲跑了，刚刚填平一角浪窝，又陷落了。整整八个钟头，戗堤毫无进展。“国际水平论”简直暴跳起来。

“在这样大的流量截流，根本就是错误！犯罪！非失败不可！”

可是什么“国际水平”又有过我们这样的人呢，谁见过这样的截流汽车，一俯冲就到了龙口跟前，一掉头就运到戗堤尖端，一车车石料都是直接卸到河里？谁见过这样的机械群，既没有后备的机车，也没有成套的备品，一连八昼夜都全部投入战斗，从没让汽车在料场空等一分钟？谁见过这样的推土机，在戗堤上就像飞的一样，只一刀便把堤头推平，一倒闸又立刻给汽车闪出冲锋道路，前进后退都是开的五档快车？谁见过这样的龙口突击队，脚下就是淘刷着堤根的狂流，后面就是直搏河心的汽车，他们在夹缝里钻空子抢修道路，手下的堤头总是这样坚固，平整？谁又见过这样的截流指挥员，一没进过大学，二没学过工程，只是在工地滚上一年，工程专家不敢决定的问题，他们决定了，工程专家拿不出的技术措施，他们拿出来了，而且这样快，就在戗堤毫无进展的时候，进占的办法就出来了呢？

在神门河口的下游，正当三股激流冲击喷射的中心，一柱石壁傲然屹立着，这就是古来闻名的“中流砥柱”，中国民族性格的象征。三门峡的艄公把它叫作“照我来”。几千年来，黄河的船夫在三门峡找到了一条大路，这条路，就是骑着大浪冲击。哪怕迎面劈来的石壁眼看就把木船碰碎，也要顽强，坚持，勇往直前。“照我来”就是神圣的召唤。就在劈头猛撞的刹那间，大浪从石壁反扑回来，把木船掩过一边，正好在悬崖峭壁的夹胡同里顺流而下。粉身碎骨的险境也变成破浪前进的坦途了。

猛攻神河的人，正是这种在困难面前，充满自信的人。正是工程专家们看不上眼的截流指挥人员，从千军万马找到力量和信心，从当面的困难看出胜利的道路。“黄河上没有回头路，”不向前猛攻是站不住脚的。硬顶着激流的上游堤角是全力争夺的焦点，也是猛攻神河的“冲锋阵角”；下游堤角是激流迂回包抄的“侧翼阵角”。巨大块石和混凝土四面体组成了连续突击的冲锋部队，两路出击，一路抢占前进的要点，一路稳住侧翼阵角；小块石是支援冲锋和占领阵地的主力部队，一旦两角露出水面，立刻趁势扩展堤头的“主阵地”，掩护两角的冲锋。黄河下游人民创造的“葡萄串”和铅丝石笼，是出色的

“战斗小组”和“坚守部队”，你把这块冲跑，那块就拖住了，你把那块冲跑，这块又拖住了；一扒住堤坡就把整个阵脚稳住，沉到水底也要占领住水底的阵角。顽强执着如同猛攻神河的人们。

11 月 20 日白天，是淘刷坍塌最凶的一天，也是戗堤进占最快的一天。21 日晨七时，戗堤已经横断河口二十二公尺，把神门河的脖子掐得紧紧地。激流一旦挣出龙口，只吼的山摇地动，满河浪花。“油沫锅”从未有过这样暴跳如雷而又乱成一团的浪花。守望着龙口的老河工忽然说：

“黄河乏了！没有劲了！”

当切断黄河的庄严时刻临迫的时候，人们无所畏惧，也睡不着，担子重啊！只要和黄河打上几个回合，顿时信心百倍，好像整条黄河的力气都跑到了自己身上似的。时间也变得格外宝贵了。中国有着许多大江大河，到处都在修筑水利工程。长江三峡这个二十倍于三门峡的世界水利工程的绝顶还等待着人们攀登。一条神河要截上十五天还得了！

时间，时间，决定一切的还是时间！多少人还在预计着截流高潮到来的时刻，多少人还在设计着进占神河的技术方案，多少人还在等着注定的失败。可是突然，1958 年 11 月 25 日 6 时 45 分，戗堤飞斩千尺浪：神河断流了！神门河口和神门溢流道都切断了！三门峡再也看不到恣意狂奔的激流了！万里黄河第一个幸福的黎明开始了！

在三门峡切断世界上最凶猛暴烈的大河，只用八天时间，只抛投了近四万方的块石和一百六十八块混凝土四面体。这是没有先例的。

“世界水平，也不过是把黄河切断呢？”党委书记张海峰同志在决战的前夕曾经这样说。当时，我们不怕“国际水平”，可也没想到创造世界第一，我们只想截断黄河。可是一截就截出个世界第一，那些“国际水平”更没味道了。

“这就是世界第一？”截流副总指挥谢辉同志说：“好像也没费多大事啊！这也叫世界第一，在中国共产党领导下的世界第一不是尽你搞吗？”

“找遍英伦三岛，找不到三百公里长的一条小河，弄不出什么水电站来，没比头；美国大河倒不少，可是一个波尔德水电站就修了四十年，光是麦克纳瑞河截流中断的时间就够我们截断两条神河的，也没比头。神门一断流，三门峡再跃进一年也嫌太慢了。”大自然赐给我们这样伟大的河流，当我们把万里黄河控在手心的时候，它能给我们多少东西！“黄河大练兵，三峡创奇迹。”我们不光向黄河要水、要电、要粮、要土地。我们还要时间。我们要骑上黄河飞跑，骑上黄河追赶时间！我们要骑上黄河跑上三峡的绝顶！我们要骑上黄河追太阳！

奋战在天险黄河上的女英雄

——记三门峡的女建设者

张丽君

《人民日报》(1959年3月10日)

在征服黄河的第一个天险——建设三门峡水利枢纽工程中,妇女和男子一样,开着推土机移山填海,驾驶着载重汽车飞驰,在悬崖峭壁上开山或者在惊涛骇浪上搏斗;也有的像持家的主妇一样做着精密的计划,使每一件建筑材料,都能合理使用,发挥它最大的效用。三门峡大坝的每一块基石,每一根钢筋,每一方混凝土,都包含有她们心血的结晶。

和惊涛骇浪搏斗

女电焊工田素芝就是在黄河的惊涛骇浪上搏斗过的一个。那是在截流的日子里,神门泄水道管柱工程进展得最紧张的时候。

去年汛期,第一个洪峰就把神门泄水道的一个六百吨重的闸墩冲倒了,这给工程进展带来很大的困难。如果要恢复闸墩,必须等待另一个枯水季节,所以就决定在河槽上插一排钢筋混凝土的管柱,让它们像栅栏一样挡住抛掷下去的石块,最后堵住河道。但是,孤零零的一根根管柱,无法承受河水的冲击,截流指挥部接受了老河工的意见,决定用两根钢轨把十四根管柱夹住,钢轨的两头插进神门岛坚固的岩石里。这样,将管柱、钢轨和岩石联结成一个整体,就可顺利堵塞河道。

一切都停当了,需要四个电焊工把钢轨和管柱焊接起来。田素芝听着这个消息高兴得心都要蹦出来了。她对电焊班长张树林说:“我要参加截流!”张树林这样想:悬空着站在管柱顶上焊接,脚下就是浪涛翻滚的黄河激流,青壮年男工也真要挑几个大胆的。这么个小姑娘怎么能去呢?

以前,有高空作业,他也总不分配女电焊工去。田素芝却坚持要上高空,说:张班长就知道照顾,以后尽是高空作业,那叫我们干啥?应该让我们锻炼锻炼。这次,田素芝又坚持说:水上操作又怎么样?男的能做我也能做。第二天,田素芝和三个男电焊工一起,各人腰里都拴上一根绳子,带着电焊机从架设在神门岛上的钢索吊桥上到管柱上去。虽然,脚下的管柱被激流冲击得发颤,汹涌咆哮的波涛疯狂地向她扑来,这一切,田素芝都置之不顾。她把面罩往下一拉,就开始工作了。浪把面罩打湿了,她摘下来,擦一擦,再戴上;手套湿了,就脱了手套干;全身上下已经没有一块干的地方可以擦手了,她仍坚持焊接。钢索吊桥上,张树林看见小田浑身上下都湿透了,调她上来休息。田素芝说:不用调,一班干到底。

等到她完成焊接任务被拉上吊桥时,爱开玩笑的人对她说:小田,你掉进黄河里去了吧!她却像是完成了一件平生最大的快事,浑身轻松,笑着跑回宿舍去了。这时候,她才发觉自己的手脚冻得有点麻木了。

田素芝在1957年8月从官厅来三门峡时,还只是一个刚刚学习了几个月的学徒工,仅仅一年多的时间,她已经是带领三个学徒工的小师傅了。由于出色的劳动表现,她被评为1958年的先进生产者;去年12月,她被批准成为光荣的共产党员了。

两个“穆桂英”

和田素芝一样的女青年,在推土机队有三十多个。上班的时候,一个个都把头发紧紧地裹在帽子里,穿着沾满油污的工作服,擦机器,抬油筒,什么活都抢着干。除了说话的声音,简直分辨不出是男是女。可是一下了班,长辫子露出来了,花衣服穿起来了;又舞蹈又唱歌,一个个又那么活泼。

孙树英和勾清娥是推土机队两个出名的“穆桂英”。她们都是1956年年底从官厅来的学员,现在已经提拔为独立掌握一台机车的司机,并且自己开始带徒弟了。

孙树英健壮有力。全队女司机中就她一个开一百六十马力的推土机,一般人连它的操纵杆都搬不动呢!勾清娥长得小巧玲珑,坐在车厢里,还不露头呢!可是你到那个工作面,一提“小勾子”,大家都会伸大拇指。她是班班超额完成任务的先进生产者。

勾清娥说,她第一次上机车的时候,急得满身是汗。她的师傅叶成,是官厅水库截流时的十八勇士之一。叶成见她那种慌张样子,就说:“我是个放羊倌出身,一天书也没念过,可是党决心培养我,我就下决心学,结果还是学会了。我就是个例子,你们就安心学习。”在叶成的耐心培养下,勾清娥成长起来了。现在,勾清娥带徒弟也是叶成的办法,把着手教。她们之间尊师爱徒的风气成了全队的典范。

孙树英的体力和机智、勇敢是全队称道的。截流的时候,所有的公路都要服从截流的需要,大坝右翼的浇筑,必须另从山坡上开出一条公路来运送混凝土。孙树英这个机车就担任了开路先锋。山坡上覆盖着爆破下来的石碴。坡那么陡,路那么窄,技术员看着孙树英开车去推石碴,都为她捏一把汗。孙树英想:车开过去吧,很可能掉下坡去,我一个人掉下去了还是小事,可是就影响了工程的进展。所以必须胆大心细,保证顺利成完任务。遇到大石块扒不出来,也推不动,按照通常的办法,就是把它爆破得小一点再推,可是爆破要影响截流。孙树英说:用钢丝绳拴在推土机后面拉一拉看。一试验果然行。就是她这个机车一直坚持了两三个月,而且就是她一个女司机,把这条要道打通了。

右岸基坑的河水抽干以后,展开了一场清理淤泥的战斗。淤泥挖起来很费劲,所以党支部没让女同志去参加。可是孙树英悄悄地去了。抬淤泥还专门找体力强的男壮工一起抬。

有人问她:你哪来这么大的干劲?

孙树英说:共产党员就是人民的勤务员,有多大力量就使多大力量。

无形的桥梁

在三门峡工地,经常可以碰到一些穿着军装的女青年,跟苏联专家做翻译。她们大多是 1951 年抗美援朝的时候参军的一批初中或高中学生,1957 年“三八”节那天转业来到三门峡。她们因为对部队有着深厚的感情,所以春夏秋冬四季都喜欢穿着军衣,人数一多就特别显眼。

三门峡工程是苏联列宁格勒水电设计分院设计的,从设计到施工,有很多设计方案、措施、图纸要翻译;在建设过程中,各类专业的苏联专家还不断地来工地亲临指导,也离不开翻译工作,她们就成了三门峡翻译工作上的一支生力军。

1957 年 10 月初,苏联专家、总机械工程师拉赫诺来三门峡了。这是一位有几十年丰富经验的老工程师了,组织上分配王慧珍去为他担任翻译。和专家第一次见面,王慧珍就向专家说明自己的俄语基础很差,至于机械技术知识那就更少了。她请求专家在以后工作里给予具体帮助。

工作涉及的面很广,除一些基本知识以外,她主要是在工作中学习。新的问题很多,而且经常可能遇到第一次接触到的东西。王慧珍总是尽可能地事先做准备,查有关参考书,熟悉专业知识,准备好可能用到的专门名词,或者争取专家先给她讲一次。王慧珍说,没有机会系统地学专业,那只有碰到什么问题时就把它学清楚,从不懂到懂。有的时候可能耽误专家一点时间,专家却很愿意这样做。在她听不懂时,专家还经常用图纸来说明,每一个小问题都不放过。因为专家知道对她讲清楚了,可以更好地达到工作的目的。

在翻译工作中,王慧珍在每一个名词上都要求准确。有一次在工地,专家提到要用一根“橇棍”。这个词俄文可以做“一堆垃圾”或者是“一根铁条”等几种解释,而王慧珍过去只学过“一堆垃圾”这个解释。这样就讲不通了,最后在工地上找来实物。王慧珍问了工人叫什么,才把专家准确的意思翻译出来了。有时候,名词和工人习惯用的术语不一致,甚至南方工人和北方工人叫法也不一样。她尽量先了解工人们用的术语,使工人听起来亲切易懂。

由于王慧珍的勤学、细问,所以仅一年多的时间,她不仅俄语翻译水平提高很快,对水工建筑工程上的一套专业知识,特别是施工机械方面的知识,她都相当熟悉。王慧珍说,我们这里每个翻译同志都有我同样的情况。她们为三门峡的建设同样付出了巨大的劳动。她们是联结着苏联和中国友谊的无形的桥梁。

三门峡的春天

张丽君　李瑞杰

《人民日报》(1959 年 3 月 25 日)

三门峡随着黄河里冰凌的消失,进入了第二个跃进的春天。

一到工地,首先吸引你的是小山一样高的两道大土坝,它们像右岸伸出来的两条巨臂,横断了黄河的主流,和峡谷中央的混凝土防水线紧紧联结,形成大坝右岸基础工程的围堰。神门岛和鬼门岛深深地埋在上游横向围堰的底下,看不见了;中流砥柱也埋在下游横向围堰的底下了。基坑中间是低于神门岛四十七公尺的深谷。

神门河断流以前,这里还是三门峡三股激流的中心。三门峡的岩石是这样坚硬,劈开峡谷的黄河是这样暴烈,多少万年以来,河底终于形成了那么一座陡峭、突兀的悬崖峭壁。拦河大坝的主要部分——电站,就将在这里建筑起来。根据计划,在今年汛期以前,拦河大坝的迎水面部分先要修起三十多公尺高的一道混凝土墙来;从今年起,像中华人民共和国成立以来有过的大洪水都将被它控制起来。这是伟大的战斗任务。要实现这个任务,本来必须用五年时间浇筑的二百二十多万方混凝土，现在要在汛期以前完成它的四分之一。

今年年初，当基坑河水抽干以后，开挖大军就进入这个水底深谷里，为大坝浇筑清理出一个坚固的岩石基础来。能不能很快把岩石基础清理出来，这是能不能提前浇筑的关键。

可是，这里除陷入的深达几十公尺的淤泥以外，就是深槽、裂隙，清理起来非常费劲。虽然条件是那么困难，开挖大军的干劲却那么足，四万多方石头和七万多方淤泥的任务，他们只奋战了五十一天就胜利地完成了，比原施工设计提前了五个多月。

在水底深谷清理淤泥时，因为坑深，流砂大，眼看着具有强大威力的"乌拉尔巨人"三方电铲使不上，于是上千人的清淤大军进入深坑，挖的挖、抬的抬。他们把严冬当春天，在悬崖峭壁展开了红旗竞赛。满山谷红旗招展，岩壁上贴满了五色缤纷的大字报。他们饶有风趣地把这番热闹场面比喻作"大闹龙宫"。

清淤大军里有一个非常显眼的青年，他穿着一身褪了色的单军装，经常挑着满筐泥飞跑，他就是复员不到半个月就报名来三门峡当民工的张根甲。他在战争中立过四次功，现在又立志要在建设中立功。四十一岁的民工卢成林比起小伙子们来算老了些，干劲却不小。他和小伙子竞赛，一个人包下一个青年突击组的挖泥量。卢成林的家是在黄泛区，过去黄河一发脾气就把万顷良田变成荒漠，他说他现在要帮助黄河改改脾气。

在英雄们的手下，水底深谷的岩盘露出来了。突破了这个关键部位，眼看可以全面出击了。突然，清淤大军发现人门河口又一块奇怪地形——一个"八"字形的深槽，越挖下面越宽，越深，好几个班战斗下来还探不到底。在这紧张关头，领导上立即采取紧急措施，把吴满山、王进先、谢廷禄三个青年钻工突击组调来进行突击。他们都是三门峡有名的突击手。吴满山说：交给我们吧！只要两次爆破就要它交出底来！这三个突击组经过四十八小时的苦战，终于在这方圆一百五十多平方公尺的面积内探到了河底岩盘。

距离预定交出坝体基础只有两天的时候，虽然关键部位一个个被突破了，可是待清理的工作面却还有一大半。这简直是一场分秒必争的攻坚战。风钻手们干了一班又一班，他们说：无论如何也要按时把基础交出来。本来，加班是要经领导批准的。不过，这一次批准也罢，不批准也罢，他们就是不回去休息。动员王进先带头回去，他说：我同意，你问问组员们走不走。领导上只好批准他们加一班就回去，谁不听指挥，就干脆不准加班。吴满山和全组一起,一干就是两个班,好不容易把他们动员回去,可是他们只睡了五个钟头,又来了。那两天,三门峡工程局的各个单位都锁上了门,绝大部分干部都到工地参加义务劳动。交出坝体基础成了压倒一切的任务。

在峡谷的两岸,大坝两翼——左右岸的非溢流坝,轮廓已经显露出来。四个月来,眼看着它们从平地升起,就等着和水底深谷中升起来的大坝联成一体。右翼向河谷伸展的一端,已经联结到旧日的“狮子头”上。不过,“狮子头”早已削平,只是安装场坝体的一块基石了。

在右翼担任浇筑任务的是有名的“猛虎连长”孟庆喜领导的九个班,1958年的浇筑新纪录都是他们创造的。右岸非溢流坝开始浇筑以来,主要的施工机械不是担任截流的紧急任务,就是去支援基坑开挖。孟庆喜说:“机械少,我们就边施工,边想办法。”各种土洋结合的办法就这样想出来了。有的地方用汽车栈桥法,有的地方是溜槽加斗车。为了节约钢筋,工人们把栈桥墩子改用混凝土的。赵福江班创造了斗车浇筑每班六百四十三点七方的高纪录。

我们去他们宿舍的时候,正碰上他们开每天一次的红旗评比会。各班长都把自己班的情况摆出来。谢全庄班今天出了点小事故:水电大学来参加义务劳动的学生中,有一个人手上碰了点皮。有事故是不能得红旗的,可是副班长陈焕琨还是不甘心,非要把全班的干劲讲一讲:斜丁坝砂砾石回填,四百方的任务完成了六百方。而昨天是五百方得的红旗。

赵福江班的副班长闸枝庭一再强调说他们的斗车推得出色。他们在四十天中,已经连创九次新纪录。今天当然也不例外,一辆斗车在八小时内推了一百三十多趟,平均三分钟就在五六十公尺的道上跑一趟。

评比的结果,红旗归唐玉清班。他们的任务是把七根混凝土柱子运到浇筑仓里去。六公尺长一根,足足有六百公斤重,运的时候还要经过一个大陡崖,公认这是个困难任务。孟庆喜估计四个钟头能完成就是快的,所以在布置任务时说,能按时完成就算很不错了。结果,他们只一个小时就运妥了。

在左岸,黄河的新的河道——大坝溢流部的梳齿型廊道工程的上部,七个栈桥墩子已经耸立起三十公尺高,就像顶天的支柱直插云霄。为了下半年大坝混凝土的浇筑高峰,在这些栈桥墩子和右岸浇筑的电站坝体上面,要铺设起一条横跨大河的能通柴油机车的钢轨栈桥。八台起重二十五吨的塔式吊车将要在横跨大河的栈桥上,把火车运来的混凝土直接倾泻到形成坝体的浇筑仓里。

今年三门峡的春天充满了更大跃进的气氛。到明年春天,大坝就要把今年汛期拦住的洪水放下去,滋润黄河下游广阔的土地,使瘠地变良田,良田变得更肥沃。

三门峡巨变

汪胡桢

《人民日报》(1959年4月25日)

各位代表:

我完全同意与拥护周恩来总理所做的政府工作报告、李富春副总理所做“关于一九五九年国民经济计划草案的报告”、李先念副总理所做“关于一九五八年国家决算和一九五九年国家预算草案的报告”、彭真副委员长所做“全国人民代表大会常务委员会工作报告”,建议大会予以通过。

三门峡水利枢纽现在正在迅速成长,预计明年国庆节土建工程即可全部告成,比预定计划提早两年。我准备报告一下跃进的情况。

石破天惊英雄笑　车水马龙筑坝忙

这个工程的兴建,连同黄河流域各省(区)全面展开的水土保持工作和黄河干支流其他水库的建设,将使黄河从害河一变而为利河,以新的面貌出现于中国大陆。

第一届全国人民代表大会在一九五五年七月举行的第二次会议里,代表们庄严地举手通过了“关于根治黄河水害和开发黄河水利的综合规划”的决议,从此以后,三门峡水利枢纽工程的建设就被提到了我国社会主义经济建设的日程上。

一九五七年四月十三日在古老幽静的三门峡山谷里响起了石破天惊征服黄河的第一炮,就以三门峡水利枢纽工程的开端昭告全中国与全世界。

三门峡水利枢纽工程是一个综合利用的水利建设事业。从全国四面八方来的人们正以双手在黄河三门峡里建造起高一百一十余公尺,长九百六十余公尺的混凝土拦河大坝,造成容量达三百五十亿立方公尺的大水库,用来达到防洪、拦沙、发电、灌溉、通航诸目标。

三门峡水利枢纽工程的建设者们在中国共产党、毛泽东主席和中央政府的正确领导下,结合苏联的技术援助,经过两年多的努力,已经迫使黄河让出了它千百万年来唯我独尊的河床，供人们建造拦河坝，而自己却驯服地从完全由人操纵的泄水闸孔里流出。现在，成千上万的工人们，不分白天、黑夜，正用大量的混凝土浇筑拦河坝的坝身。他们有信心和决心要在今年六月底洪水到来以前把坝身建筑到海拔三百一十公尺的高程，使再度出现自有水文记录（黄河有水文记录四十年）以来最大的洪水可以减去洪峰流量的百分之四十，减轻黄河堤防在汛期里的紧张局势。预计到明年八月底要把坝身提高到海拔三百三十六公尺，即使黄河发生千年少有的大洪水，也可容纳在水库里，不使下泄流量超过六千秒公方。全部土建工程已预定在明年国庆节以前告成，坝顶升高到海拔三百五十三公尺。

建设三门峡水利枢纽的人们正以昂扬的斗志掀起全面的生产高潮。一列列满载沙石与水泥的列车接连地通过陇海铁路到达工地。这些原料经过自动化的拌和楼加以搅拌，制成混凝土，由车水马龙那样的自卸汽车队把混凝土运往坝址，更由一群伸着长臂的起重机把混凝土吊到空中，倾泻到坝身的木模里。工人们分三班轮流工作，二十四小时内分秒不停。坝址上布满一簇簇方盒形的混凝土高台，很像天安门前正在建筑的高楼大厦。在这些高台形的木模里，工人们忙着用振动器振捣还很潮湿的混凝土，驱出其中所含的空气泡，使它充分密实。目前每月混凝土的浇筑量已从几万公方发展到十万公方以上，今后还有越增越多的趋势。每个月浇筑十万公方的混凝土已经是我国目前相当高的施工速度了。如果用这个速度来建造佛子岭水库的大坝，只要两个月便可完成，建造梅山水库的大坝，也不会超过两个半月。

达到这样快的施工速度并不是突然出现的奇迹，而是两三年来沉着进行了许多准备工作的结果。因为大规模的施工必须动用大量的机械，要求这些机械互相配合，协同工作，如果不把这些机械连接成为一个有机体，高速度生产将是不可想象的。建设三门峡水利枢纽工程的人们习惯地称呼工地上首尾衔接的两大套施工系统（混凝土生产系统和机械制造维修系统）为两条龙。要使这两条龙能够活泼飞舞，不断生产，不是一桩简单的事。两三年来，建设三门峡水利枢纽工程的人们为了这两条龙，已经在崇山峻岭间，开辟草莱，建成了铁路五十公里，公路五十六公里，生产和生活用房屋三十六万平方公尺，风水管路一百一十一公里，输电线二百二十三公里，安装了大小机器二百六十三台，金属结构八百七十七吨，制造了机件一千五百六十项。不仅这些，他们还从一九五六年起到一九五八年，开挖了土方九百二十三万公方，开挖了岩石二百三十二万公方，浇筑了混凝土四十三万公方。尤其重要的，三门峡水利枢纽工程在两年多的工程实践中已经练成一支二万余人的施工队伍来担当与完成这艰巨的任务。没有这些准备工作和有组织的劳动大军,要求高速度施工是不可能的。

去年冬季三门峡水利枢纽截流工作只用了十三天又二十三小时,在短时间内迅速完成,比设计的时间提前了十六天又四小时,可以显示出三门峡劳动大军和机械化施工的力量。

万古幽暗黄河底　基岩出水见天光

截流原是三门峡施工中的关键工作。不完成截流,则黄河将永远不会让出它的老家给人们施工,拦河坝就永远完不成。但截流只能在冬季枯水时期里进行,一年只有一个短暂的时间,机会一失,便须等到明年。中共三门峡工程局委员会在去年二月里就确定以截流为一九五八年的中心任务,做了许多思想教育工作,使人人了解到截流的重要性,不许错失一年一度的机会。六月党委又决定成立截流准备工作小组专门进行和检查有关截流的一切准备工作,并委托交通大学举行水工模型试验。到十月中旬准备工作大致就绪,又为了取得经验,进行了各种机械操作的演习。

原来计划要等到冬季黄河流量落到一千秒公方时才开始截流。但去年是一个丰水年,到十一月中旬,流量退不下去,还保持在二千秒公方上下。如果再是等待,则不久雨雪交加,满河冰块,工作起来将很艰难且危险。党委乃决定从十一月十七日上午九时起在神门里进行实际截流演习三天。那时黄河流量为二千零三十秒公方,超过计划一倍余,但在演习中,工作情形良好。为了一气呵成起见,当即决定正式开始截流。

在截流过程中,神门上下游水位悬殊,最甚时相差达二点九三公尺,水流迅急,如万马奔腾而下,最大流速每秒钟达六点八六公尺。但建设三门峡的人们干劲冲天,不屈不挠,夜以继日,与黄河奋勇斗争。截住神门主流以后,继续截断神岛的泄流道和鬼门两大溜,最后胜利地使黄河驯服地经过人们控制的闸孔里而流出。

随着截流的胜利完成,大大改变了全局的工作面貌和人们的思想精神。全体职工斗志昂扬,发挥了冲天的革命干劲,表现出工人阶级的英雄气概。在很短的时间里完成右岸上下游的横围堰,抽干基坑里的积水。黄河河底岩石由于远古以来的急流冲刷,已成深槽,深达二十余公尺。其中满布淤泥,又有嶙峋巉岩,机械疏浚无能为力。全局职工即用双手两肩,一筐一筐地把全部淤泥挖出去,甚至石缝中也剔洗干净,露出新鲜的基岩,作为混凝土坝的基础。万古幽暗的黄河底才第一次见到了天光。

万年大计质量好　处处节约成本低

建设三门峡的人们不仅做到高速施工,也在质量和节约战线上打了胜仗。他们了解到多快好省建设社会主义的总路线是统一体,不能片面地求多求快,而必须同时要好要省。在工地的苏联专家们也随时随地帮助他们设法提高工程质量。经过长时期的检查和实物试验,可以证明三门峡工程质量是达到标准要求的。他们今后还要逐步提高质量,以符合“万年大计,质量第一”的精神。

三门峡平均每公方混凝土的水泥用量已经降低到一百二十五公斤,正向一百公斤的目标而迈进。这是节约战线上重要胜利的一项。水泥用量的减少,不但是节约了国家基本建设上一宗宝贵的材料,而且也使混凝土在凝固时少发一些化学热,足以提高混凝土的质量,实际上是一个一举两得的好办法。三门峡混凝土的水泥用量之所以能够降低是多方面努力和长时间科学研究的结果。其中主要措施为按着适当的比例配合制造混凝土所用的沙、石,为利用洛阳和郑州火电厂所出的粉煤灰和当地的黄土来代替一部分的水泥,为采用造纸厂的废液来增加混凝土的塑性,为抛填一部分毛石来减少混凝土的数量。最近已经试验成功,每公方混凝土最少水泥用量只需八十七公斤,为今后更进一步节约水泥的开端。

由于水泥用量的减低和其他多方面节约的措施,一九五九年三门峡大坝混凝土的成本已比一九五八年降低到百分之四十二。

三门峡以提高劳动率,增加生产,厉行节约,反对浪费作为群众运动的中心环节,因此全部建筑安装工程都在不断地降低成本。一九五八年第一季度成本还是超过定额百分之三十二点二四,但从第二季度起即扭转超额的局面,变为节约。计第二季度节约百分之十点七二,第三季度节约百分之二点三五,第四季度节约百分之六点九。进入一九五九年后,每月成本更显著降低。计一月降低百分之十二点三,二月降低百分之十六点九,三月降低百分之二十四点七。

在完成三门峡工程任务的同时,他们贯彻党的共产主义大协作的精神,大力支援了各兄弟单位的工程建设。只一九五八年一年里,干部和技术人员已调出三百七十四人,工人调出了一千二百七十五人,其中技术工人九百人。在施工设备方面共调出二百九十一台或套。相信这些人力和物力的支援,对各兄弟单位的工程建设会起一定的积极作用。

三门峡水利枢纽工程在实践过程中也不是没有发现缺点。建设三门峡的人们随时随地都以不骄不躁的精神和严肃的态度，改正缺点，化坏事为好事。

三门峡水利枢纽工程的建设是伟大而光荣的任务。三门峡的建设者们将坚决地在党与政府的领导下以苦干、实干、巧干的精神，不断革新技术，学习先进经验，使三门峡水利枢纽工程一天一天成长起来，为明年国庆节胜利完成全部土建工程而奋斗。

三门峡工程局职工厉兵秣马 准备同黄河洪水做最后搏斗

《人民日报》(1959年5月5日)

新华社三门峡4日电 伏汛将至，黄河三门峡工程局已在4月底部署了今年的防汛工作。

今年汛期将是三门峡水利枢纽工程同黄河洪水的最后一次搏斗。到明年汛期三门峡大坝筑成以后，这里就不再是防汛的问题，而是要控制洪水为人们服务了。

要在明年使大坝担负起全部拦洪作用，关键在于今年汛期。如果今年汛期能够战胜洪水，确保大坝基坑的顺利施工，那么到今年年底，大坝浇筑任务就可以完成60%以上；剩下40%的浇筑任务，到明年汛期以前也就完全有把握完成了。

根据三门峡气象台预报，今年汛期较往年可能提前半个月左右到来，雨量也较往年多。而在三门峡截流以后，黄河就像掐住了咽喉的巨龙，全部河水仅能从大坝的十二个梳齿底孔流向下游。由于底孔泄水的限制，在坝体上游很可能出现壅水现象。3月的桃汛流量只有三千秒公方，但是大坝上游的水位却比去年汛期流量九千秒公方时还要高出六公尺。这一情况说明，今年三门峡的防汛工作将是最紧张、最繁重的一次。

三门峡工程局在部署今年的防汛工作时，充分研究了今年汛期的特点和防范工作中有关的重大问题。各单位充满信心，表示一定要确保今年防汛工作的胜利。工程局和所属各单位都已成立了防汛的专门机构，决心在5月底以前做好一切防汛准备工作。

三门峡建设者正在和洪水赛跑 部分坝体达到310米高程 经水利电力部检查大坝混凝土工程质量良好

《人民日报》(1959年7月8日)

本报讯 三门峡水利枢纽工程的建设者正在和洪水赛跑。到7月5日,拦洪大坝的部分主体工程已达到三百一十米的高程,可以起到部分的拦洪作用。水利电力部工程质量检查组最近对工程质量进行了为期六天的现场检查,认为大坝的混凝土工程质量良好。

参加这个检查组的人员,有中国和苏联的专家,以及各大型混凝土工程施工和设计单位的领导干部。他们认为三门峡大坝的外形尺寸和结构,基本上符合施工图纸的要求,表面除极个别有缺陷需要处理以外,从直观检查,混凝土密实坚硬。他们对混凝土工程做了上万次的试验,试验结果,混凝土工程的抗压强度、抗渗性、抗冻性,都能达到设计要求。检查组认为,在坝区范围内,根据所做的基础岩石的取样试验,抗压强度都超过了设计上提出的不小于每平方米面积承受一千公斤压力的要求。神门岛的岩石本来是很好的,但是它同河床深坑的高差悬殊;为了保证工程质量,虽然开挖量较大,工期有所延长,施工单位仍然根据苏联专家的意见开挖成若干台阶。

检查组认为,三门峡工程所取得的巨大成绩,主要是由于三门峡工程局领导上对于混凝土工程的质量自始至终坚持了一套比较严格的规章制度,并且有一套比较健全的质量检查机制。在遵守规章制度的同时,还坚持贯彻了群众性的检查质量的三检制度:头两次检查由施工单位的工人小组和现场施工技术人员进行,第三次检查由检查站检查员执行。在混凝土的浇筑过程中,由一个工序到下一个工序,一定要经过检查,签发合格证以后才可以交接。三门峡工程局党委为了防止重视速度可能发生的忽视质量的偏向,又从4月开始组织以技术革新和技术革命为中心的高产、优质、安全、节约竞赛运动,保证大坝的质量。

昔日"中流砥柱"怎比得今天黄河工程
三门峡砍掉洪峰一半

齐观山

《人民日报》(1959 年 7 月 24 日)

新华社郑州 23 日电 黄河中游出现的一万秒立方米以上的洪峰,今天已经通过三门峡下泄。洪峰流量经过保护大坝施工的围堰和正在施工中的大坝的拦蓄,在三门峡下泄时,已经减少为六千二百秒立方米。

20 日前后,黄河中游托克托以下干支流流域多处下雨,山西和陕西的毗邻地区雨量一般在三十毫米以上,暴雨中心在陕西省东北部,好多地方的降雨量达一百二十毫米以上,因而黄河托克托以下干支流水位猛涨。干支流洪水汇合以后,黄河干流三门峡以上的吴堡站(陕西境内)在 21 日中午十二时出现了一万三千八百秒立方米的洪峰。这个洪峰从潼关进入三门峡库区时流量为一万二千八百秒立方米。三门峡从 22 日十四时开始涨水,水位在最初的两小时内上涨了三米多。今天上午五时,洪峰峰顶到达时,围堰前最高水位达到三百点三五米,但围堰仍比洪峰水位高八米多。五时以后坝前水位开始下降。

三门峡的围堰和大坝在经受这次洪峰考验时,发挥了部分拦洪的作用。这次上万秒立方米的洪峰,通过三门峡时,库区拦蓄的洪水量最多时达两亿立方米以上,几乎占洪峰总水量的一半,因此削减了洪峰。预计,洪峰 24 日晨到达河南花园口站时,流量可能剩五千五百秒立方米左右。

三门峡工程使黄水不再暴涨暴落
黄河洪峰平稳通过花园口

《人民日报》(1959 年 7 月 25 日)

新华社郑州 24 日电 黄河洪峰今天过了花园口。当洪峰在今晨零时到达花园口站时,流量只有六千秒立方米。如果没有三门峡水利枢纽工程拦蓄了部分洪水,花园口站的流量要达一万零五百秒立方米。

往年黄河出现洪峰时,水位上涨得凶猛,下降得也很快。这次由于被拦滞在三门峡水库内的洪水缓缓下泄,花园口站的水位就下落得很慢,到今日上午八时花园口站的流量,只下降到五千四百秒立方米。黄河暴涨暴落的性格已经开始发生变化。

在汛期以来最大洪峰冲击下安然无恙
三门峡主体工程正常施工
电站坝体已全部筑到海拔 310 米高程

《人民日报》(1959 年 7 月 28 日)

新华社三门峡 27 日电 黄河三门峡水利枢纽工程的主体工程——电站坝体,在 24 日全部筑到了海拔三百一十米的高程。由于河床深浅不同,大坝本体高低也不一样,最高的部分已高六十多米。它同用黄土砂砾石堆筑起来的上游横向围堰,形成两道铜墙铁壁,一前一后,把黄河水逼向左岸,由仅占原来河道四分之一宽的溢流坝流泄下去。

23 日,大坝已经受了今年黄河进入汛期以来最大一次洪峰的考验。从潼关来的洪峰,流量达一万三千秒立方米,坝前水位最高时达到海拔三百点九九米的高度，比去年的最大洪峰高出十二米。在这样大的洪峰下，大坝安然无恙，依旧正常施工。由于大坝的阻挡，下游洪峰大大削减，当洪峰通过花园口站时，流量只有六千秒立方米。

从第三季度开始，三门峡工程已进入一个以安装工程为中心的施工新阶段。在电站坝体的三百至三百一十米高程之间，将要安装八条直径七点五米的压力钢管，用来引水冲击电站的水轮机，安装的准备工作在7月中旬已经开始，同时，在坝体内升起来的混凝土墩子上，将要铺设横跨大河的栈桥。

三门峡水电站厂房正式施工

《人民日报》(1959年9月21日)

新华社三门峡电 三门峡水利枢纽的电站厂房正式施工。在这以前，电站的建设者已经进行了两个月的深坑回填工程，现在开始浇筑尾水管底板，在尾水管底板上面将安装巨型涡轮发电机组。三门峡水电站由苏联设计，是世界上第一流的巨型电站，仅混凝土浇筑量就有二十多万立方米。它的结构复杂，技术要求很严格。电站坝体内的巨大的水压钢管，也正在加紧安装，这八条钢管将被用来引水冲击涡轮机组。

给三门峡水库让出地盘
陇海路改线工程加紧施工

《人民日报》(1959年11月15日)

新华社郑州14日电 河南省境内陇海铁路改线工程全面加紧施工。

陇海铁路改线工程，东起三门峡，西至陕西临潼，共长二百一十四公里。这一段铁路位于三门峡水库区，水库大坝拦洪之后，将全部被水淹没，因此要在大坝拦洪之前必须将铁路往南迁移。为了满足这段线路运输量增长的需要,在改线的同时,还要建设复线。在河南省境内的一段改线工程长一百一十三公里,南移距离近的约五公里,最远的达二十多公里。沿线要穿过五十八个大小山头,跨过二百一十九道大小河沟。施工中填土最高达四十立方米,挖土最深达四十立方米。沿线还要架设十七座大、中型桥梁,二百零八座小桥涵,开凿十一座总长七千多米的土质隧道。

这项工程,是去年11月在灵宝、温塘一带开始动工的。施工中,职工们开展了高产、高质、高效率竞赛,创造了滑筐运土、钢轨滑石、水冲土等多种多样的先进施工方法,使劳动生产率不断上升。截至5日,全线路基土方工程已完成一半以上,建成大、中桥梁六座,小桥涵七十四座,开凿隧道二千八百多米,经过有关部门检查,工程质量很好。除筑路工人外,全省抽调了七万民工参加了建设,许昌、开封、新乡三个专区出动了一百辆汽车、五百辆架子车,投入改线工程的运输工作。河南省粮食部门和商业部门也采取了一系列的措施,保证了大批器材和生活物资的供应。

控制水土流失促进生产发展保护三门峡水库 七省协作治理黄土高原 近千万人修灌渠,建水库,植树种草,平整土地

《人民日报》(1959年11月18日)

新华社17日讯 黄河中游广大地区的人民继续扩大控制黄土高原水土流失面积,为进一步发展农业生产创造条件;减少黄河泥沙,保护三门峡水库。

现在,西起青海省东北部的农业区,东到太行山,南达秦岭和伏牛山区,北抵大青山,位于黄河中游地区的青海、甘肃、宁夏、内蒙古、陕西、山西、河南等七个省(区),已经有近千万人民在四十三万平方公里的黄土高原,进行水土保持和水利建设工作。

黄河中游地区这次水土保持新高潮,是在批判了"右倾"思想后出现的;特别是因为三门峡水库即将建成,需要加速控制黄土高原的水土流失,减少黄河的泥沙进入水库,因而群众的干劲比起往年更大,大流域综合治理的范围也更加广泛。

各地许多人民公社在三秋生产一结束，就立即投入水土保持和水利建设工作。河南省洛阳专区从10月初到11月11日，除水利工程扩大灌溉面积八十一万多亩外，已经做成梯田、地埂、塘堰坝、谷坊、鱼鳞坑、植树造林、封山育林等水土保持工程，可控制水土流失面积五百九十多平方公里。这个专区的陕县，到11月上旬已完成今冬控制水土流失面积任务的61%。陕西省投入这一运动的有一百五十五万人，初步控制水土流失面积二百四十多平方公里。甘肃省有二百五十万人参加水土保持工作，初步控制水土流失面积一点一万多平方公里。山西省临县参加水土保持的十万名劳动力，已修水平梯田近十五万亩，平整土地三千六百一十八亩，造林近五千亩，种草四千多亩，还有十三条灌溉渠和一座水库已开工。内蒙古自治区黄河流域的各盟、旗、县有二十五万多人在做植树造林等水土保持工作。宁夏回族自治区修灌渠、梯田和平整土地的规模也超过了往年。青海省东北部农业区有三十万各族人民，在黄河及其支流湟水流域大兴水利和水土保持工程。

黄河流域水土流失的面积共有四十三万平方公里，平均每年流入黄河、经过三门峡的泥沙有十四亿吨。经过十年来的治理，已经初步控制十七万多平方公里，通过三门峡的泥沙减少了5.8%。为了进一步改变黄土高原的面貌，各省（区）党、政领导机关，都在10月先后召开了专门会议，制定了水利建设和水土保持的规划，成立了各级领导机构；而且规划、设计、准备、施工齐头并进，加速进度。

许多地方在水土保持工作中，发挥主观能动性，挖掘潜力，自筹资金，自造水利和水土保持物料器材。陕西省各专县自己解决了大批器材。延安专区需要的水泥、炸药、石灰等物料，都是自造的。山西省好多地方自造了大批施工用的炸药。

山西离石县掀起了水土保持的群众运动。全县二十二万人民修梯田、挖鱼鳞坑植树，做到工程措施和生物措施并重，控制水土流失。

争取在明年汛期发挥全部拦洪作用 三门峡大坝日日高升 提前完成百万方混凝土浇筑和设备安装

《人民日报》(1959 年 12 月 11 日)

新华社三门峡 10 日电 黄河三门峡水利枢纽工程在 9 日提前完成全年浇筑混凝土一百万立方米的任务,为大坝争取在明年汛期时能起到全部拦洪作用创造了有利的条件。

争取三门峡大坝明年汛期实现全部拦洪,必须使坝体全线升高到海拔三百四十米高程,共需浇筑混凝土一百三十九万多立方米。目前已完成的混凝土浇筑工程,占所需总工程量的 78.5%,因此它为大坝在明年汛期起到全部拦洪作用提供了有利条件。

三门峡水利枢纽工程的建设者从施工一开始就以豪迈的步伐和时间赛跑。1958 年,他们提前完成了梳齿工程,给黄河准备了新的下泄河道,使斩断黄河的工程能提前一个枯水季节实现。今年,为了抢在洪水前面把大坝浇筑到海拔三百一十米高程,他们从 3 月起就突破了月浇筑混凝土十万立方米的指标,使大坝节节上升,在伏汛期间七次滞蓄了黄河的巨大洪峰。中共八届八中全会以后,职工生产情绪更加高涨,在坝体逐渐升高、施工条件更加困难的情况下,混凝土浇筑量 8 月比 7 月增长了 23.9%,9 月比 8 月增长了 45.5%,10 月、11 月继续增长。特别是 11 月 20 日至 12 月 10 日二十天中,平均日浇筑量都在五千立方米以上。为了实现提前完成全年混凝土的浇筑任务,从开采、运输砂石一直到拌和混凝土的各环节职工都积极行动起来。灵宝砂石厂在 11 月底就提前完成了全年开采一百五十万立方米的任务。拌和系统的工人在“拌得快,卸得快”的口号下采取了许多措施,保证了混凝土浇筑任务的提前完成。

在完成浇筑混凝土任务的同时,全年包括水压钢管、大型机械、栈桥等金属结构的六千五百吨安装任务也提前完成了。经过检查,已完成的混凝土浇筑工程和安装工程都合乎设计标准。

为响应党中央关于增产节约的号召，三门峡职工们在提前完成全年混凝土浇筑工程和金属结构安装工程的同时，积极开展技术革新，在保证工程质量的原则下降低工程成本。如职工们在混凝土中增加粉煤灰、黄土、塑化剂等掺和料填充毛石以后，到10月底共节约水泥三万多吨。每浇筑一方混凝土的水泥用量比国家定额降低17.46%。他们还改进机械的操作方法，加强维修保养，使机械利用率不断提高，费用不断降低。三门峡工程局所属单位职工通过清仓献料、找代用料、利用废旧料等，到10月底共节约材料费用九百一十九万元。

三门峡工程满堂红　今年建设计划全面完成

《人民日报》(1959年12月14日)

新华社三门峡13日电　三门峡工程局全体职工，经过十一个多月的苦干、巧干，已全面完成了今年的工程建设计划。到12月9日，全局全年总投资、混凝土浇筑、金属结构和大型施工机械安装、砂石开采都完成了国家计划，并且略有超额；工程质量都符合设计标准；节约计划超额94%完成。

黄河三门峡水利枢纽工程今年的计划提前全面完成，特别是混凝土浇筑任务的提前完成，为大坝争取在明年汛期起全部拦洪作用奠定了基础。

今年2月召开的中共三门峡工程局第二届代表大会，提出了1959年大坝部分拦洪的奋斗目标后，全局职工在全国人民大力支援和苏联专家的直接帮助下，掀起了高速建设社会主义的劳动竞赛，3月突破了月浇筑混凝土十万立方米的大关，4、5月继续上升，实现了高产、优质、安全、节约满堂红。在党的八届八中全会以后，工程局党委反右倾、鼓干劲，职工们群情焕发，扭转了6、7月建设速度一度减慢的局面，使混凝土浇筑量又月月上升，保证提前完成今年建设计划。

三门峡彻夜灯火辉煌 叫大坝今年全部拦洪

《人民日报》(1960 年 1 月 1 日)

据新华社三门峡 31 日电 寒夜降临三门峡。但是,在三门峡工地,黑夜仍同白昼一样,到处是忙碌着的人群。聚光灯和电焊火花把整个工地照耀得通明。

截流仅仅一年,旧日号称“三门天险”的三座石岛,已经在建设者面前销声匿迹;代替它们的,已经是屹立在激流上的一座巍峨的大坝。为了使大坝在 1960 年起到全部拦洪作用,建设者在岁末之夜仍然坚持施工。

建设者们在这一年里震惊了峡谷,也唤醒了四周沉睡的群山。面对大坝的两岸山峰上,现在已经耸立起两座高塔——缆式起重机的塔座。架设队的工人以两个多月的时间架起了塔座,在 12 月 28 日以前又以一天一根的速度,把每根长达八百七十米的拳头粗细的缆索架过了峡谷。等到这条长龙腾空以后,它就同坝体上的塔式吊车一起,一个天上,一个地下,成为工地施工的两支机械化主力部队。

在大坝的下端,正在彻夜安装水压钢管。这些钢管的进水口直径有三、四层楼房高,安装完成后,它们就将吞进整条黄河的水,去推动水轮机发出强大的电力来,这是一项关键工程。安装职工们为了突破技术关,正在展开“快制、快运、快装,提高合格率”的竞赛运动。

三门峡工地添“巨人”

《人民日报》(1960 年 2 月 16 日)

据新华社讯 在黄河三门峡水利枢纽工程工地安装的巨型缆索起重机,最近正式投入生产。

这架巨型缆索起重机体重二千三百吨,横跨黄河八百七十米,能够起重二十吨的工作物。它投入生产后，将为加快大坝金属结构的安装和混凝土的浇筑，提供巨大的运输力量。

高速度在三门峡
汪胡桢代表谈三门峡即将到来的两大变革

《人民日报》(1960年4月7日)

主席、各位代表：

我完全同意李富春副总理所做关于1960年国民经济计划草案的报告和李先念副总理所做关于1959年国家决算和1960年国家预算草案的报告，建议大会予以通过。

我国1958年和1959年国民经济建设连续“大跃进”所取得的伟大成绩在代表们小组讨论会上一致认为应当总结为总路线、“大跃进”、人民公社三个法宝的胜利，为党中央的正确领导的胜利，为毛泽东思想的胜利。这个总结是完全正确的。我国既然存在着这许多有利于建设社会主义的因素，1960年国民经济建设无疑地仍然是继续“大跃进”的一年。两位副总理所报告的1960年国民经济建设计划和国家预算一定可以得到全国人民的拥护，获得辉煌的成就。

我所服务的黄河三门峡水利枢纽工程的高速建设就是我国经济建设阵线上无数“大跃进”成绩的一个实在的例子。本来像三门峡水利枢纽那样规模的工程在非社会主义的国家里完成期限总不会很短，超过十年的也是常有的。我们原来打算用六年的时间来完成这个工程，已经是一个快速的施工计划。不料在开工后的第二年就进入全国轰轰烈烈、万马奔腾的“大跃进”时期。工地上你追我赶，热火朝天，新纪录层出不穷，月进度一翻再翻，结果把原定六年完工的期限缩短为三年半。如果没有党中央的正确领导，毛泽东思想的深入人心，三大法宝的伟大作用，而要求三门峡工程能发生这样伟大跃进是不可想象的。

在1959年一年里，三门峡工程在党委领导下就接连取得两个阶段的胜利。第一阶段为在这一年的7月，拦住了黄河汛期中四次超过一万秒立方米的洪水,使下游数千万人民安全地渡过了汛期。第二阶段为在党的八届八中全会关于反“右倾”、鼓干劲、开展增产节约运动的鼓舞下,我们提前二十二天全面地完成了1959年各项任务,提前跨入了1960年。

在上述物质的基础上,就飘扬着1960年更好地继续跃进的红旗。

1960年将是三门峡大坝工程胜利完成的一年。1955年全国人民代表大会第一届第二次会议上代表们庄严地举手通过的关于根治黄河水害和开发黄河水利的综合规划报告中最重要的三门峡工程就要成为现实,要永远树立在我中华民族的疆土上。

就在今年,我国历史上多灾多难的黄河将要发生两大变革。

第一个大变革是从今年7月起人们就可以以自己的意志来控制黄河三门峡上游发生的洪水了。在6月下旬,我们准备在泄水口里安起闸门,使下泄水量都由闸门来控制,勿使超过下游河床所能容许的安全度。如果黄河上游发生洪水,只要关闭一部分闸门,便可使下泄流量减少到六千秒立方米以下。如有必要还可多关闭一些闸门,使七天之内,下泄流量不超过一千秒立方米。因为关闭闸门而不能下泄的水量将全部收容在水库里。今后,再修建若干干支流水库,做好水土保持工作,黄河下游人民疾首痛心的历史性的黄河水灾就可一去不复返了。

第二个大变革为今年之内三门峡大坝可以完成全部工程,在陕西、山西、河南间建造一个比太湖还要大的人造湖。三门峡大坝全部是用混凝土浇筑而成的。今后只要每月浇筑八、九万立方米的混凝土,大坝就可如期完成。三门峡工地上有着党委的坚强领导,许多苏联专家的无私帮助,全体工人、干部干劲冲天,许多参加过解放战争的指战员身临前线,负责指挥,技术革命和技术革新运动风起云涌,加之专门为三门峡施工而设计和制造的机械化、自动化连续生产化等设备都已运用纯熟,发挥极大的威力。因此,如期完成三门峡大坝工程我们是有充分信心的。

以上发言如有不当,请代表们指正。

三门峡准备全部拦洪

《人民日报》(1960年6月18日)

经过三年紧张施工的三门峡水利枢纽工程,今年汛期就要全部拦洪了。人们主动地控制黄河的愿望即将实现。为了这个伟大的目标,三门峡水利枢纽工程的建设者正在日夜忘我地奋战。

竣工日期一再提前的三门峡水利枢纽工程,去年就曾经部分拦洪,把黄河伏汛的洪峰量削去了一半。在此基础上,三门峡工程局党代表大会和党委会在今年一季度又做出了确保汛期全部拦洪的决定。要求工程做到能够使千年一遇的洪水(三万五千秒立方米)减少到六千秒立方米,能够在下游出现暴雨的时候,关闭闸门,在六天左右时间内只下泄一千秒立方米。

围绕这个目标,工程局党组织向广大职工进行了深入细致的思想教育,明确树立了"人人为拦洪,事事为拦洪,一切为拦洪"的指导思想,掀起了更加澎湃的生产高潮和群众运动。各级党委都深入生产第一线,以战斗的作风,就地解决施工中的问题;其他干部除个别坚持机关办公外,也都深入工地,大大改善了管理,提高了工作效率。在安装方面,过去工人完成任务后,要经过队、分局、工程局的三层质量检查,往往不能及时验收,影响工程的顺利进展;现在,由工程局、分局、队联合成立了质量检查小组,及时检查并帮助工人改进了操作。工地的宣传鼓动工作也空前活跃,宣传队穿红挂绿,敲锣打鼓,不断地向紧张战斗在泥坑和高空中的英雄们敬茶、敬酒、诵诗、贺喜。留在机关的工作人员也把报纸、信件和开水送到下班工人的手里,欢迎和欢送出色完成任务的个人和集体。前后方组成了一个坚强的战斗集体。

工人们亲眼看到,大坝在他们身边一天天矗立起来,千年害河就要被征服,因而都具有高度的责任感和荣誉感。"为了下游八千万人民",他们废寝忘食地劳动。在坝前清理中,坝一分局四队冉振考大班,合理组织了劳力,在三个组中确定一个为突击组,在每一个组中又分成三个互助组,确定一个为突击小组,突击组由党团员和身体强壮的同志组成,到最困难的地方去,保证了班班超额完成任务。在日益紧张繁重的吊装任务中,跨径八百七十米、一次能吊二十吨的缆索起重机,出色地发挥了主力军的作用。不仅使这个现代化的大型机械达到了安全运转，而且获得了高效率，保证了安装任务的快速进行。

全国人民密切地关心着三门峡工程的进展，纷纷进行大力支援。西安市以金属结构厂为主的一系列工厂，日夜为三门峡工程赶制大型金属构件。在坝前清理最紧张的时刻，三门峡市采矿公司、侯村煤矿、瓷器厂等单位，先后派出六百多名职工开赴工地。郑州艺术学院和三门峡水电学校的数百名学生，一面和工人一起劳动，一面开展现场宣传鼓动，大大鼓舞了广大职工的劳动热情。

现在，拦河大坝的绝大部分已经达到全部拦洪要求的高程；为保护大坝基础而进行的坝前清理已在六月六日胜利结束，正在进行黄土回填；坝体的接缝灌浆已经接近完成；闸门框、闸门及拦污栅的安装等，也正在紧张地进行或积极准备中，这一部分尚待做的工作量最大、最艰巨，也是当前全局突击的重点。有关拦洪的其他工作，除陇海铁路改线工程已经胜利竣工外，大铁路专用线、公路和长途电讯线路的改建，文物的迁移，居民的迁移，以及库区的清理、消毒等，也正在加速进行。职工们满怀信心地保证：定要走在洪水的前面。

蒙哥马利元帅离开三门峡

《人民日报》(1961 年 9 月 16 日)

新华社三门峡 15 日电 英国蒙哥马利元帅由中国人民国防体育协会主任李达上将陪同，今晚乘火车离开三门峡前往洛阳访问。

今天上午，客人在李达上将和三门峡工程局副局长秦定九陪同下，参观了黄河三门峡水利枢纽工程——拦河坝和发电厂等。

三门峡市市长刘莱今天中午设宴欢迎蒙哥马利元帅。

今天到三门峡车站欢送客人的，有三门峡市市长刘莱、三门峡工程局副局长秦定九。

英雄笑指黄河水

——《黄河巨变》拍摄记

刘德源

《人民日报》(1961 年 10 月 9 日)

《黄河巨变》这部影片,前后用了四年之久的时间拍摄。在这段时间里,正是伟大的中国人民,向黄河大进军的年代;是古老的黄河发生了翻天覆地巨变的年代。在大河上下、在波涛滚滚的激流中,驯服黄河的英雄儿女,以他们的劳动和智慧,创造了前所未闻的神话般的奇迹。号称三门天险的峡谷,早已从地面上消逝,代替它的是:一座壮丽的水上长城,巍峨地横跨大河的两岸,像一把巨斧,把万里黄河拦腰斩断。终年奔腾咆哮的河水,在这里已像一头被驯服了的猛兽,静静地躺在大坝的脚下。登上三门峡谷的顶峰,面前又是一幅动人心弦的画面,千百年来我们祖先梦寐以求的理想——"黄河清",已出现在我们这一代人的眼前。一个比我国五大湖之一的太湖还要大的人工湖——三门峡水库已经形成。它辽阔无边,碧波淼淼,水清得像蓝色海洋,湖面平静得像光彩滑润的锦缎……

就在短短的几年以前,当我们第一次带着摄影机来到三门峡时,这里是一个神奇、惊险的世界,甚至这里的每一块石头,每一个坑窝,都和那些传奇式的故事分不开。看着这傲然屹立在河心的危崖峭壁,迎着翻腾回旋的洪流,人们似乎只能对它相视惊叹,望而生畏。但是,毛泽东时代的英雄人民,打开了这个少人问津的"禁区",并给三门峡起了一个动听的名字——"黄河中的一块宝石";今天三门峡水利枢纽工程的拦河大坝,就是在这块宝石上建立起来的。

在这场改造黄河的搏斗中,我们的镜头紧跟着建设者的脚步,经历了多少令人难忘的时刻,看到了多少感人心腑的英雄事迹。在成千上万的英雄人物中间,使我们永远不能忘怀的是,那些最初被我们摄入镜头的勘测队员们。他们有力的脚步,踏遍了大河上下,为了施工建设的资料,在狂涛峡谷中,骑着滚滚的浪头,向前冲击——探测着黄河的秘密。我们更不能忘记,那些冒着风雪严寒,和坚硬的岩石顽强战斗着的开挖工人,是他们踏着惊涛骇浪,铲平了三门石岛，闹得这古老的峡谷，地动山摇，把天险化为平夷，给未来的拦河大坝，开拓了基础。

到过三门峡工地的人，都会有这样一种强烈的感觉：这里如同一个千军万马的战场，每一个建设者都像战士一样，风尘仆仆，充满着坚定的信心，不管是遇到多么顽强的敌人，都能攻克下来。在1958年的冬季，那时，工程进入一个决战的阶段，要在黄河上截流。按以往这个季节，河水早已浅流漫步了，说也凑巧，正当截流大军万事俱备，整装待命的时刻，河水突然上涨起来，好像故意在向建设者们挑战！流量超过截流设计流量的一倍。截流，是关系到工程命运的决战，因此，全体建设者把截流看成是整个工程中间的一场“淮海战役”。三门峡工程局党委召开了紧急会议，仔细分析了情况，认为截流的准备工作，无论人力、机械和材料等，都是十分充分的，工人热情也很高。流量大是相对地增加了困难，而不是绝对不能截流，于是决定立刻动手截流。命令下达后，首当其冲的是汽车驾驶员们，他们开的车像一群飞虎似的，一辆跟着一辆，排成了锁龙阵势，直接开到危崖下的截流进占点。把满载着一车一车的石料，倾泻在河水里。这时的河水，像暴怒了似的，不管你倾填了多少石料，都吞食得无影无踪。在最初的两三天，几乎没有什么进展，河流仍然凶狠狠地施展着它的威风，投下去的石料再多、再大总是站不住脚跟，有时刚露出一点水面，又给冲跑了，刚填平了一个漩涡，又陷落了。在这时，人们的心是那样的不平静，是黄河在建设者面前低下头来，还是继续保持它那顽强性格，把灾害永远留在人间呢？这是一个多么严重的问题。老船工们说得好，“黄河上没有回头路”，不猛烈的进攻，是不会降服这条巨龙的。载运石料的卡车群，形成了与黄河竞争的另一条洪流，勇敢而敏捷的驾驶员们，以闪电般的速度，用五十秒一车、四十秒一车，甚至加快到三十秒一车，猛烈地向河心冲击，逼得黄河节节败退。驾驶员的勇敢和高超的技术，实在令人称赞。他们像燕子似的一眨眼的功夫从石料场飞到阵地上，又像旋风似的一掉头，后车轮急速而准确地刹在戗堤的尖端，直接把石料投进河里，要是跑上前去量一下，车轮离狂流也不过是一尺左右，有的甚至相距几寸，车子离狂流这样近，真让人为他们担忧！

吴满山和他的青年突击队，在截流中所做的工作，是开路先锋，他们站在进占点的最边缘，脚下就是淘刷着堤根的狂流，身后是直搏河心的汽车，他们就在这川流不息、各不相让的人群和车辆的夹缝里，抢修道路，为汽车司机们进占开路，并把落在堤角上的石料，掀进河里。

吴满山这个钻工出身的人，在这次截流中和他的突击队员们不愧为截流的开路先锋。宣布截流时他是第一班上阵的，又战斗在第一线上。当他由阵地换班下来时，累得浑身是汗，可是他本人还觉得浑身的劲还没使出来，领导怕他们太疲劳，准备给他再增加一些人，可把这位英雄急坏了！他说："领导只看到我们累的时候，没看到我们闲的时候。"为了这件事，领导和他谈了整整两个多小时，才终于说服了他。就是在无数个像吴满山一样的英雄的努力下，终于战胜了洪水，完成了截流工程，完成了三门峡拦河大坝工程。

马亨德拉国王和王后到洛阳访问
贵宾们参观三门峡水利工程受到热烈欢迎

《人民日报》(1961 年 10 月 9 日)

新华社三门峡 8 日电 尼泊尔国王马亨德拉和王后陛下及其他尼泊尔贵宾，在周恩来总理、陈毅副总理和夫人陪同下，今天上午乘专车由西安到三门峡工地参观黄河三门峡水利枢纽工程。陪同贵宾们来三门峡的，还有我国驻尼泊尔大使张世杰和夫人、外交部礼宾司司长俞沛文、外交部第一亚洲司司长章文晋。尼泊尔驻我国大使凯谢尔·巴哈杜尔也同车前来三门峡。

清早就等候在三门峡工地的三门峡市市长刘莱和工地职工，热烈欢迎来自友好邻邦的贵宾。贵宾们参观了三门峡水利枢纽的主要工程拦河大坝、发电站厂房和正在安装的第一台机组及工地展览馆等。他们在工地上受到了工人们的热烈欢迎。

贵宾们在工地参观了两小时，即由周恩来总理、陈毅副总理和夫人等陪同乘车去洛阳。

黄河流到了人民的时代

冰　心

《人民日报》(1961 年 10 月 17 日)

《黄河巨变》这个巨型彩色纪录片,我前后看了两遍。

看着看着,兴奋得很!这影片本身,就是一首选材精美、结构严谨的赞美祖国的英雄人民的长诗,我还能写些什么呢?

影片一入题,就是黄河的滔滔浊浪,从高高的天上回旋咆哮而来,冲透过祖国一部二十四史,它给我国人民带来的巨大灾难,也像一部二十四史一样,多得不知从何说起。

但是黄河两岸孕育了我国悠久优秀的文化,我们的祖先"生于斯,息于斯,聚种族于斯",人民惧怕它,又喜爱它,他们在狂澜汹涌之中,颠顿上下地驾着牛皮筏子,一面心里痛苦地想:"什么时候,呵,什么时候,我们才能把它控制住,驯伏住,使它变成碧青的流水,荡荡溶溶地替我们灌溉着千万亩的田地,负载着千万只的船舶呢?"这是数千年来人民呕血缕心馨香以求的迫切愿望。"圣人出而黄河清",他们把这愿望寄托在渺茫的"圣人"身上,在没有中国共产党领导以前,人民还没有认清自己,人民团结起来,行动起来,就有比狂暴的黄河大过千百倍的力量!

黄河终于流到了人民的时代——英雄的人民站立了起来,就从头收拾自己古旧的山河。人民自己的领袖毛主席,亲自到黄河岸上视察以后,一系列的紧张而细致的措施,就在这个纪录片上呈现了。

1959 年的春天,我曾到三门峡水利枢纽工程工地访问过,当我看到影片上每一幅画面的时候,我情不自禁地、热烘烘地忆起了许许多多我所见过听过的、为这伟大的工程贡献上自己的智慧和力量的人。

当我看到混凝土、木模和钢筋三个英雄大队,在雨里、雪里和无情的天气紧张搏斗的时候,我想到我从前写过的《奇迹的三门峡市》,在那里,有数以万计的农民,商业人员,医务人员,保育员,教员,演员……像扶持牡丹的一丛绿叶似的,在为保证他们的工作效率,为他们的生活福利而辛勤地劳动着。

当我看到横跨两岸的高大的缆式起重机,长长的卵石运输带,庞大的吊罐、闸门……以及大山洞似的水压钢管,我想到我在祖国各地的钢铁厂,所看到的工人兄弟们紧张操作的情景。远在列宁格勒的一个钢铁厂里,苏联工人自豪地拍着一件大涡轮机,笑着对我们说,“这是为中国的黄河水利建设赶制的。”那时我从心底感到,不但有国内五十多个城市,还有苏联等兄弟国家,都为着我们的三门峡水利枢纽工程,金铁齐鸣地奏着伟大的社会主义大协作的音乐。

当我看到空旷的工地上,除了两岸的高崖急流的浑水之外,只有运输机的长带在急速转动,伸着长臂的起重机在徐徐地起落,一串一串的火车、汽车在突地奔驰,看不见多少工人,只看见重重叠叠的机器的时候,我知道在工地的几十里方圆的地面上,上下、远近、周围,有多少辅助基地,在电话指挥之下,像巨人的周身脉络似的,在供应着心脏所需用的血液。

当我看到扶老携幼的农民,喜喜欢欢地捧着毛主席像,带着家具,登上首尾相接的大车,在两行彩旗,一片乐声之中,走向他们的新居的时候,我想到,他们从此迁出幽谷上了乔木,他们不但有了新居,连他们所熟悉喜爱的古迹,像“潼关”“永乐宫”都重新修好,摆在他们庐舍的旁边。我还知道连他们爱吃的“灵宝枣”的树,也早就挪上高处去了,他们所丢下的是积年的灾难,所带走的是热爱的“家珍”。在这里,我微笑着忆起我在三门峡工程局院子里所观赏过的牡丹和丁香,在我们兴奋的心情之中,那些花朵,那一天显得格外浓艳。不消说,它们现在也“更上一层楼”了,也许它们正在人工湖岸边映照着万顷清波,婆娑弄影呢!

这个比我们天然的、号称三万六千顷的太湖还大的人工湖,碧绿涟漪,水天一色,雄伟的三门峡水利枢纽工程拦河大坝,倒映在水里,显得异样地高大鲜明。黄河流到了人民的时代,千百年的梦想在逐步地实现!这两千三百多平方公里的水库里,所积聚的不是水,是受尽苦难,在党的领导下翻了身的亿万人民,从全国四面八方所汇聚来的力量与智慧。在搁笔半天之后,思潮起落之中,我只能写出上面的一些颂赞的话!

黄河涨水　沿河加紧防汛

《人民日报》(1962年8月19日)

新华社郑州18日电　黄河入汛以来第一次涨水。16日下午三时,花园口(郑州以北)水文站出现的流量接近六千秒立米。这个流量持续到下午六点开始减弱,17日下午三点已降至四千六百二十秒立米。目前,河南各地仍在时断时续地下雨,黄河还有可能上涨,沿河人民正在密切注意。

今年入汛以来,黄河上、中游没有出现过太大的洪水,加上三门峡水库的控制,今年汛期中,黄河下游也没有出现过大水。7月间花园口的流量一直在一千到两千秒立米,8月以来一直是三千多秒立米。这次黄河涨水,是8月14日以来陕西关中地区和晋南、豫西降雨,渭河、沁河和伊、洛河涨水造成的。

黄河沿岸安全度过凌汛

《人民日报》(1963年3月8日)

新华社郑州7日讯　黄河下游最后一段冰凌于3月2日下泄入海,沿河凌汛已安全度过。

在凌汛期间,由于沿河各地严加防守,特别是三门峡水库适时关闸,控制河道泄流,郑州花园口站的流量由关闸前的五百秒立米减到一百秒立米,改变了过去水力冲击开河的情况,促使冰凌就地融化,避免了冰块壅塞而威胁堤防的危险,安然度过了今年的凌汛。

目前,沿河人民已转入了大规模的堤防春修活动。

认识黄河　改造黄河

——记三门峡水利枢纽工程的改建

《人民日报》(1974 年 12 月 20 日)

三门峡水库大坝屹立在黄河昔日“天险”的峡谷之中,汹涌的黄河水,通过大坝底下新开凿的排洪孔道,滔滔东流,发电厂房里机器轰鸣,强大的电流通过高压线路,跨过山川田野,送往新兴的工业城市。经过改建的三门峡水利枢纽工程,正在造福于人民。这是我国工人阶级、工程技术人员和革命干部,在毛主席的无产阶级革命路线指引下,坚持“独立自主、自力更生”方针,用辩证唯物论的认识论去正确认识黄河,在无产阶级“文化大革命”推动下,对工程进行改建的结果。

丢掉“洋拐棍”　探索改建途径

自古以来,黄河就以它狂暴不羁的性格成为一条闻名的“害河”。把黄河治好,这是千百年来人民的强烈愿望。中华人民共和国成立后,毛主席和党中央非常关心黄河的治理。伟大领袖毛主席多次亲临黄河视察,早在 1952 年,就发出了“要把黄河的事情办好”的号召。1957 年开始兴建的三门峡水利枢纽工程,就是中华人民共和国成立后我国人民为根除黄河水害、开发黄河水利所进行的第一次巨大尝试。

黄河是世界上含沙量最大的一条河,每立方米河水的含沙量高出世界其他多沙河几倍,甚至几十倍。每年流经三门峡的泥沙多达 16 亿吨。如何处理这样大量的泥沙,还缺少这方面的实践经验。三门峡水利枢纽工程兴建时,虽然也考虑到泥沙的处理,但是由于缺乏实践经验,单纯依靠“洋拐棍”,搞高坝大库蓄水拦泥,想“毕其功于一役”。结果,把 90% 以上的泥沙装到库里。淤积的速度,特别是淤积的部位都大大出乎设计之外。三门峡水库的特点,是在潼关以下是峡谷河道,在潼关以上是渭河平原。由于原设计的发电最低水位超越了潼关,结果使渭河下游的淤积迅速发展,严重威胁关中平原和西安的安全。在这种情况下,只好停止蓄水发电,连已安装好的一台水轮发电机组也被迫拆迁。即使这样,问题仍不能解决。由于大坝的泄流孔太高,泥沙淤积仍然继续发展。

面对这个严重问题,怎么办?一场激烈的斗争展开了:有的人认为黄河千古难治,除了恢复原来的样子别无他法;也有的人不愿正视现实,还要坚持原来设计,主张三门峡水利枢纽工程维持现状。大多数同志认为,人们在同自然界做斗争中,特别是同危害了几千年的黄河这样一条多泥沙的大河做斗争,不可能是一帆风顺的,要经得起成功和失败的考验。实践已经说明,原来的认识和工程设计是有错误的,不承认这一点就不是唯物主义者。因此,是坚持原来的设计,还是敢于改建,实质上就是敢不敢丢掉"洋拐棍",相不相信我们能够依靠自己的力量,解决泥沙淤积的问题。

大家反复学习毛主席关于"人们要想得到工作的胜利即得到预想的结果,一定要使自己的思想合乎于客观外界的规律性"的教导,认识到,三门峡水利枢纽工程之所以出现问题,根本一条就是原来的认识不符合黄河的客观规律。"吃一堑长一智",只要改正错误的认识,使之合乎当前黄河的客观规律,那就能变失败为胜利。

经过这场斗争,认识统一了。大家从过去的实践中认识到,三门峡水库必须统筹兼顾,既要为下游除害兴利,又必须确保西安的"八百里秦川"。用高坝大库在三门峡拦泥是不行的,必须想办法通过改建,加大水库泄流排沙能力。这条路能不能走得通呢?当时还没有把握。为了慎重起见,决定开始改建的规模不宜太大,只是在大坝左岸打两条泄流排沙隧洞和把八条发电引水钢管中的四条改成泄流排沙道。

改建的方案得到了工人群众的支持。他们说,国家和人民花了那么多钱建成的工程,不能为人民造福,还威胁上游安全,我们心里难过,我们一定要争取改建工程提前完成。1965 年 2 月,第一次改建工程开始了。凿两条隧洞的地方,正是三门峡天险的峡谷左岸。这里山高坡陡,悬崖峭壁,下面就是一泻千里的黄河,在这里施工不要说用机械,就是连人站的地方也没有。工人们就腰系绳索,在高空背水作战,首先夺得了立足、存身之地,然后再打眼凿洞。这里不仅地形险要,而且岩石坚硬,刚开始时每天开挖进尺还不到一米。但是,岩石硬不过工人的决心。大家迎着困难上,掘进纪录不断刷新。两条共长九百多米、直径 11 米的隧洞和"四管"的改建都胜利提前一年完成。"两洞、四管"于 1968 年以前先后投入运用后,水库泄流能力由 315 米水位时泄流 3080 秒立米提高到 6000 秒立米。排沙能力加大后,有效地减缓了库区的淤积,实践证明了改建这条路是能够走通的。

乘“文化大革命”东风进行第二次改建

第一次改建取得了成功，但是泄流排沙能力仍然较小，淤积仍在发展。为了使三门峡水库早日发挥效益，在无产阶级“文化大革命”的推动下，1969年又提出了第二次改建。

广大工人、技术人员和干部，批判了修正主义路线，打破了过去搞规划设计只靠少数专家的冷清局面。黄河水利战线上第一支以工人为主体的三结合设计队伍在这里出现了。

“三结合”小组的成员为了提出切合实际的规划设计，跋山涉水，顶风冒雪，访问沿河的贫下中农和老船工，实地查勘了解黄河和水沙演变的规律。隆冬季节，天寒地冻，野外作业困难。可是，贫下中农深厚的阶级感情温暖着他们的心，贫下中农的高贵品质鼓舞着他们去战斗。他们遇到过许多激动人心的场面：贫下中农总是像迎接亲人一样接待他们。当他们和贫下中农谈起三门峡水利枢纽工程的情况时，贫下中农总是鼓励他们：“大胆干吧，只要按照毛主席的指示办事，三门峡水利枢纽工程一定能改建成功！”与此同时，他们还收到了来自全国各地的工人、农民、技术人员寄来的八十多个改建方案。贫下中农的期望，全国人民的关怀，给了他们无穷的力量，打破了过去脱离实际搞设计的许多烦琐哲学，在较短的时间里就提出了“合理防洪，排沙放淤，径流发电”的规划设计，要求水库泄流能力由6000秒立米进一步增加到10000秒立米。这样，一般洪水既能安全通过下游，不影响上游，又在此基础上实现水库的综合利用。

第二次改建的规划指标一提出，一场争论又展开了。泄洪洞开在哪里？有的人看到左岸已打了两个洞，右岸地质条件不宜打洞，就提出炸掉钢筋混凝土浇筑的发电厂房，在这里开挖泄洪洞。工人们不同意那种办法。工人们提出闯“三关”、打开施工导流底孔的建议。提起闯“三关”，还有一段来历。底孔共有十二个，是大坝施工时导流用的，大坝建成后又用混凝土封填了。底孔是大坝最低的设施，孔口接近河床，用它来泄流排沙那是最理想的了。早在1962年，水库出现淤泥时，有的工人就提出过这个建议。那时，有的人受修正主义路线的影响，不相信群众，不注重实践，被一个“怕”字和一个“难”字束缚了手脚。根据已设计的数据，又在实验室做了实验，认为底孔是临时设施，打开后孔顶受不住洪水和坝体的压力，因此他们被吓住了。他们还认为，底孔用混凝土封填了这么多年，早和坝体、底孔闸门结成一体，也难于打开。于是，安全关、开挖关、闸门关这“三关”就把打开底孔的方案打入了“冷宫”，从此不敢再提。当第二次改建任务提出后，有的人仍墨守成规，怕担风险，想来想去还是想拿厂房来开刀。工人们坚决反对这种主张。孙海祥、王福连等老工人说："厂房是人民的财产，我们没有权力随意毁掉它。科学是要尊重的，但不能迷信书本，大坝建成后，十二个底孔都曾过了水，并未出问题，这说明什么呢？实践才是检验真理的唯一标准。打开底孔既省工省时间，效果又好，为什么不能试试？"亲自参加过底孔回填的工人也说："底孔是我们亲手回填的，我们懂得怎么打开它。"工人阶级这种敢想敢干的革命精神使工程技术人员受到了教育，纷纷表示：向工人阶级学习，和工人们一起去闯"三关"，为三门峡改建做出贡献。在党和新生的革命委员会的支持下，工人、科学技术人员和干部勇敢地向"三关"进军了。他们在现场钻孔取样，在工地开展各种科学试验研究。结论表明，由于大坝混凝土质量好，抗险能力强，只要采取适当加固措施，打开底孔是可行的。现场科学试验的实践，冲破了"打开底孔技术上不安全"的框框。

1970 年 3 月，开挖底孔的战斗在"文化大革命"的凯歌声中打响了。为了保证大坝的安全，技术人员经过测量计算，提出了打浅眼放小炮、在爆炸孔四周先打一圈防震孔等办法，工人们苦干加巧干，一、二、三号底孔比计划提前两个半月就打开了。底孔打开后究竟能不能承受住坝体和水压力？科学技术人员又和工人一起，在打开的洞内进行现场试验，证明打开底孔不会影响大坝质量。实践使认识又一次获得了提高，底孔不能打开的迷信被彻底打破了。

安全关、开挖关都胜利地闯过，只剩下启闸门这最后一关了。底孔打开后，证明闸门并未同混凝土浇筑在一起。但由于十几年的淤积，闸门前淤泥高达十六七米，用四台一百吨的油压千斤顶起动，闸门仍然纹丝不动。如果闸门提不起来，底孔过水排沙的计划将半途而废。在这关键时刻，工人们大胆提出：到闸门下面去，用千斤顶往上顶。但是，这样要冒很大的危险。闸门前面是几十米深的水和淤泥，万一闸门一提起，水和泥沙居高临下，就会直扑洞口。但是，工人们豪迈地说：为了让三门峡工程早日为人民造福，再大的危险我们也要承担！共产党员、机电队革委会副主任蔡宝林下去了，工人吴子山、彭鹤友等也去了，人们都以焦急不安的心情，目不转睛地望着洞口。闸门慢慢地上升了，5 厘米、10 厘米、20 厘米，水夹着泥沙石子冲进洞口，洞里的人被泥沙打得生疼，水已经淹没了他们的胸部，但他们仍然坚持着。当提到 30 多厘米高时，水流迅猛而来，不仅人站立不住，连两台油压千斤顶也被急流冲走了，这时工人们才凫水撤出。经过上面再加大力量，闸门终于提起来了。

人们望着卷着泥浆的河水冲出洞口，溅起一、二丈高的泥浪奔腾而下的景象，心情万分激动。这个曾被一些专家判为“死刑”的底孔方案，终于在无产阶级“文化大革命”中，靠广大群众的智慧和双手实现了。实践又一次证明了“卑贱者最聪明”这一伟大真理。

继第一孔成功之后，其他七个底孔的问题也迎刃而解。计划打开的八个底孔只用了一年多时间就全部投入使用。同时，五条发电引水钢管进口降低13米的工程也先后完成。经过第二次改建，水库泄流能力达到了水位315米时下泄10000秒立米的指标，对解决库区淤积和降低潼关河床高程起了重要作用。

掌握泥沙规律　综合利用显效益

三门峡水利枢纽工程的改建，为保持和恢复库容创造了条件，要使水库既能在较长时期内保持一定库容，又能发挥以防洪为主的综合效益，还必须解决好调节泥沙的问题。

三门峡水库由于泥沙太多，蓄水就要淤积，淤积就会影响库容。而防洪需要保持一定库容来调节洪水，灌溉、发电又需要蓄水，这就产生了矛盾，这个矛盾不解决，水库的综合效益就不能实现。而要解决这个问题，就要处理好泥沙。可是，有的人觉得三门峡水库不能拦沙，问题难以解决，因而不敢去摸。黄河的泥沙规律真的是不可认识、不可掌握的吗？广大工人、干部和技术人员批判了这种无所作为的悲观论调。他们说，黄河泥沙的处理的确是一个很复杂的问题，但是正因为复杂，才需要我们去认识它，战胜它，我们要做泥沙的主人，而不做泥沙的奴隶。

他们从分析黄河的泥沙规律入手。黄河的沙量主要集中在每年汛期的7~10月，这四个月的水量占全年水量的60%，而沙量却占80%以上。非汛期水量占全年水量的40%，而沙量却只有10%~20%。如果在汛期排，非汛期拦，不就可以避其害而用其利了吗？为了在实践中检验这种认识，他们又进行了各种科学试验和研究。

掌握水库的冲淤规律，是充分发挥水库作用的关键。泥沙和水文工作者发扬一不怕苦、二不怕死的革命精神，战斗在最前列。每当黄河涨大水时，他们偏偏就是在这种最危险的时候，驾驶着小船，在波涛汹涌的黄河中，观察水情的变化，测量洪水流量，取回各种含沙的数据。在坝后底孔取样更是一场惊心动魄的战斗。由于水的流速过大，这里泥浪腾空，咆哮翻滚，什么船只也去不了。“不入虎穴，焉得虎子”。科学技术人员腰里捆上绳子下去取样。他们不怕危险，任凭泥浪冲打，终于取回了第一手资料，总结出了一套“蓄清排浑”的办法，从而保证了水库在较长时期内保持一定的库容，发挥了防洪和兴利的效益。

根除黄河水害，开发黄河水利，这是一场伟大的斗争。三门峡水利枢纽改建工程的初步成功，说明只要我们认真执行毛主席的革命路线，坚持唯物论的反映论，相信群众，依靠群众，敢于实践，在实践中不断总结治黄的经验，黄河是可以认识的，害河可以变为利河，毛主席关于“要把黄河的事情办好”的伟大目标是一定能够实现的。

三门峡水利枢纽工程改建获得初步成功
贯彻执行毛主席的“独立自主、自力更生”
方针的重大胜利

《人民日报》(1974 年 12 月 20 日)

新华社郑州 19 日电 在毛泽东主席的无产阶级革命路线指引下，我国工人、技术人员和干部以辩证唯物论的反映论作指导，破除迷信，解放思想，大胆实践，对黄河上的大型水利枢纽工程——三门峡工程进行了改建，取得了初步成功。现在，三门峡水利枢纽工程正在发挥着防洪、防凌、灌溉、发电的综合效益。这是贯彻执行毛主席的“独立自主、自力更生”方针的一个重大胜利。

三门峡工程是黄河干流上第一座大型水利枢纽工程，委托外国设计，设计的基本方案是以高坝大库拦泥蓄水发电。工程于一九五七年动工，一九六〇年九月建成蓄水。由于对泥沙淤积估计错误，水库运用后，泥沙淤积十分严重，淤积部位并且从潼关向渭河迅速发展，形成“翘尾巴”。这样，不但水库有报废的危险，而且严重威胁关中平原和西安市的安全。面对这一不利的局面，我国工人阶级、工程技术人员和干部，在毛泽东主席为首的党中央的关怀下，经过反复实践、认识，进行了逐步改建，主要是加大水库泄流排沙能力，使水库能保持一定库容，合理地发挥效益。

第一步改建工程从一九六五年开始到一九六八年完成。在大坝左岸打

两条泄流排沙隧洞，并把八条发电引水钢管中的四条改成泄流排沙钢管。一九六九年，总结了第一次改建经验，决定进一步改建方案。从一九七〇年开始到一九七三年十二月，打开大坝底部原来施工时排水用的八个底孔，把另外四条发电引水钢管和一条已经改成泄流排沙的钢管降低十三米，另行设计制造抗泥沙磨损的低水头水轮发电机，从而把高水头（需蓄水到一定高度）发电站改为低水头（利用水库自然径流）发电站。

在毛主席的“独立自主、自力更生”方针指引下，整个改建工程从规划设计到施工安装，都是依靠我国自己的力量进行的。特别是在无产阶级“文化大革命”中，经过批判修正主义路线，破除了对“洋人”“专家”的迷信，组成了以工人为主体的三结合设计队伍，工程技术人员改变了脱离实际的状况，深入现场，做到科研、设计、施工三结合。由于广大工人群众的聪明才智得到充分发挥，过去专家们争论了十几年解决不了的问题初步得到了解决；过去办不到的事情，现在办到了。改建工程取得了一个又一个的胜利。同时，陕西、河南、山东、山西等省的各级党组织和广大人民，从全局利益出发，统筹兼顾，团结协作，并肩战斗，保证了改建工程的顺利进行。

三门峡水利枢纽工程改建后，效果显著。水库泄流能力由在库水位三一五米（海拔高程）时泄放三千零八十秒立米，增加到一万秒立米。泄流能力加大了，排沙能力也大了，不仅可以使库容得到保持，而且潼关河床高程也有下降，为减轻渭河下游淤积创造了条件。这样，改建后的三门峡工程就能够发挥以下效益。

防御下游大洪水。黄河之所以以“害河”闻名于世，主要是由于下游经常决口泛滥。中华人民共和国成立后，我国人民治黄的主要目标就是改变这种状况。三门峡水库如不改建，库容很快被泥沙填满，就将失去调节洪水的能力。改建后，可以保持一定库容，办法是：三门峡水库遇一般洪水不拦蓄、不滞洪，充分发挥下游河道的泄流排沙能力；当下游出现大洪水，危及堤防安全时，三门峡水库就利用这些库容关闸拦蓄，以确保下游安全。

发挥防凌作用。威胁黄河下游堤防安全的另一个灾害是凌洪。每年十二月和第二年的一、二月，是黄河下游的凌汛期。这时，黄河上游解冻，下游，特别是山东段还在封冻，造成卡冰壅水，形成凌洪，黄河历史上不少决口就是由此造成的。利用三门峡水库保持的库容，可以开关闸门调蓄上游来水，减轻卡冰壅水对堤防的威胁。

为灌溉和城市用水、工业用水提供水源。根据黄河汛期泥沙多，非汛期泥沙少的规律，三门峡水库采取“蓄清排浑”的原则，在冬季结合防凌，蓄一定水量,支援抗旱。一九七二年,河南、山东沿黄河地区引黄抗旱浇地一千二百万亩,一九七三年抗旱浇地一千六百万亩,对促进农业增产起了显著作用。同时,也为郑州、开封等城市提供了水源。去年五月,还向华北地区送水二亿七千万立米,支援华北,特别是天津市人民的抗旱斗争。

发电。电站改建后,利用黄河天然径流发电,计划发电装机容量二十万千瓦,第一台我国自行设计、制造的五万千瓦低水头水轮发电机组已于一九七三年十二月二十六日正式发电。

三门峡工程的改建,为我国开发利用多泥沙河流提供了经验,这就是在多泥沙河流修建水库,防止泥沙淤积是工程能否长期发挥效益的关键。只要在峡谷河道建库,有足够的泄洪排沙能力,采用合理的运用方式,水库是可以保持一定库容的。同时,三门峡水利枢纽工程的兴建,也为我国社会主义建设培养了一支水利建设队伍。现在,全国许多重要水利建设工地上,都有参加过三门峡工程建设的工人和技术干部,为发展我国的水利建设事业贡献了力量。

三门峡水利枢纽工程的改建虽然取得了成绩,但是有些问题还有待于今后在实践中继续解决,有些认识还有待于在实践中逐步丰富和完善。广大工人、技术人员和干部,决心继续努力,使三门峡水利枢纽工程在社会主义建设中发挥更大的作用。

在毛主席的无产阶级革命路线指引下,我国工人、技术人员和干部破除迷信,解放思想,大胆实践,对黄河上的大型水利枢纽工程——三门峡水利枢纽工程进行了改建,取得了初步成功。

黄河怒涛连天涌

——揭穿《反击》篡改三门峡工程改建历史的阴谋

水利电力部大批判组

《人民日报》(1977 年 1 月 25 日)

反动影片《反击》是以黄河三门峡水利枢纽的改建工程为背景的。影片中让“四人帮”及其亲信的化身江涛、赵昕,在黄河工地上张牙舞爪,指挥一切,俨然是黄河工地的总指挥,两岸人民的“救世主”。我们要问:究竟谁是黄河两岸人民的大救星？三门峡水利枢纽工程改建的胜利又是怎样取得的？我们有责任把被他们颠倒了的历史再颠倒过来。

奔腾不息的黄河，是中华民族的摇篮。但在历代反动阶级统治下，黄河却又以“害河”而闻名于世，岁岁泛滥，年年闹灾。“一唱雄鸡天下白”，是我们伟大领袖毛泽东主席领导我国人民推翻了三座大山，才开创了征服黄河的新时代，使黄河“旧貌变新颜”。

人们永远不会忘记伟大领袖毛泽东主席对治理黄河的亲切关怀。中华人民共和国成立后，他老人家曾多次亲临黄河视察，听取治黄工作的汇报，做了许多重要指示，一九五二年发出了“要把黄河的事情办好”的伟大号召。毛泽东主席又亲自主持第一届全国人民代表大会第二次会议，批准了《关于根治黄河水害和开发黄河水利的综合规划的报告》，向全国人民发出治黄的动员令。我们敬爱的周恩来总理，为了落实毛泽东主席治理黄河的伟大号召，日夜操劳，呕心沥血，多次亲自在大河上下实地考察，多次主持会议讨论和制定治黄的决策，多次指导对黄河流域的治理规划和重大的工程设计，直至前年病重期间，还惦记着黄河的事情，关怀着黄河两岸人民的疾苦，一再询问三门峡水利枢纽工程改建后是否解决了泥沙淤积的问题。毛泽东主席是黄河两岸人民的大救星，周恩来总理是黄河儿女的贴心人。

影片所指的那个“黄河大坝排沙工程”，即三门峡水利枢纽改建工程。三门峡水利枢纽，是黄河干流上第一座大型水库，是我国人民在党的领导下，为根治黄河水害，开发黄河水利的一次巨大尝试。但是，由于黄河是世界上含沙量最大的河，工程兴建时，我们又缺乏实践经验，技术上依靠“洋拐棍”，水库建成后，库区泥沙淤积严重。面对这种情况，是坚持一分为二的观点，还是肯定一切或者否定一切？是坚持在实践中不断总结经验，敢于改建，敢于依靠自己的力量解决泥沙问题，还是迷信“洋拐棍”？正是我们敬爱的周恩来总理高举毛泽东思想伟大旗帜，给治黄工作者指明了改建三门峡水利枢纽工程的正确方向。一九六四年十二月，周恩来总理亲自主持召开治黄会议，研究解决三门峡改建的问题。他耐心地听取各种不同意见，循循诱导大家用毛泽东主席光辉的哲学思想分析黄河和三门峡水利枢纽工程的问题。他要求大家好好读一读当时刚出版的毛泽东主席的《人的正确思想是从那里来的？》这篇光辉著作，并恳切地说：“一切问题都要在现场去实践，通过实践，取得经验，不断总结，然后再实践再总结。就是物质变精神，精神变物质”。十二月十八日，周恩来总理送给到会每个同志一本毛泽东主席的《四篇哲学著作》，并且指示一定在当晚就送到每个代表的床头上。同志们手捧毛泽东主席的光辉著作,激动万分。在周恩来总理亲切的教导之下,统一了大家的思想,确定了三门峡水利枢纽工程改建的原则。

一九六五年二月,三门峡水利枢纽改建工程的战斗打响了。英雄的水电建设工人,苦战了四个年头,提前一年完成第一期改建任务。在无产阶级“文化大革命”中,周总理委托河南省委主要负责同志主持、研究、确定了第二期改建方案,并于一九七三年胜利完工。水库经过两次改建,大大提高了泄洪和排沙的能力,基本解决了库区的泥沙淤积问题,使三门峡水利枢纽工程较好地发挥了防洪、防凌、灌溉和发电的综合效益。

三门峡水利枢纽工程的改建成功,是毛泽东思想的伟大胜利,是无产阶级“文化大革命”的丰硕成果,是我们敬爱的周恩来总理长期的亲切关怀和正确指导的结晶,也是参与这一工作的广大工人、干部、技术人员坚持自力更生、艰苦奋斗的结果,大长了中国人民的志气,大灭了帝修反的威风。

这就是三门峡水利枢纽工程改建的真相,这就是历史的真实。

现在,我们看看“四人帮”在《反击》这部反动影片中,对历史是怎样篡改的吧!

他们对伟大领袖毛泽东主席对治黄工程的关怀,对敬爱的周恩来总理的功绩,对河南省委和工程局党委的有力领导,一笔抹煞,只字不提。影片一开场,江涛神气十足,把哨一吹,小旗一摇,喊一声“放”,一阵连珠炮,只见浓烟四起,所有的洞子都炸开了,大功告成了。这种荒谬的虚构,说明了他们多么利令智昏,愚昧无知。他们贪天之功,欺世盗名,把先后花费了九年功夫,在党的领导下,在艰苦实践中取得的成就,搬到他们自以为得势的一九七五年,变成了在几个月内,江涛一伙一蹴而成的“功勋”,把胜利进行三门峡工程改建这顶治黄的桂冠,戴在自己的头上。不仅如此,这帮祸国殃民的蛀虫,与水利从没沾过边,反而倒打一耙,编造谎言,恶毒诋毁我们的党和政府不搞水利。他们在影片中捏造了这样一个情节,说有人反对改建方案,“用几十万吨石油,向外国买了几条被淘汰的破船”来敷衍塞责,还说“从西方国家进口挖泥船排沙”的方案,“是‘文化大革命’中早就批过了的”。他们明目张胆地污蔑中央负责同志是专走老路的复辟派,是出卖资源的洋奴才。“四人帮”手中无真理,乞灵于谣言诡辩,装腔作势,不能不漏洞百出。你看他们无知到什么程度:淤积在水库里的多少亿吨泥沙,能用挖泥船挖掉吗?挖出的泥沙又放在哪里呢?脑筋稍微正常的人,谁会想出这个“办法”?稍微有点普通常识的人,谁能相信这些鬼话?只有搞阴谋诡计的“四人帮”及其御用工具“梁效”之流,坐在玻璃窗里做文章,才会杜撰出这种叫人笑掉大牙的“方案”来。可见

“四人帮”为了反革命的需要，什么离奇的谣言，也编造得出来，什么无耻的勾当，也会干得出来，什么莫须有的罪名，也都可以硬扣在别人头上。

他们无视工人阶级的辛勤劳动，无视人民群众的力量，大言不惭地把排沙工程的胜利说成是“老江”带领黄河大学师生“开门办学”的成果，真是荒唐到了极点！不错，“四人帮”黑干将所在的清华大学曾经到黄河工地去开门办学，可惜此事和这位黑干将毫无关系。我们敬爱的周恩来总理十分关怀教育革命，一九六九年三门峡水利枢纽改建方案确定后，亲自指示清华大学，让水利系到三门峡工地去开门办学，参加改建工程的实践。广大师生遵照周恩来总理的指示，积极到工地接受工人阶级的再教育，接受沿河贫下中农的再教育，结合实践学习，改造了思想。事实就是如此。可是，在《反击》中，偌大的治黄工地，既看不到工地党委，又没有水电建设工人，百米高的混凝土大坝上，只有挑着土篮跑来跑去的学生。这是要让学生去接受谁的再教育？又是去和谁相结合呢？赵昕和江涛搞的不是什么“开门办学”，而是开门点火，伸手摘桃。

“四人帮”篡改历史的目的是要把自己打扮成救世主，为篡党夺权制造反革命舆论。请看：影片中那个野心家江涛，他不仅成了省委第一书记韩凌二十多年前的“救命恩人”，而且还是“正确路线的代表”。江涛的黑后台赵昕是江青的化身。他们通过影片污蔑和攻击中央和地方坚持毛泽东主席革命路线的负责同志，吹捧江青和他们的黑干将，完全是为江青龙袍加身，粉墨登基，建立江氏王朝，帮天下制造舆论。

玩火者自焚，玩水者灭顶。“凡属倒退行为，结果都和主持者的原来的愿望相反。古今中外，没有例外。”“四人帮”炮制《反击》这部反动影片，本想把它作为登基坐殿的开门炮，结果，却成为他们篡党夺权阴谋的一个罪证。黄河在咆哮，大海在怒吼。我们一定要乘胜前进，在以华主席为首的党中央英明领导下，把揭露批判“四人帮”的这一场伟大政治斗争进行到底！

三门峡的春天

《人民日报》(1978 年 1 月 1 日)

三门峡是人们熟悉的名字。

人们之所以熟悉它,主要不是因为这里有传说中大禹凭借鬼斧神工劈开的三门(人门、鬼门、神门),而是由于在毛泽东主席、党中央领导下,中国人民用自己的双手锁住蛟龙,建设了黄河干流上第一座大型水利枢纽工程。

但是,在"四人帮"横行霸道的日子里,三门峡上空却笼罩一片乌云。在英明领袖华主席粉碎"四人帮"后的今天,这里山川一新,巍巍大坝拦起万顷平湖,碧波荡漾,坝后三门峡发电厂里,水轮飞转,强大的电流通过新架的高耸入云的铁塔银线,输送到中原大地。三门峡水利枢纽傲然屹立峡谷,发挥着防洪、防凌、灌溉、发电等综合效益。新兴工业城市三门峡市,龙腾虎跃,欣欣向荣。

一九七六年,穷凶极恶的"四人帮",煞费苦心地选中了三门峡水利枢纽改建工程作为背景,炮制了反党影片《反击》,把攻击的矛头指向我们敬爱的周恩来总理,指向华国锋主席为首的党中央。"四人帮"及其余党的资产阶级帮派势力有了《反击》这一影片作为精神支柱,倾巢出动,在三门峡市大打出手,从市委一直揪到基层,弄得各级领导上不成班,办不成公,许多工厂处于瘫痪、半瘫痪状态,牛鬼蛇神横行,资本主义泛滥。

乌云遮不住太阳。压在三门峡人民心头的怒火越烧越旺。人们想:为什么他们别有用心地要篡改历史,竟把历时九年,凝聚着周恩来总理心血的三门峡水利枢纽改建工程,变成江涛一伙"开门办学"的"功勋"?在那些日子里,人们多么怀念敬爱的周恩来总理呵!周恩来总理三次亲临三门峡指挥根治黄河工程的光辉业绩,激励着人们坚持战斗。

在工程建设初期,周恩来总理带着毛泽东主席关于治理黄河的指示和设想,亲自来到三门峡工地视察。在三门峡市,周恩来总理亲自主持召开现场会议。经过四天的学习、讨论,周总理集中大家的意见,科学地分析水库的发展前景,具体规定了工程设计的一些重大原则。三门峡建设者们在流量超过设计标准一倍的情况下,实现了截流,创造了世界截流史上的最高纪录。一九六〇年,工程提前一年具备了拦洪条件。在这关键时刻,苏修背信弃义,撕毁合同,撤走专家,停止设备供应,妄图以此压垮我们。周恩来总理面对苏修的威胁,迎着风浪,力挽狂澜,按照毛泽东主席独立自主、自力更生的方针,果断地做出了我们自己干的决定,勇敢地回击了苏修挑战,大长了中国人民的志气。

三门峡水库建成不久,出现了严重的泥沙淤积。在这严重时刻,周恩来总理又亲自主持召开治黄会议。周恩来总理从上下游全局出发,运用毛泽东思想,精辟地分析了水库泥沙淤积问题,使同志们认识到同为害几千年的这样一条多泥沙大河做斗争,不可能是一帆风顺的,要在实践中认识黄河,改造黄河。周恩来总理勉励大家说:“总有一天可以把黄河治好,我们要有这样的雄心壮志。”周恩来总理嘱咐组织会议的领导干部,把毛泽东主席的《矛盾论》《实践论》《人的正确思想是从那里来的?》等哲学著作,每人送一本,当晚就送到床头。周恩来总理高举毛泽东主席的伟大旗帜,使红太阳的光辉一直照耀着大坝工程改建的胜利征程。从一九六五年开始到一九七二年,三门峡水利枢纽工程进行了两次改建,基本上解决了泥沙淤积问题;又改建了发电厂房,使三门峡水利枢纽发挥了防洪、防凌、灌溉、发电等综合效益。

在普天同庆英明领袖华国锋主席为首的党中央一举粉碎“四人帮”的大喜日子里,第三台机组正式发电了。接着又快马加鞭,在去年十一月完成第四台机组的安装,使发电量在初见成效的一年里猛增一倍。最近,他们在华主席关于一定要充分利用水力发电,把电搞上去的指示鼓舞下,以只争朝夕的精神,投入了第五台机组安装战役。

黄河下游安全度过凌汛期

《人民日报》(1980 年 3 月 5 日)

新华社郑州电 到二月二十六日,黄河下游封冻河段已全部解冻,安全度过了凌汛期。

今年一月下旬至二月上旬,黄河下游连续受两次强冷空气的袭击,从河南台前县到山东入海口,黄河先后封冰河段累计长达三百多公里,在流凌封河过程中,有些河段水位比封河前壅高二米以上,有些滩地串沟进水。沿河各级领导对防凌工作很重视。山东省军区和济南、德州、惠民等地、市以及山东省河务局的领导,先后赶赴黄河堤线察看凌情,部署防守,加强戒备。河南有关部门也采取有效措施和凌汛做斗争。

凌汛是黄河特有的水文现象。黄河基本上属于封冻河流,上游河道坡陡流急,只流冰不封冻,但地处河南、山东平原的下游河道,坡度缓,流速小,严冬季节就要封冻。立春前后,封冻渐融化,冰凌顺水流到还没有开冻的下游河段,往往出现卡冰限水,形成冰坝,严重时就会冲决大堤,泛滥成灾。历史上黄河凌汛造成的灾害很严重。中华人民共和国成立后,沿河军民在和凌汛的斗争中,曾采取了人工爆破、破冰船压碎等方法,收到一定效果。近几年来在凌汛期间,利用三门峡水库对流量进行控制,丰富了防凌工作的经验,取得了主动权。今年凌汛期中,在中央的统一安排下,三门峡水库根据下游防凌安全的需要,在半个月的时间内把下泄流量控制在每秒二百立方米左右,保证了河水没有漫滩淹没耕地,为安全度过凌汛期创造了有利的条件。

防洪·防凌·灌溉·发电
三门峡水利枢纽工程综合效益显著
仅发电一项就已收回国家全部投资

王　耕

《人民日报》(1986年7月6日)

新华社郑州6日电　三门峡水利枢纽工程在防洪、防凌、灌溉和发电等方面发挥了重要作用,取得了显著的综合效益,其中仅发电一项的收益就已收回国家对这项工程的全部投资。它为在多泥沙的黄河上规划建设和管理运用大型水库积累了经验。

1957年动工兴建的三门峡水利枢纽工程,是我国治理黄河的第一项重要工程。大坝建成蓄水后,泥沙淤积问题成了这项工程发挥综合效益的最大障碍。1964年12月,周恩来总理亲自主持召开治黄会议,研究总结了三门峡水利枢纽工程的经验和教训,并确定了以增大泄洪、排沙为主的改建工作。

三门峡水利枢纽工程通过改建取得了成功。改建前,三门峡水库每年来沙量占整个黄河泥沙流量的98%,造成大量泥沙淤积。自1973年改建工程全部完工后,陕西潼关以下的三门峡库区保持了一个约十八亿立方米的不淤库容,可以长期用以防凌、灌溉和发电;汛期,蓄洪库容可以增大到六十亿立方米。

现在,三门峡水利枢纽工程在一年当中发挥着不同的功效。春旱之时,大坝提闸放水,使下游河南、山东等地两千多万亩良田得到灌溉;伏秋大汛,控制住了黄河下游的两个洪水来源区,减轻了下游的防洪负担;冬季,在黄河下游凌汛期间,利用水利枢纽工程调节水量,战胜了多次特大凌汛,保证了胜利油田的安全生产。同时,从1973年以来,已有五台五万千瓦水轮发电机陆续并网发电,到今年5月底已累计发电一百零五亿七千万度。整个三门峡水利枢纽工程取得了巨大的社会效益和经济效益。

三门峡电厂帮助部队培养两用人才

白献民　张泉水

《人民日报》(1986年10月12日)

本报讯　截至9月底,河南省三门峡发电厂近两年来投资十万余元,为担负大坝守护任务的武警某部五中队培养两用人才,已见成效。去年初,三门峡电厂的领导主动投资为部队开办电工、钳工、照相等培训班,派厂里的工程师和技术员为他们讲课。在厂领导的支持帮助下,战士们学到了一至两门技术,经过考核,都拿到了三级工合格证书。据9月调查,去年退伍的二十三名战士已有二十二名被地方有关单位聘用。

三门峡，激动人心的地方

本报记者　陈勇进

《人民日报》(1986 年 11 月 11 日)

三门峡，是五十年代激动人心的地方。她之所以能使人激动不已，是因为我国在经济状况还很困难的情况下，在黄河的三门峡建立一座大坝，把黄河水控制起来。

按照当时测量的数据，三门峡大坝建成后，可控制黄河流域面积 90% 以上的洪水。这座大坝能起到防洪、防凌、发电、通航的作用。加上在黄土高原上封山育林，加强水土保持，二十年后，黄土高原会被森林覆盖。到那时，黄河将是一河清水向东流。

1957 年 4 月，三门峡工程动工兴建的时候，报纸、电台天天有三门峡的消息。三门峡炸石头的炮声，机器的轰鸣声，加上黄河水的波涛声，三门峡沸腾起来了。

为了建好三门峡，周恩来总理、彭德怀副总理于 1958 年 4 月 21 日上午来到三门峡。两位老革命家看到自己的国家能建设这么大的工程，也真是高兴。他俩沿着神门岛的木梯走下去，到了电站与泄洪孔间的石墩上，看工人怎么浇灌混凝土，怎么绑扎钢筋。然后，他俩又从张公岛往南，走上临时架的浮桥上，周恩来总理望着波涛翻滚中的"中流砥柱"石问：砥柱石上的诗还有没有？刘子厚局长回答说风化了。周总理问的是唐太宗时魏征写的那四句诗"仰临砥柱，北望龙门，茫茫禹迹，浩浩长春"。周总理关心民工的生活。他走近宝丰县来的民工李长河跟前。李长河一面拿着红薯馍吃着，一面高兴地向周总理招手。周总理从李长河的手里要过红薯馍来，掰下一块放在嘴里。三门峡的建设者们看到周恩来同志嚼红薯馍，欢呼起来。

黄河，在三门峡被切断了。到 1959 年 7 月，三门峡大坝已完成六十八米高。有这样的高坝，人们感到安全了。三门峡工程的指挥者，要研究的下一个问题是，拦洪发电。

1959 年 10 月 12 日夜晚，周恩来总理第二次来到三门峡。他一到三门峡，就听汇报，直到深夜。第二天一早，他又步行到三十多米高的塔式吊车旁,他要和机电工郭克敏上高塔上看看。随同周恩来总理来的钱正英副部长笑着劝说:你可上不得。周总理坚持要上去看看。负责保卫工作的同志说,周恩来总理穿的是皮鞋,上吊塔不合操作规程。周总理点头笑着到机装车间去了。

三门峡水利枢纽工程于1960年蓄水了。黄河之水没有按照人们的设想驯服地服务人民,三门峡水库淤积了。淤积的部位从潼关向渭河迅速发展。淤沙威胁着关中平原和西安市的安全。人们担心花这样大人力、财力建设的三门峡工程,要报废了。人们为三门峡水库的淤积感到泄气。这个经过第一届第二次人代会讨论通过的三门峡工程,果真失败了吗?就在这时,周恩来总理、陈毅副总理趁陪外宾的机会,第三次来到三门峡。周总理针对各方人士的不安和责难,对于三门峡出现的问题,自己承担了责任,并做了自我批评。同时,他指出:三门峡工程,是根治黄河的第一个尝试。实践中,一定会遇到意料不到的新情况。必须深入探索继续前进中的问题,以保证逐步达到除害兴利的目的。周总理要三门峡建设的指挥者们多多听取不同的意见,他说:历史是发展的,黄河在中华人民共和国成立前不能治理,我们要摸索规律,认识规律,掌握规律,不断地解决矛盾,总有一天会把黄河治好。我们要有这个雄心壮志。1964年年底,周总理主持会议,决定改建三门峡水库。在这次会议上,王化云同志详细地谈了改建的计划,上拦下排,两岸分滞,包括修水库,水土保持,排洪排沙入海。

改建三门峡水利枢纽工程的计划,要在1965年到1968年完成,改建的方法,是在三门峡坝底左岸,打两条泄洪排沙的隧洞。在这里,上面是悬崖绝壁,下面是吼叫的洪水。工人把绳子系在腰间,实行高空背水凿石,待有立足之地,再打眼凿洞。两条长九百多米,直径十一米的隧洞和"四管"工程提前一年完成了。水库泄洪能力由三千个流量,增加到六千个流量。

改建三门峡水利枢纽工程继续进行,又征得八十个改建方案。从1970年年底至1973年年底为第二步改建工程。第二步改建的方法,是打开水坝底部原来施工时排水用的八个底孔,把四条发电引水钢管和一条泄流排沙钢管降低了十三米。同时,把过去高水头发电,改为低水头发电。

改建后的三门峡水利枢纽工程,泄洪能力加大了;排沙能力加强了。三门峡出现大洪水时,可随时关闸拦洪,放水灌溉。自1973年起,五台五千万千瓦发电机组陆续并网发电。水库的泥沙冲积,年年平衡,库容一直稳定在十四亿立方米以上。

改建后的三门峡水利枢纽工程,使大量的黄河之水能关能进,缓解了多次汛险；使河南、山东黄河两岸的两千多万亩土地，及时得到浇灌；一千多万亩盐碱化的土地变成良田；使花园口以下河道的恶性凌汛，得到了控制。

三门峡工程改建后，到今年5月，累计发电一百零五亿万度，仅此一项，便收回了国家对三门峡水利枢纽工程的全部投资。

三门峡工程的建设，使我党领导人民在黄河的治理上，走出坚实的一步。在万里黄河上，建成了众多的大型水利工程。龙羊峡已出现在黄河的上游。三门峡以下，将兴建一项更大的工程，对黄河之水将有更大的约束力量。

三门峡水利枢纽三十而立成绩斐然 防洪、防凌、减淤、灌溉、发电和供水多功能并举，社会经济效益显著

记者　王　耕　通讯员　刘江东

《人民日报》（1987年4月17日）

新华社郑州16日电　我国万里黄河上第一座大坝——三门峡水利枢纽30年来先后经过二期改造工程，将防洪、防凌、减淤、灌溉、发电和供水等多功能并举，创造了显著的社会效益和经济效益，为处理黄河泥沙问题和在多泥沙河流上修建水库闯出了新路。

1957年4月动工兴建的三门峡水利枢纽工程，标志着中国人民从此开始了治理黄河新的实践。堪称世界难题的黄河泥沙问题是第一道难关。由于原设计估计不足，水库蓄水后有93%的来沙淤积库内，上游潼关河床抬高，直接威胁古城西安和关中平原，造成有库不能蓄水、有坝不能发电的困难局面。1968年一期改造工程完成后，三门峡水利枢纽的泄流排沙能力由原来的3084秒立方米提高到6102秒立方米，库内泥沙淤积有所缓和。1971年，三门峡水利枢纽经过二期改造后，泄流排沙能力增大到9497秒立方米，并创造出独具特色的“蓄清排浑”运用方式，上游潼关河床下降1.8米，对西安和关中的威胁得到控制。

目前，借鉴三门峡水利枢纽工程的成功经验，已决定在黄河下游将再建一座关键防洪工程——小浪底水利枢纽。由这两个大型水利枢纽组成的防

洪体系，将使黄河下游防洪标准由现在的不足百年一遇，提高到千年一遇。

现在，春临黄河，三门峡水利枢纽提闸放水，能灌溉下游2000多万亩良田；汛期到后，蓄洪拦洪，减轻下游防洪的负担；冬季凌汛，可根据下游封河情况，调节水量，曾战胜多次特大凌汛。同时，三门峡水利枢纽在解决黄河下游沿河城市用水方面发挥了重要作用。在发电方面，到1986年年底已累计发电108.5亿度，创产值7亿元，相当于国家对三门峡水利枢纽工程的投资。

我国泥沙研究成果可观
赢得各国专家高度评价

刘爕阳　李　钢

《人民日报》(1989年11月17日)

本报讯　我国在泥沙研究方面取得举世公认的成就，近50万平方公里的水土流失面积已经得到治理，占全国水土流失总面积的1/3。

我国是一个人口众多而耕地相对较少的国家，水土流失严重。仅黄河挟带泥沙平均每年高达16.4亿吨，全国水土流失面积为150万平方公里。党和政府对水土保持十分重视，近年来，这项工作取得很大的成就。

近日在京召开的第四次河流泥沙国际学术讨论会上，我国专家、学者提供了100多份学术论文，其中有使几乎淤废的三门峡水库起死回生的水库淤积调水调沙方法；有达到国际先进水平的泥沙模型试验，葛洲坝水利枢纽引航道的泥沙问题就是借助于这项试验而解决的；有1982年以来综合治理7000多条小流域的理论总结，它所概括出来的模式已取得较好的社会效益、经济效益。这些成果受到来自美国、联邦德国、日本、法国、英国等29个国家和地区的专家、学者的高度评价。

从治黄看决策

本报记者　凌志军

《人民日报》(1990 年 6 月 17 日)

记者于初夏沿黄河下游行 2000 公里,方知黄河的治理是中华人民共和国历时最长、牵涉面最大的重点工程。成果是可观的:大堤,水库,电站,灌区,40 年伏秋大汛没有决口……

“但是,在这一切有形的成果背后,还有一种无形的成果。”黄河水利委员会副主任仝琳琅说。他指的是 40 年治黄决策的种种曲折与成功。

(一)

黄河问题的复杂性在于她的“黄”,她每年挟带的泥沙,可以沿赤道为地球筑一条 1 米厚、27 米宽的“大腰带”。水土流失,泥沙淤积,河床高悬,使黄河成为世界上最难驾驭的一条河。

但是,人们只是到后来才认识这一点。1955 年,当中华人民共和国推出第一套治黄的决策时,人们想的是“3 年初控,5 年永定”。谁也没有想到,豫西三门峡水库的兴建会使水势西逼百公里外的关中平原,而“确保西安”的方针又使上千公里外的下游地区承受着洪水的压力……

治黄需有决策,但正确的决策必有一个前提,即真正地认识黄河。作为治黄全局的机构,黄河水利委员会 40 年间先后推出 3 大决策:50 年代,蓄水拦沙;60 年代,上拦下排;80 年代,调水调沙。决策“三部曲”反映了人们认识黄河的轨迹。

蓄水拦沙,核心是“拦”。其基本方略:层层筑坝,截水拦泥,让黄水变清流。这个方略明显地低估了黄河的泥沙,因之它非但没能实现“5 年永定”,反使三门峡水库建成 5 个月后,即因泥沙淤积不得不进行改造。

挫折令人们改变初衷,实施“上拦下排”之策。中游改建水库,下游破坝固堤,把“大部分泥沙排入深海”。然而每年仍有至少 4 亿吨泥沙淤积,以至河床越来越高。于是,每 10 年一次大修堤,水涨堤高,终未决口,这是“上拦下排”最成功的所在。问题是,如此堤河竞赛,几时能休?

正是在失败与成功中，人们发现，黄河不可能变清，也无须变清，黄水有害也有利，关键在于兴利除害，而不是让它白白流入大海。“调水调沙”的决策由此而出，其思路显然已不在“拦”与“排”之间，而在于“用”，即让黄河的水和泥沙造福于人民。

从“拦”到“排”，再到“调”，大体是40年治黄决策发展的总脉络。在这条总脉络背后，人们对黄河的认识在实践中不断深化。

今天到黄河来的人们喜欢讲“黄河精神”，喜欢抒发种种“人定胜天”的感慨。但那些治黄的实际决策者们开口必称“认识规律”。30年奋斗于黄河，身患癌症仍矢志不渝的高级工程师赵业安说：“‘黄河精神’的最重要的一点，就是不懈地探索黄河的规律。”很明显，精神的因素是重要的，但若仅凭精神，断不会有治黄的成功。

（二）

当我们沿黄河下游灌区行走的时候，去年丰收带给农家的喜悦还未消退。

1989年山东大旱，眼看减产已成定局，所幸山东有着沿黄9省（区）中规模最大的引黄灌区，它在大旱之年把123亿立方米黄河水引到鲁西北2400万亩土地，使这里的增产势头一如既往。全省以增补歉，总产仍有所增。因此，人们都说这里没有黄河便没有农业。

“开发黄河水利”的基本决策产生于建国初期，此后40年一以贯之。实践已证明这个决策是正确的。但是，正确的决策之下也有“败走麦城”的记录。

1958年是新中国引黄灌溉史上的第一个高潮。整个下游堵河道，修水库，大引大灌，有灌无排，使鲁、豫两省1200万亩耕地泛盐生碱，增产变减产，最后被迫弃耕抛荒。人们万般无奈下，关闸停灌，变大引黄为大堵黄。等到人们惊悸平息，除涝治碱，重新构造灌排配套、井渠结合的引黄系统，已是10多年以后的事。

今天，豫鲁两省的引黄灌区已连接成片。84个县（市）的3000万亩耕地得益于黄河之水，甚至一向被视为大敌的泥沙也开始变害为利，它随河水出河道，入农田，淤积成片，300万亩荒地由此成为良田。

后来者只看到昔日荒滩今日成为米粮川，过来人却念念不忘那一段曲折。开发黄河水利的决策，大方向没有错，但它仍可能导致不同的结果。同是黄河水，可以增产，也可以减产；可以洗碱冲盐，也可以生碱泛盐；可以改荒地为良田，也可以变良田为荒地。看来，仅仅大方向正确并不能万事大吉，在决策与行动之间,仍有一连串环节须精心设计。一个环节的得失可能使结果大相径庭。引黄灌溉,先前的失败在于此,后来的成功也在于此。

(三)

有两件事值得回味。

其一,在黄河中游干流修建小浪底水库的方案,经20来年的构思与设计,如今已相当成熟,本应早日决策,尽快上马。但今年4月黄委提出的一份报告中仍将它与其他诸种解决下游问题的方案一一列出,这就使小浪底水库方案在未最后确定之前,仍只是百花中之一花,而非一花独放。

其二,26年前,周恩来总理主持的治黄会议上,100多位专家各抒己见,百家争鸣,最终归为两家,王化云坚持"上拦下排",即把泥沙拦在上游与排入大海;林一山坚持"大放淤",即放手把泥沙引出河道淤积,改土造田。王、林两人同是水利专家,又为多年好友,但在治黄方略上争执不下。大家都等着总理"拍板"。总理却说:"不要急于下结论,你们都可以做规划,搞试验。"

这两件事之所以值得回味,是因为它涉及我们决策过程中的某种观念。

治黄的专家们都把黄河叫作"争鸣之河"。60年代三门峡水库的得失引发了第一次大争论;70年代"上拦下排"的方针引发了第二次大争论;80年代围绕小浪底水库是否上马又展开了第三次大争论。40年治黄,争论不止,而每一次争论便推动决策来一次大进步。正如总工程师王长路所说:"没有争鸣,便没有决策。"

不同的,甚至对立的思路的交锋,并不会干扰决策,而正是决策的前提。当年相持不下的"拦"与"放"两大派,今天则同化为"调水调沙"的大决策。上中游筑坝、建库、植树、种草,是取"拦"的精华;下游引浑水,放泥沙,固大堤,改土壤,是取"放"的精华。两利相加,殊途同归。其结果是使黄河泥沙量在近10年中减少了大约10%。

(四)

1990年给万古长流的黄河之水带来了某种新的意义。

引黄济青工程于数月前全线贯通。就引水的角度看,此举并无新意,因为过去曾有引黄济津的先例。引人注目的是青岛制定的用水决策:新水新价,花钱买水票,凭水票供水。

治黄的决策长期以来建立在一个基础之上:水是没有价值的,我们所付出的只是开发水利的投资和劳力的报酬。如今这个基础开始动摇。下游两岸地下水逐年下降,梁山800里水泊已干涸见底,泉城72泉也所剩无几。中国贫水,北方尤甚,而黄河又是黄淮海大平原上最大的河流。因之,人们便很自然地把眼睛盯着黄河。农业靠它灌溉,工业靠它生存,城市靠它供水。过去山东人因有胜利油田而得意万分:石油是第一战略资源。现在他们说,水才是第一战略资源,因为,这里每开采1吨石油要3.7立方米黄河水。

然而“第一战略资源”又是最不值钱的。尽管黄河沿岸近几年已陆续开始征收引黄水费,但那只是象征性的,还不足维修水利工程的费用。这表明过去的所谓水费,其实只是水利工程维修费。

水既珍贵又低贱,带来了一系列矛盾。一方面,人们引水,抢水,这使黄河近15年中断流19次,各地计划的需求量,更远远超过了黄河的总水量。另一方面,人们又任意挥霍用巨大代价引来的水,渗漏的、蒸发的、白白排走的……专家们估计,在每年引出的200多亿立方米黄河水中,真正有效利用的不足1/3。

看来事情确如水利部副部长钮茂生所说:“水的决策落后于水的形势”。

对于治黄的决策,单从一个角度去看是不行的。既要看到大汛洪水的危机,也要看到水资源短缺的危机;既要考虑政治、社会的效益,也要考虑经济、生态的效益;既要看到河槽里的水,也要看到粮食里的水、石油里的水、工业产品里的水、城市发展中的水……

黄河是一条很有人情味的河,你越珍惜它,它便越多地为你创造财富。现在,每立方米黄河水在宁夏、内蒙古灌区创造0.2公斤粮;在豫、鲁灌区创造0.5公斤粮;在陕、晋灌区创造2.5公斤粮。差别如此之大只是因为,陕、晋花费很高的代价抽水提灌,因而格外珍惜水。同样的事今天更明显地发生在青岛。这里的水价高于其他城市几倍,而水创造的价值则高于其他城市十几倍。这表明,正确的决策虽然不可能造就更多的水,却可以使同量的水为人民办更多的事。

人们断言,仅靠黄河水无法解决中国北方缺水的问题,因而寄希望于把长江水尽快引入黄河。但是,专家们进一步证明说,假如把农业用水的效率提高到陕、晋的水平,把城市用水的效率提高到青岛的水平,就等于给黄河增加200亿立方米水,相当于两个南水北调东线工程的输水。

黄河的治理与开发在40年前是作为“政治任务”提出来的。人们从怕黄河到爱黄河,如今开始珍惜黄河水,治黄的决策也渐渐走向经济的轨道。这可能成为中国治黄史上一个新的转折点。

调整供水计划 增大出库流量 三门峡水库在抗旱中发挥作用

刘 沙

《人民日报》(1992 年 3 月 9 日)

本报讯 三门峡水库在当前抗旱保苗保春播中,调整供水计划,增大出库流量,为黄河下游地区提供了宝贵的春灌水源。

去年汛期黄河流域干旱少雨,上游龙羊峡、刘家峡两水库比同期少蓄水 46 亿立方米。入秋以来黄河下游地区雨雪稀少,旱情严重,主要农作物越冬小麦面临大面积绝收的危险。为此,水利部黄河水利委员会及时调整水库供水计划。从去年 11 月开始,在确保三门峡水库防凌安全的前提下,结合春灌在 2 月凌汛结束后仍继续蓄水,相应蓄水 11 亿立方米。目前,河南今年累计引水 5.1 亿立方米,山东 4.4 亿立方米,使部分农田旱情得到了缓解。

海军潜水分队完成三门峡水下清淤工程

陈远明

《人民日报》(1992 年 9 月 2 日)

本报讯 随着三门峡大坝水下一声声炮响,扩建发电机组的水下爆破清淤工程顺利结束。不久前,三门峡水利枢纽管理局基建分局副局长张金良将一面绣着“奇功胜大禹砥柱镌军威”的锦旗送到海军工程建设总局,称赞该局为扩建工程建设立了头功。

为扩大发电量,三门峡水利枢纽管理局决定进行机组扩建工程。他们向海军工程建设总局求援,海军工程建设总局派出一支潜水小分队,克服种种困难,采用蚂蚁啃骨头的办法,连续作业 3 个多月,移掉了水下坚固的钢筋混凝土“堡垒”,比预定计划提前一个月完成水下施工任务。

大河的怀念
——回忆王化云同志

袁 隆

《人民日报》(1992 年 9 月 27 日)

一

为治理黄河做出重大贡献的原黄河水利委员会主任、党委书记王化云同志,今年 2 月间与世长辞了。但他的辉煌业绩,却在大河上下流传着。

众所周知,历史上黄河下游是三年两决口。1947 年黄河回归故道,王化云受命治理黄河。从此,黄河是岁岁安澜,下游 40 多年不决口,这是历史上的奇迹。在这个奇迹中,王化云出了大力。

在治黄的广大员工中,都认为王化云是个优秀的共产党员,是个成熟的行政领导人,又是治理黄河的专家。王化云从担任冀鲁豫解放区黄河水利委员会主任时起,就认真地学习总结历代治理黄河的经验。中华人民共和国成立后,他负责整个黄河流域的治理,走遍黄河两岸,向专家学习,向群众学习。1952 年毛泽东主席视察黄河时所提的问题,王化云都做了满意的回答。毛泽东主席称赞王化云“钻进去了,是个榜样”,并亲切地叫他为“黄河”。

王化云在生命垂危的时候,还紧紧抓住我的手说:下游防洪工程一定要做好,放松不得。还要……上书,快上小浪底工程……

小浪底工程,是治理黄河的划时代工程。这个枢纽工程,位于黄河干流最后一段的峡谷间,是三门峡以下黄河干流能取得大库容的坝址,也是唯一能够担负防洪、防凌、减淤、供水、灌溉、发电等综合性枢纽工程。这个工程完成后,可使黄河下游的防洪标准,从目前不足百年一遇,提高到千年一遇;可使滞洪区的中原油田和 125 万人民的生命财产得到保障。王化云为做好这个工程,不知到小浪底考察过多少次,为小浪底工程说过多少话。值得告慰王化云的是,小浪底工程已经动工了。

二

1950年初，根据党中央、政务院的指示，组成了统一治理黄河的机构——黄河水利委员会，王化云为主任、党委书记，我是副书记、办公室主任。

在开封召开各省（区）代表参加的第一次委员会时，王化云提出“要把黄河黏在这里予以治理，决不许它再决口改道危害人民”。在这个思想指导下，按照黄河河道上宽下窄的特点，对下游采取了“宽河固堤”的方针，培修堤防，改秸柳草坝为石坝，以增强抗洪能力；废除民埝和生产堤，以扩大排洪能量；为防御更大洪水，保证安全，又开辟了北舍堤滞洪区，加修东平湖水库，兴建了三门峡、陆浑、故县水库，以备分、蓄洪水使用。每逢大洪水时，党政军民一齐上堤严密防守，果然“把黄河黏住了”。

40年黄河不决口，就是贯彻执行王化云提出的“上拦下排，两岸分滞”和加强军民防守的结果。

在这次会议上，王化云还提出：下游要打破“黄河百害唯富一套”的传统定论，创建人民胜利渠，开辟黄河下游灌溉的先例，得到与会者的一致赞同。会后他集中技术力量，进行现场勘测设计，1951年开展全面施工，从渠首引水闸到干支毛渠，一直通到田间、桥涵、跌水，节制闸、退水闸，一气建成40万亩的灌区。

毛泽东主席1952年11月1日视察黄河来到人民胜利渠。当时农村没有电，也没有机器。毛泽东主席带领大家用力摇开进水闸，看着被驯服的黄河水灌溉农田，赞许地说：沿黄河每县都有一座引黄灌溉闸就好了。现在下游沿黄各县，不仅建有一座，甚至已有两三座引黄灌溉闸了。黄河流域总浇地面积已发展到9000多万亩，成为旱涝保丰收的粮棉基地。

三

为了根治黄河，王化云亲自带领我们黄委主要干部，走遍了大河上下，收集第一手材料，为编制《根治黄河水害，开发黄河水利规划》奠定了基础。50年代初我们都没见过水电站，也不知道拦河水库是什么样子。为了学到治河知识，他带我们到东北松花江小丰满水电站参观。之后，我们又到石漫滩、板桥、薄山、南湾以及佛子岭水库工地，学习怎样进行流域规划，怎样选坝址及组织施工等知识。

为了解黄河，每年冬春，王化云都带我们去黄河中上游的干流和主要支流查勘。1951年为现场查勘晋陕之间的禹门口（也叫龙门）坝址，乘船在急流中逆水而上，船工如不能准确地勾住山上的铁环，失控的木船会像流星一样下滑，碰到山上就会船毁人亡。王化云要船工沉住气，用力上拔，在汹涌的激流中，我们终于看清了坝址情况。

四

王化云多次查勘黄土高原，寻找治山、治沟的办法，使西北人民富起来。他骑毛驴、住小店，以苦为乐。1953 年访问黄土高原时，听说雁北高阳西岭村，有一座兔不藏身、鸟不下落的沙石荒山——大泉山，经过十几年的治理，林茂粮丰，细水长流。还有山西柳林县的贾家塬，黄土沟内有一座 20 米高的淤地坝，淤出 70 多方肥沃的土地，年年粮食丰收。这座淤地坝已有 200 年的历史。一个治山的典型，一个治沟的典型，王化云听到后如获至宝。他亲自带我去查看。我们到雁北已是晚秋，天已冷了。赶到大泉山住进庙里，两位出家人和我们谈到深夜。原来庙地土质太差，很少收成，大雨常把窑洞冲塌，逼得不能活，但也没有去处，便在山腰先挖一条沟，雨水进沟分向两边，保住了窑洞安全。要生活就要有水。为把水留下，他们想法挖“鱼鳞坑”植树。18 年挖了 900 多个鱼鳞坑，坑里蓄水保土，树木成林。对较平地块，修成梯田，或挖成沉沙池造田，或修成蓄水池浇地，使之池池相连。大泉山有 32 条沟，他们沟沟进行了治理。这里的人说：“一块坝址，一个小粮仓。加上树木收入，比山坡地高得多。”

看了大泉山，王化云又折向晋西柳林县贾家塬，看沟内淤地坝，为什么黄土沟内打土坝 200 年不垮？结果是坝体壁直，超出地面 1 米，小雨小水连泥带水全消耗在坝内，逐步淤高，随淤随加高，省工易办。坝内植草皮保护，坝下种柳防冲。下大雨发洪水，专人守护。如要溢洪，坝上加席子保护，让洪水在席子上一跃而过。当地群众说：1 亩坝地顶 10 亩坡地收成，姑娘订婚出嫁，有坝地也是好条件。王化云深情地说：我们要让西北千沟万壑，经过几代人的努力，变为无数的小平原，发展生产，减少黄河泥沙，一举两得。

五

黄河三门峡水利枢纽工程，1957 年 4 月开工，1961 年全部建成。10 月库区以上连降暴雨，黄渭并涨，含沙量很大。由于黄河洪水，顶托渭河，难以排泄，造成潼关以上大面积淤积，涝灾扩大。有人说三门峡水利枢纽工程失败了，甚至提出要炸掉三门峡大坝。一时议论纷纷。失误的原因：对水土保持进度和效益估计过高；对库容要求过大，淹地、移民太多。对此，王化云压力很大。周恩来总理关心地说:“要找到确保西安、确保下游防洪安全的办法,要使黄河水沙对上中下游都有利于生产。黄河问题很复杂,我们没有经验,还是看一看再说,不要互相埋怨。”周恩来总理还多次召集国内水利专家和晋陕豫鲁 4 省领导开会讨论。有的主张在三门峡水库以上大搞水土保持,大修拦泥库。这虽然是解决三门峡水库淤积的根本办法,但国家一时拿不出这么多钱来。也有人主张在下游两岸大放淤,改种水稻,以降低“悬河”决口的危险。有的认为建设三门峡水利枢纽工程,拦住了上游大洪水是成功的,不能废掉,有得就有失等。经过两年多调查研究论证,1964 年在周恩来亲自主持的治黄会议上决定,确保西安、确保下游防洪前提下,改蓄水拦沙为蓄清排浑,并在大坝左岸山内增打两条泄洪洞,改造坝内 4 条发电引水钢管,用于泄流排沙,打开导流底门,以利抽沙。这样改造的结果,经过 20 多年的运行,虽然降低了原计划指标,但仍然起到不可代替的防洪、发电、供水、灌溉的巨大调剂作用。特别是打开底门抽沙的实践,创造了淤不死的水库,为今后水利枢纽的建设提供了经验。

在“大跃进”的形势下,三门峡水利枢纽工程建成后,对下游修防产生了错觉。认为修了三门峡水利枢纽工程,下游不需要防洪了,以致堤防林木,遭到破坏。更严重的是发动滩区群众与河争地,大修生产堤。计划在郑州岗李、位山、洛口等修建拦河调水枢纽,设想纵向控制河道游荡,保证灌溉引水,兼顾航运发电,实现下淤河道渠湖化,广大平原河网化。在河南拦腰斩断黄河岗李河段,开辟了贾鲁河、三义砦、共产主义渠和红旗渠四大引黄工程。在山东位山建成了拦河壅水大闸,大搞引黄灌溉。由于只灌不排违反科学,使耕地严重盐碱化,造成人民生活严重困难。随后不得不暂停引黄,恢复排水系统,打井灌溉,改变了耕地盐碱化的局面,粮食产量逐渐上升。

1963 年,王化云看到下游修防的紊乱局面,报告水电部和周恩来总理。总理得知后说:黄河的事我负责。坚决废除生产堤,加强堤防建设,拆除河南郑州岗李、山东位山拦河壅水大闸,以免洪水到来造成决口。王化云在纠正失误上,费尽心血,奔走呼吁,为保证黄河不决口做出了特殊的贡献。

王化云对于新生的治黄事物,总是热情地培植它,浇灌它,使它成长壮大,带动各项工作的不断改革,不断前进。在王化云治黄精神的鼓舞下,全河职工都愿为治理好黄河,献出力量,为人民做出应有的贡献。

三门峡水电站汛期浑水发电试验成功 6年增加汛期发电量2.1亿千瓦时

《黄河报》记者　邓修身　本报记者　李　杰

《人民日报》(1995年3月7日)

本报郑州电　国家"八五"重点科技攻关项目、黄河三门峡水电站汛期浑水发电试验,经有关方面团结协作,联合攻关取得了突破性进展,研究成果达到国际先进水平,为多沙河流水电站的建设、管理和运行,提供了宝贵的经验,近日通过了水利部组织的技术三门峡水电站6年汛期浑水发电试验鉴定。

三门峡水利枢纽是黄河干流上兴建的第一座大型综合水利工程,处于这条复杂难治河流的关键地段。1962年2月第一台苏制混流式水轮发电机组试验发电不到一个月,由于泥沙淤积严重,水库改为"滞洪排沙"运用,已安装的第一台机组被迫拆迁。1965年1月至1978年年底,又先后进行了两次改建,并安装了5台国产单机容量为5万千瓦的轴流转浆式水轮发电机组。1973年第一台机组投入使用后,由于过机含沙量大,导致机组过机部件磨蚀破坏严重,1980年被迫停止汛期发电。

黄河水量的70%来自汛期,汛期不能发电,不仅直接影响三门峡水电站的经济效益,而且还将影响到黄河上的小浪底、万家寨等一系列水电站的建设。因此,从1989年开始,三门峡水利枢纽管理局在水利部及黄河水利委员会的领导和10多家科研单位、大专院校的支持下,团结协作,联合攻关,连续6年进行了汛期浑水发电试验,取得了丰硕的科研成果,并增加汛期发电2.1亿千瓦时,创直接经济效益2200万元。

“黄河宁，天下平”
——治黄五十年回顾

本报记者　王慧敏　江　夏

《人民日报》(1996年10月31日)

确实是个奇迹，黄河度过了50载安澜岁月。

“三年两决口，灾害年年有”，是对千古黄河的真实写照，而“黄河宁，天下平”的美好愿望，只有在中国共产党领导人民治黄的50年中，才真正成为现实。

没有哪条河流像黄河一样，让华夏民族怀有如此复杂的情感——她既养育了这个民族，创造了灿烂的文明，又给这个民族带来无穷无尽的灾难。

黄河，利河？害河？爱她？恨她？历史告诉我们，大凡国家统一，国力强盛，黄河就能得到比较有效的开发、治理，黄河的安宁，又使人民得以休养生息，国家繁荣昌盛；而国家分裂，国运衰微，黄河就被忽略，被遗忘，黄河的频繁泛滥，又使民众流离失所，疾疫刀兵横行。因此，黄河宁则天下平，天下平则黄河宁，两者相辅相成。黄河50年的安澜是最好的证明。

历史上，黄河留下的是饿殍，是眼泪，而在人民治黄的50年中，黄河不仅岁岁安澜，而且带给我们无尽的宝藏。

她是一条极为特殊的河流：“黄河斗水，泥居其七”。

她流经世界上最大的黄土堆积区——黄土高原。这里土质疏松，植被稀少，每遇暴雨，水土大量流失。当她背负着沉重的泥沙蹒跚着迈进黄淮海平原时，已被浸染成彻头彻尾的黄色。由于坡度平缓，沉沉的黄沙渐渐停下了脚步，淤积在河道上。日复一日，年复一年，淤沙越积越高，形成了世界上独一无二的“地上悬河”。中华民族随时面临灭顶之灾。面对黄河，世世代代，人们惊恐不安！

翻开卷帙浩繁的治黄典籍，章章浸透两岸百姓的血泪。

汉成帝建始四年(公元前29年)，黄河决馆陶及东郡金堤，洪水“泛兖豫，入平原，凡灌加郡32县，水居15万余顷，深者3丈，败坏宫室无所数。”

明成祖永乐八年(1410年)8月,洪水入开封,4万余户受灾,750万亩农田受淹。

清道光二十三年(1843年),黄河再决中牟大堤,口门宽达360丈,全河狂泄,河南、安徽饱尝灾难,时人诗曰:"黄河决山左,饥民遍淮徐。"……

史载:自先秦到1945年的2500多年中,黄河共计决溢1590余次,大的改道26次,平均三年就有两次决口,百年就有一次大改道。

一次次的灾难,人们谈黄河而色变。黄河留给人们的是饿殍、是怨恨,是血、是泪。黄河,成为中华民族的心腹之患。"黄河宁,天下平",人们朝思夜盼,然而,无情的洪水把人们的梦想化作泡影。

在中国共产党领导下的人民治黄的壮举,才使黄河获得新生,结束了任意泛滥的历史。

历史上,每当洪水流量超过每秒10000立方米时,黄河下游就要决口泛滥;流量6000~10000立方米每秒时,有一半年份要决口成灾。人民治黄的50年中,尽管黄河出现了12次洪峰流量大于10000立方米的洪水,却岁岁安澜,创造了治黄史上的奇迹!据估算,防洪减灾减少直接经济损失3600多亿元。

此时的黄河,不仅暴戾的性格大为改变,而且用甘甜的乳汁润泽着山川原野:但中华人民共和国成立前夕,全流域灌溉面积只有1200万亩。如今,灌溉规模已增加到1.1亿亩,翻了9倍多。50年来,全河灌溉增产粮食2550亿公斤、棉花80亿公斤、油料70亿公斤,包括其他作物,灌溉的效益达4000亿元。

奔流东去的黄河水带走了泥沙,留下了贫瘠。水土流失与贫穷互为因果。"失血"的土地,遇旱,赤地千里;遇雨,泥流横溢。百姓"十种九不收,饿殍随处有"。水土流失不治,黄河永无宁日。几十年来,按照"为当地农林牧业生产服务,为黄河减少泥沙"的方针,黄河中上游开展了大规模的水土保持工作。截至目前,初步治理面积达15.4万平方公里(占整个水土流失面积的35%)。累计增产粮食593亿公斤,年减少入黄泥沙近3亿吨。绝大部分群众解决了温饱。昔日水土流失地区"天上无飞鸟,地上难长草,黄风不断头,遍地是沙丘"的景观,已被绿树成荫和阡陌纵横所替代。

尽管黄河的水力资源蕴藏量在全国七大江河中仅次于长江,中华人民共和国成立前黄河的水力资源开发几乎是一张白纸,全流域只有两座水电站,装机总容量仅378千瓦。人民治黄以来,国家先后投资53亿元进行水电建设,隆隆的机声打破了黄河的沉寂,龙羊峡、刘家峡、盐锅峡、八盘峡……黄河上矗立起了8座大型水电站,总装机容量达374万千瓦,几乎是中华人民共和国成立前的1万倍,不仅给苍凉的西北带来了光明,而且带动了西北经济的腾飞。

及今,黄河水资源开发利用率已达53%,在国内外大江大河中居前列,为整个流域国民经济和社会发展创造了巨大的效益。海外人士,不管政治观点是否与我们相同,对中华人民共和国创造的两个奇迹都是由衷赞佩的:一是解决了众多人口的吃饭问题,再就是黄河50载岁岁安澜。

为什么暴戾的黄河,在人民治黄的50年中变害为利了呢?根本原因是中国共产党的正确领导和优越的社会主义制度。

中华民族同黄河的拼搏始终没有停止过:从大禹"导河积石"到王景"疏决壅积",再到潘季驯"束水攻沙"……无不体现了仁人志士为使黄河安澜不息奋斗的精神和非凡的聪明才智。历史上一些有为之君对黄河的治理也曾做过一些努力,清康熙帝曾下定"何年乐稼穑,此日是疏通。已著勤劳意,安澜早奏功"的决心。这些努力,在特定的历史条件下起到了一定的作用,但由于受社会制度、生产力发展水平、科技手段等因素的制约,面对黄河,人们更多的是无奈。

为什么"靡有定向,莫奈之何"的黄河能在人民手中变害为利呢?根本原因是中国共产党的正确领导、优越的社会主义制度,以及人民群众的无私奉献。

历史上,黄河有天灾,更有人祸。有的统治者,为了达到政治目的,不惜以水代兵。1946年共产党接管黄河后,一开始就把人民的利益放在首位,把黄河的治理开发纳入了国家经济和社会发展的大局。

建国伊始,百废待兴。党中央、国务院专门召开黄河治理工作会议,总结历史上治河的经验教训,编制了黄河治理开发综合规划,这是我国大江大河中第一部经过全国人民代表大会审议通过的流域规划。

黄河的脉搏连着全中国,也牵动着中南海。几十年来,国家几代领导人始终把黄河问题作为至关重要的大事来抓。1952年10月,毛主席进京后第一次外出巡视,就来到黄河,深情叮咛治黄工作者:"要把黄河的事情办好。"1964年,已届70高龄的毛主席还提出要徒步考察黄河。1958年,黄河下游发生大洪水,周总理亲临黄河指挥抗洪抢险,治黄的许多重要决策都是由他主持制定的,直至1974年,重病在身的周总理,还在惦记改建后的三门峡水库。20世纪80年代初,国家处于经济调整时期,其他基建项目都压缩了,但邓小平同志亲自拍板:每年仍增拨5000万元用于黄河防汛。江泽民、李鹏等党和国家领导人也多次亲临黄河指导工作。江泽民同志题词:"让黄河变害为利,为中华民族造福”。李鹏总理亲自主持小浪底水利枢纽工程开工典礼。党和国家对黄河的高度重视，是人民治黄50年取得巨大成就的关键所在。

黄河流经九省(区)，它的治理开发不单纯是一个工程技术问题，而且涉及上下游、左右岸、各地区、各部门、局部利益和整体利益、当前利益和长远利益的关系。只有从全社会的总体利益出发，公正合理地协调各方面的关系，才能够在全流域内统一规划、统筹安排、合理开发水资源和治理水患。要做到这些，在以往的任何朝代都是难以想象的。如今，在党的领导下，依靠优越的社会主义制度，依靠沿黄人民团结协作、顾全大局的精神，我们在每个时期都能够集中人力、物力、财力，用于黄河的治理开发。当年，为了修建三门峡水库，保证下游防洪安全，陕西库区群众离开了世代生息的家园。近几年，黄河下游发生断流，为了下游人民的生产和生活，上游各省都做出了很大的牺牲。

治理黄河，实质上是人类为了求生存、求发展与自然进行的抗争，必须动用千百万人的力量。在中国共产党的领导下，广大人民群众积极参与、无私奉献是黄河安澜的基础，也是区别于历朝历代治理黄河的显著特点。中华人民共和国成立初期，在防汛物资极端困难的情况下，许多群众把积攒多年用来盖房的砖石捐献出来。1958年大洪水期间，下游沿黄200多万人上堤防守，一昼夜加修子堰1米多高。近几年又实行行政首长防汛责任制，每年汛期都组织数百万人的防汛队伍，随时准备迎战洪水。尽管洪水肆虐，在这道钢铁长城面前，也只能乖乖地败下阵来。

据不完全统计，50年来仅下游三次加固大堤就投入10多亿工日，完成土石方13.8亿立方米，若堆成高、宽各1米的大堤可绕地球赤道34.5圈。

水利部前部长钱正英同志在谈到治黄的成就时说，这份伟大成绩的取得，是因为我们有一个伟大的工程师，那就是中国共产党；我们有一个伟大的治河英雄，那就是有觉悟、有组织的人民群众。

50载治黄，成就斐然，但这并不意味着黄河的事情已经办好。

黄河，毕竟是一条世界公认最难治理的大河。对治黄中存在的诸多问题，绝不可掉以轻心。

黄河50年未决口，确是事实，但安澜之中潜伏着随时可能到来的危机。由于黄河下游的洪水泥沙尚未得到有效控制，下游河床仍正继续淤积增高，“地上悬河”之势愈加险峻。目前，黄河下游河道滩面比河南新乡市的地面高出20米，比开封市地面高出13米。而且由于资金投入不足，防洪工程老化失修，颇多隐患。下游保护区内四省百多县(市)、7000多万人口，始终处在洪水的威胁之下。50 载安澜，是以百万大军年年上堤抢险为代价才得以实现的。今年夏天，黄河下游花园口的洪峰流量只有 7600 立方米每秒，仅为两年一遇洪水，但水位却比 1958 年 22300 立方米每秒的大洪水高出近 1 米，结果堤、坝频频出险，全线紧张，滩区大量漫水，一片汪洋。豫、鲁两省 40 县（市）、100 多万人受灾。

这场小流量、高水位、大灾害的洪水，及时警示人们，黄河下游的防洪形势比想象的更加严峻。按照现有的防洪能力，如若出现 1958 年那样的大水，就有溃堤之虞。有专家认为，这场洪水可能预示着枯水 10 年的黄河，即将进入丰水期。黄河下游的防洪安全忽视不得。

黄河水资源的开发利用程度虽高，却仍然满足不了经济发展的需要。穿越我国干旱、半干旱的西北及华北地区，黄河本身水量并不丰富，而沿黄地区用水量激增，加之调节年际间径流量的控制性工程仍显不足，黄河水长期处于供不应求的状况。每年春夏之交，下游便出现断流，且断流的时间和距离一年比一年长，给流域内经济发展和人民生活带来严重影响。此外，黄河水质污染的严重程度已位居全国七大江河之二，进一步加剧了水资源短缺的矛盾。

黄河为害最烈虽在下游，但其根源却在中游黄土高原的水土流失。治黄 50 年中，水土保持虽然取得了巨大成就，但是仍然有约 28 万平方公里的水土流失面积尚待治理。与此同时，边治理、边破坏的情况非常严重。据统计，中华人民共和国成立后 40 多年中，黄河流域新增加的水土流失和沙化面积，约占同期治理面积的 40%。

长期以来，治黄被当作社会公益性事业，产业基础薄弱，没有形成良性循环的机制，投资缺口大，经费严重不足，很多该干的事干不了，留下了不少隐患。这些都是应该引起严重关注的。

黄河治理堪称世界性难题，不可能一劳永逸，对黄河治理的艰巨性与长期性必须有清醒的认识。

世界上没有哪条河流，像黄河那样有如此大的含沙量和输沙量。黄河平均每年要从黄土高原上冲刷 16 亿吨泥沙，其中约有 1/4 被淤积在下游的河道内，造成河床年年抬高不止。黄河“善淤、善徙、善决”盖源于此。

过去，我们曾经低估了治黄的复杂和艰难。20 世纪 50 年代末，人们曾天真地认为，修建了大库容的三门峡水库，黄河防洪的问题就可以基本解决了。结果水库蓄水次年便发生了严重的泥沙淤积。人们也曾乐观地认为，水土保持工作很快就能见效，15 年时间，就可以将黄河的泥沙减少一半。如今，几十年过去了,入黄的泥沙减少尚不足3亿吨。小浪底水利枢纽的开工,又使一些人产生了“一库定天下”的幻想。今年的洪水却明白无误地告诉我们,小浪底水利枢纽工程的建成,固然将大大提高黄河下游的防洪标准,却无法取代上中游的水土保持、下游的河道整治和堤防的加固。黄河需要长期的综合治理,不可能一劳永逸。

治黄的历史,就是逐步认识黄河自然规律的历史。只有认识它,才能驾驭它。人民治黄的50年中,几代黄河人付出多少艰辛、血泪,经过无数失败、挫折,在许多方面取得了突破性进展,他们对黄河的认识,比历史上任何时代都更深刻、更科学。但是,不止一位治黄专家说,对于黄河,我们还有许多事情没有完全搞清楚。由于流域内自然的变迁及人类活动的影响,黄河的脾性也在改变,出现了许多新情况、新特点,需要我们再实践、再认识……

也许黄河存在多少年,我们就得认识多少年!

世纪之交,人民治黄事业面临着新的发展机遇。黄河的地位比任何时候都更加令人瞩目。黄河流域横跨我国西部、中部和东部,处于承东启西的重要过渡地带,新开通的欧亚大陆桥,在我国境内约有一半与黄河并行;黄河上游既是水电能源基地,又是有色金属走廊,中游是能源重化工基地,下游则有大煤田、大油田,农业综合开发区和纵横贯通的铁路、公路干线。随着国家经济建设重点的逐步西移,作为中西部地区生命线的黄河,21世纪必将进入大规模治理开发的新时期。

治黄,绝不仅是黄河流域地区的事。黄河一旦决口,势必酿成可怕的灭顶之灾,居高临下的洪水狂泻而下,横扫12万平方公里的区域,南乱淮河水系,北乱海河水系,水毁沙埋,河渠淤塞,良田沙化,交通中断,人民生命财产遭受严重损失,几十年建设的成果将毁于一旦,整个国民经济的部署都将被打乱。这一切并非危言耸听,它是时刻悬在我们头上的一把剑。

黄河的安宁关乎大局,关乎国运民生,开发治理黄河是全民族的伟大事业。

50年的辉煌已载入史册,100年、200年……永久的辉煌有待我们续写。

让黄河为中华民族造福

——江泽民总书记考察黄河纪行

新华社记者　何　平　刘思扬　本报记者　杨振武

《人民日报》(1999年6月25日)

黄河,中华民族的摇篮。悠悠历史中,它孕育了灿烂的华夏文明。

黄河,中华民族的忧患。漫漫岁月里,它也带来过深重的灾难。

治理黄河,历来是中华民族安民兴邦的大事,也是党的总书记江泽民同志始终关注、牵挂、思考的重大问题。10年来,他先后6次到黄河的上游、中游和下游地区考察,实地了解黄河的治理与开发情况。

6月17~24日,顶着炎炎烈日,中共中央总书记、国家主席、中央军委主席江泽民再次来到九曲黄河。从黄河中游的壶口开始,经三门峡,过洛阳,到郑州,下开封,赴济南,最后抵达东营的黄河入海口,一路风尘仆仆,行程数千公里。

"加强治理开发,让黄河造福于中华民族。"这是江泽民向全党和全国人民发出的庄严号召。

(一)

"黄河之水天上来,奔流到海不复回。"

发源于青藏高原巴颜喀拉山北麓的黄河,是中国第二大河,因含沙量大,水色浊黄而得名。黄河全长5464公里,流经青海、四川、甘肃、宁夏、内蒙古、陕西、山西、河南、山东9省(区),注入渤海。

黄河是中华民族的母亲河。黄河流域,历史上同幼发拉底河和底格里斯河流域、尼罗河流域、恒河流域齐名,是世界上著名的四大文明古国的发祥地之一。远古时期,这里气候湿润,水源丰富,土地肥沃,是我国经济文化发展最早的一个地区。早在远古时代,轩辕黄帝和他的沿黄部落就在这里开始创造中华文明。

6月18日上午,江泽民来到位于陕西黄陵县城北桥山之巅的黄帝陵。陵园内古柏参天，庄严肃穆。看着眼前的这派景象，江泽民说，黄河流域是中华民族生存和发展的一个伟大摇篮，我们的先人在这里创造了灿烂的华夏文明，每一个中华儿女都感到骄傲和自豪。

让黄河为中华民族造福，是历代黄河两岸人民的美好愿望。随着中华人民共和国的成立，治黄的历史翻开了新的一页。1952年，毛泽东主席第一次外出就是考察黄河，并发出了“要把黄河的事情办好”的伟大号召。邓小平同志也曾多次考察黄河，并就黄河治理与开发做出重要指示。以江泽民同志为核心的党的第三代领导集体，也始终关心着黄河的治理和开发这一具有战略意义的重大问题。

“吐吞万壑百川浩，出纳千流九曲雄；水底有神掀石浪，岸旁无雨挂长虹。”黄河流域内有众多的名山峻峡，雄险深邃，动人心魄。汹涌澎湃的黄河流经晋陕峡谷的壶口时，400米宽的河水突然归束一槽，形成宽40余米、落差30余米的巨大瀑布，涛声轰鸣，惊天动地，这就是举世闻名的壶口奇观。相传大禹治水，凿石引流，先壶口，次孟门，后龙门，将洪水疏排下游。

江泽民驱车来到壶口。站在惊涛拍岸、浪花飞溅的壶口边，望着黄河这迅猛集聚、暴发、腾涌、飞溅的过程，江泽民沉思良久。黄河遭遇大滑大落而激流勇进的气魄，跌宕成瀑而势不可挡的飞腾气势，不正是中华民族精神的生动写照吗？“风在吼，马在叫，黄河在咆哮……”谈起著名作曲家冼星海写于抗日战争时期的《黄河大合唱》，江泽民说：“这首乐曲，表达了中华民族万众一心、共御外侮的英雄气概，体现了中国人民自强不息、蓬勃向上的伟大精神，至今仍在鼓舞着我们。”

回顾治黄历史，江泽民深情地说：“千百年来治理黄河的真正英雄，是勤劳勇敢、不屈不挠的人民群众。”

在从陕西宜川开往河南三门峡的列车上，江泽民总书记召集随行的中共中央政治局委员、国务院副总理、国家防汛抗旱指挥部总指挥温家宝，中央军委委员、原总政治部副主任王瑞林，有关方面负责人王刚、钱国梁、滕文生、华建敏、傅志寰、汪恕诚、刘江、由喜贵、王沪宁、贾廷安、鄂竟平，谈起黄河的昨天、今天和明天。

江泽民说，21世纪即将到来，我们必须抓紧思考一个问题，即如何从战略的高度，进一步把黄河的事情办好。他指出，把黄河水害治理好，把黄河水资源利用好，把黄河生态环境建设好，对实现我国现代化建设跨世纪发展的宏伟蓝图，具有十分重大的战略意义。

（二）

黄河哺育了中华民族。但它也是一条桀骜不驯、多灾多难的河流。从先秦到国民党统治时期的2500多年内，黄河下游共决溢1500多次，大的改道26次，给两岸群众带来了深重的灾难。“苟延残喘不得死，四面茫茫皆是水。积尸如山顺流下，孰是爷娘孰妻子”的诗句，就是对过去黄河水害悲惨情形的真实描述。

中华人民共和国成立后，在党和政府的领导下，黄河流域广大干部群众和水利部门艰苦奋斗，团结治水，取得了前所未有的巨大成就。据统计，50年来，黄河大堤共完成13.8亿立方米土石方，相当于建造起13座万里长城。黄河下游基本形成“上拦下排，两岸分滞”的防洪工程体系，保证了黄河50年伏秋大汛岁岁安澜。但由于暴雨集中、水土流失，泥沙淤积，黄河洪水依然是我们国家的一个心腹之患。

由于黄河中游泥沙大量下泻，下游河道成了名副其实的“地上悬河”，严重威胁着两岸城市和人民生命财产的安全。对这一问题，江泽民十分关心。在河南和山东，他沿黄河大堤重点察看了花园口、黑岗口、柳园口、泺口、盖家沟等险工的防汛准备情况。

位于郑州市北郊18公里的花园口，是有名的险段，历史上曾多次决口。1938年6月，国民党当局在这里扒开黄河大堤，以水代兵，造成豫、皖、苏三省89万人死亡的惨剧。

6月20日，江泽民来到花园口水文站。这个水文站是黄河下游防汛最重要的水文站，担负着为国家防汛抗旱总指挥部、黄河防汛抗旱总指挥部收集水文信息，提供水沙预报的重任。

在水文站水文数据控制室，江泽民看着电脑汇集的各种数据问：“水文站位于黄河的什么位置？”黄河水利委员会水文局局长陈先德回答：“在黄河下游。上距源头4700公里，下距河口770公里。”“集水面积多大？”“73万平方公里，占黄河流域总面积的97%。由于测验河段上流摆动频繁，河道水流紊乱，从邙山至辛寨50公里河段设有12个遥测水位站。现在已进入主汛期，我们正实行24小时监测。”江泽民问：“各水位站的数据汇总上来需要多长时间？”“大约30分钟。”江泽民叮嘱道：“水情资料的汇集，越快越好。要充分利用现代化的通信手段，保证在任何情况下都能迅速把数据拿到，为决策及时提供依据。”

江泽民登上“黄测10号”船，走进水文测验综合控制室，了解水文船定点观测的情况。他请技术人员画出示意图，详细询问定点观测的一个个技术问题。随后，江泽民又考察了黄河水利科学研究院试验基地。1991 年 2 月，江泽民曾到这个研究院考察并题词：“依靠群众，应用科技，治理黄河，造福人民”。一年后，黄河水利科学研究院征地 467 亩，投资 7000 多万元，建成了两个大型现代化试验基地。在试验基地，江泽民观看了小浪底至苏泗庄河道模型试验。江泽民强调，黄河有自己的显著特点，要按照黄河的实际情况，研究和应用先进的科技手段。这一点必须引起高度重视。对黄河防洪、水资源利用、生态环境建设有重大影响的关键科技问题，要重点攻关，力争取得新的突破，为治理开发黄河提供有力的科技支撑。

6 月 21 日，江泽民上午在郑州主持召开黄河治理开发工作座谈会后，下午又匆匆赶赴开封，一路沿黄河看堤防，察汛情。

黄河河情复杂，下游河面最宽处达 24 公里，最窄处只有 275 米。加高加固堤防、排沙疏浚、整治河道、分(滞)洪区建设和滩区安全建设，是黄河下游防洪工程建设的重要内容。面包车在千里黄河大堤行驶，码放整齐的座座石堆，犹如一个个严阵以待的方阵守卫在堤坝上。河南省委书记马忠臣，河南省省长、河南省黄河防汛指挥部总指挥李克强介绍，根据国家防总的要求，今年河南的防汛工作抓得紧，动手早，仅石料就增加了 40 万方。

黄河下游河道高悬，是造成洪水严重威胁的根本原因。有计划地利用黄河泥沙进行淤背固堤，抬高沿河两岸地面，是加固堤防、抗御洪水的一项战略措施。一路上，不少堤段已形成宽 100 米的淤背区，有些地段正在加紧淤背施工。黄河水利委员会主任鄂竟平介绍说，黄河现在已经完成的淤背堤段长达 520 公里，还有 200 公里正在加紧施工。江泽民听后十分高兴，要求抓紧抓好这项工作，以谋求黄河长治久安。

江泽民驱车来到位于开封西北 12.5 公里的黑岗口险工。黑岗口是危及开封的最险要的堤段。这里的防汛大军正热火朝天地修建着保护主堤的控导工程。河南境内的黄河河道悬河形势十分严峻，河床高出新乡市地面 20 米，高出开封市 13 米。望着浊流翻滚的宽阔河面，江泽民问：“黄河的脾气为什么这么大?”河南黄河河务局局长王渭泾说：“由于泥沙淤积，加上河道宽浅散乱，黄河主流摆动频繁，对大堤的威胁很大。”江泽民说：“控导工程是不是为了疏导和控制主流的方向?”“对，就是变被动防洪为主动防洪，以坝护弯，以弯导流，保护主堤。”

距黑岗口险工 8 公里的柳园口险工，是开封市的又一险要堤段，两岸堤距 8 公里，河势摆动幅度 4 公里，历史上经常出险。当年虎门销烟后被清政府发配新疆的林则徐,途中遇黄河决口,他赶到这里率众修筑大堤,帮助堵口。

听说河南境内的黄河滩区住着90多万人,江泽民十分关心。他专程来到离柳园口险工不远的和尚庄,看望村民、老河工和村干部。78岁的李金凤土地改革时期曾担任生产队长、大队妇女主任。如今她已是儿孙绕膝,四世同堂。江泽民和她的家人一一握手,并坐在院中攀谈起来。

江泽民问:"你家种多少地?"李金凤答道:"3亩。滩里还有50亩。""大水来了怎么办?""防。每年都早做准备。""怎么去安全地带,你知道吗?""知道。政府都给安排好了。"江泽民欣慰地说:"那心里也就托底了。"

江泽民又问:"大水来了,家里粮食怎么办?"坐在一边的村党支部书记郭桂花说:"先运粮再走人。"江泽民满意地说:"粮食有了,人转移了,点起火就能做饭了。"

江泽民问当地领导:"现在的流量是600秒立方米,如果流量是2000秒立方米,会淹到这里吗?""不会",郭桂花说:"1996年大水时7600个流量到了村边。"江泽民说:"那这里还是比较安全的。"

接着,江泽民问起村里党支部的情况。"全村共有多少党员?""12名。"郭桂花说,"去年新发展了两名年轻党员。""好。"江泽民满意地说,"长江后浪推前浪,世上新人换旧人。"他勉励村干部,要进一步加强党的建设,发挥好基层党支部的战斗堡垒作用。

6月23日,江泽民来到山东黄河段考察。在黄河二桥和泺口险工,中共中央政治局委员、山东省委书记吴官正,山东省省长、山东省黄河防汛指挥部总指挥李春亭和山东黄河河务局局长廖义伟等向总书记介绍,黄河流经山东9市、地25个县、市、区,境内河道长628公里,具有河悬、道窄、险多、滩低等特点,仅泺口险工段防洪水位就高出济南市天桥区11.62米,对济南市的安全构成严重威胁。目前,山东省已组织140万人的黄河防汛队伍,准备了大量防汛料物,制订了各项防洪预案和抢护措施,确保黄河安全度汛。

随后,江泽民来到黄河济南段盖家沟险工,视察黄河防汛机动抢险队演练。10时20分,随着总指挥一声令下,黄河专业抢险队、武警抢险队、解放军抢险队、济钢抢险队、天桥民兵抢险队立即各就各位,开始紧张的打桩、捆抛柳石枕、编抛铅丝笼。

在1号作业区,只见山东黄河河务局第二专业机动抢险队的队员,在一声声号子声中,奋力打桩,捆抛柳石枕。江泽民握着膀大腰圆的技师赵长河的手说:"有你们在就放心了。"

接着,江泽民来到3号作业区,观看解放军抢险队编抛铅丝笼表演。编抛铅丝笼就是将铅丝编织成网片，装满石料，扎牢后推入水中，抗冲护堤。只见抢险队员们灵巧快速地用铅丝编织着网片。江泽民关切地问："会不会伤着手？"总指挥说："不会。因为可以戴手套。"江泽民拉着一位战士说："来，用力握一握。"满头大汗的战士握着总书记的手，憨厚地笑了。

在6号区，江泽民认真察看各种先进的防汛抢险新机具，这里有便携式防汛抢险打桩机、智能堤坝隐患探测仪、电动根石探测机、触点式自动报警探漏器、水轮漏洞探测器等。他兴致勃勃地拍打了几下触点式自动报警探漏器的网部，探漏器立刻发出警报："发现漏洞，发现漏洞。"江泽民说，运用科学技术特别是高新技术，是搞好黄河治理开发的一个关键环节，一定要高度重视。

考察中，江泽民反复强调，黄河安危事关重大，一定要立足于防大汛，抢大险，确保黄河大堤和人民生命安全。黄河防汛，要发扬万众一心、众志成城，不怕困难、顽强拼搏，坚韧不拔、敢于胜利的伟大抗洪精神。要进一步加强防汛队伍的组织建设，做到一旦需要，能召之即来、来之能战、战之能胜。人民解放军和武警部队在需要时要一如既往地发挥突击队的作用，勇于担起急、难、险、重任务，军民团结，全力以赴，确保黄河防洪安全。

（三）

黄河流域资源丰富，生产潜力巨大，在我国现代化建设中占有重要的战略地位，对促进我国经济可持续发展具有重要意义。

中华人民共和国成立后，在黄河河道上兴建了许多水利工程，干流上已建成龙羊峡、刘家峡、盐锅峡、八盘峡、大峡、青铜峡、三盛公、天桥、三门峡9座大型水利枢纽和水电站，装机容量达411万千瓦，加上目前在建的李家峡、小浪底和万家寨水利水电枢纽，总发电装机容量达900万千瓦。支流上兴建的大中型水库和中小型水电站，总库容达到574亿立方米。强大的电能支持了黄河流域经济的快速发展。水资源开发利用也取得巨大成就，兴修了大批灌溉、引水工程，使黄河流域及下游沿黄平原引黄灌溉面积由解放初的1200万亩扩展到1.1亿多亩，成为我国重要的农业生产基地。

考察中，江泽民反复强调，黄河的治理开发要兼顾防洪、水资源合理利用和生态环境建设三个方面，把治理开发与环境保护和资源的持续利用紧密结合起来，坚持兴利除害结合，开源节流并重，防洪抗旱并举，实现经济建设与人口、资源、环境的协调发展。

位于黄河中游下段，两岸连接豫、晋两省的三门峡水利枢纽工程，是黄河防洪工程体系中一座大型干流控制性工程，控制流域面积占黄河总流域面积的91.5%,控制黄河来水量的89%、来沙量的98%。

6月19日上午,江泽民来到三门峡水利枢纽工程。水库大坝一侧,“黄河防汛,事关全局”的巨幅标语格外醒目。站在大坝上远远望去,只见传说中大禹治水时用神斧凿成的“中流砥柱”石矗立在河心。

三门峡水利枢纽管理局局长李春安向总书记介绍,建成于1961年的三门峡水利枢纽工程,自投入运用以来,在防洪、防凌、灌溉、供水、发电等方面产生了巨大的效益。江泽民听后十分高兴。他说,当年著名诗人贺敬之写的“责令李白改诗句,黄河之水‘手中’来”的诗句,就是人民治黄伟大精神的生动体现。

江泽民详细了解大坝的情况后,又来到发电机组厂房。正在值班的工人见到总书记,热情地鼓掌欢迎。江泽民和他们一一握手,并问工人:“你们什么时候开始防汛值班的?”“6月10日。”“24小时昼夜值班吗?”“是。”江泽民说:“责任重大,大家辛苦了!”

离开三门峡大坝,江泽民又驱车130多公里,来到小浪底水利枢纽工程。这个工程处在控制黄河水沙的关键位置,是黄河干流在三门峡以下唯一能够取得较大库容的控制性工程。建成后,可使黄河下游防洪标准由不足60年一遇提高到千年一遇,下游20年内不淤积抬高河床,并将显著改善下游农业灌溉和城市供水条件。1991年江泽民曾来此考察小浪底坝址,1996年他又到小浪底水利枢纽工程建设工地考察。这次再来,江泽民感慨地说:“变化很大。”

江泽民首先察看了工程的泄洪系统。泄洪系统由进水塔、孔板泄洪洞、明流泄洪洞、排沙洞和溢洪道等组成。小浪底水利枢纽工程建设管理局局长张基尧说:“如果洪水来了,排沙洞和已建好的洞可以通过8000个流量。”“超过8000个流量怎么办?”江泽民关切地问,“靠上游的三门峡水库调节。”

站在黄河南岸高坡上,大坝工地尽收眼底,只见车辆穿梭,机器轰鸣。张基尧介绍:“整个大坝长1667米,高154米,总方量5815万方,已完成3900万方,可蓄水27.5亿立方米。为了今年安全度汛,小浪底加快了工程进度。如果上游来了洪水,小浪底水库可以发挥一定作用。”

江泽民又详细了解了大坝的构造。张基尧说:“大坝是壤土斜心墙堆石坝,由多种材料组成,并做了反滤层。”江泽民说:“一层套一层,能有效防渗。”

考察中,江泽民特意请有关专家详细介绍了大坝的三种类型。一路上,他多次与温家宝和水利部部长汪恕诚讨论混凝土重力坝、拱坝和堆石坝三种坝的构造和特点,并画出图形,将有关要点一一记在笔记本上。

让黄河造福中华民族,是一项综合性的伟大工程。在黄河干支流的川、台、盆地及平原地区,设计规模在万亩以上的灌区有近700处,有效促进了农村经济发展,改善了生态环境。

6月20日上午,江泽民驱车来到人民胜利渠首闸考察。1952年建成的人民胜利渠,是黄河下游兴建的第一座大型引黄灌溉工程,揭开了中华人民共和国开始利用黄河水利资源的序幕。人民胜利渠灌溉范围涉及新乡地区6个县(市),总干渠长52.7公里,灌溉与抗旱补源面积142.2万亩。1952年10月,毛泽东主席到渠首闸视察时,摇着启闭机手柄,高兴地说,一个县有一个就好了。听着河南省水利厅总工司马寿龙的介绍,江泽民频频点头,并亲手试摇了启闭机手柄。

近年来,黄河水资源出现供需失衡,工农业生产、城市生活、生态环境用水之间的矛盾日益尖锐。20世纪90年代以来,黄河下游频繁断流,严重影响有关地区的生产和生活。马忠臣介绍说,河南是农业大省,同时也是一个水资源十分短缺的省份,省内人均水资源相当于全国平均水平的1/6,而全国人均水资源只有世界平均水平的1/7。

江泽民听后说,人无远虑,必有近忧。要采取切实有效的措施,保证黄河流域及沿黄地区经济社会不断发展对水资源的要求。关键是要坚持开源、节流和保护三者并重。节约用水,要当作一项紧迫的任务抓好。要大力发展节水农业,推动实现农业耕作制度和方式的变革。这是关系我国21世纪农业科技革命的重大问题,一定要抓紧推进。

(四)

"九曲黄河万里沙"。黄河为害,根在泥沙。作为世界上输沙量最多的河流,黄河年平均输沙量约16亿吨,而黄河泥沙主要来源于黄河中游的黄土高原,约占全河来沙量的80%。水土流失,泥沙淤积,不仅使上中游生态环境受到严重破坏,而且使下游河床越抬越高,成为历史上黄河决口泛滥的重要原因。

6月18日,江泽民一行来到位于陕西和山西交界处的壶口。随行的温家宝指着眼前的晋陕峡谷对总书记说:"晋陕峡谷是黄河上最长的大峡谷,有700多公里,流域水土流失非常严重,流失面积达45.4万平方公里,约占黄土高原总面积的70.9%。"

黄土高原的水土保持是我国跨世纪的一项生态工程。1997年8月5日,江泽民总书记在《关于陕北地区治理水土流失建设生态农业的调查报告》上批示:"大抓植树造林,绿化荒漠,建设生态农业""再造一个山川秀美的西北地区”。

考察中,江泽民十分关注西北地区水土流失的治理情况。据介绍,上中游45.4万平方公里水土流失面积,已初步治理16.6万平方公里,每年减少入黄泥沙约3亿吨。特别是江泽民总书记批示发表以来,治理水土流失力度明显加大,投入不断增加,一座座荒山秃岭重新披上了绿装,80%以上的群众基本解决了温饱问题。

从陕西宜川河谷驱车前往壶口,两侧千沟万壑,绿被覆野,河水环绕。望着窗外秀美的河川景色,江泽民十分高兴。他说,改善生态环境,是西部地区开发建设必须首先研究和解决的一个重大课题。如果不从现在起,努力使生态环境有一个明显的变化,在西部地区实现可持续发展的战略目标就会落空。

陪同考察的陕西省省委书记李建国和陕西省省长、黄河中上游水土保持委员会主任程安东介绍,宜川河谷100多公里长的绿色植被,就是10多年封山育林、飞播造林形成的。像这样的地方,陕西还有很多。

江泽民欣慰地点点头说:“只要坚持不懈,通过几十年乃至整个下个世纪的艰苦努力,就一定能建设一个山川秀美的大西北。”

汽车在疾驶。程安东指着公路旁参差错落的一间间农舍向总书记介绍,过去农民一直住窑洞,现在大多建了新房,已基本解决了温饱。“这就好。温饱解决了,就有了进一步发展的基础。”江泽民高兴地说。

考察中,江泽民反复强调,生态环境建设是关系到黄河流域经济社会可持续发展的重大问题。几十年的经验证明,必须把水土保持作为改善农业生产条件、生态环境和治理黄河的一项根本措施持之以恒地抓紧抓好。

黄河流域是我国能源富集地区,上中游地区和干流河段煤炭、水能资源丰富,下游地区是石油重要产区。进一步加大黄河流域经济开发的力度,对于逐步缩小沿海和中西部地区的差距具有重要意义。

6月23日,江泽民离开河南前往山东考察黄河三角洲的治理与开发。这是他此次沿黄考察的最后一站。

黄河三角洲是黄河近百年来冲积而成的新陆地,经过综合开发,现已成为我国重要的石油化工和农牧渔业基地。为科学治理河口,相对稳定黄河现行流路,黄河三角洲在治理上采取了“截支强干、工程导流”,有计划安排入海流路的综合措施,不仅有利于黄河河口地区农业生产的顺利进行,而且创造了海河通航的奇迹。

6月24日,江泽民来到位于黄河三角洲的东营市,分别考察了黄河入海口、胜利油田、孤东油田和东营的市政建设。胜利油田主体部位在东营市境内黄河入海口两侧,经过35年的艰苦努力,截至1998年年底,已累计生产原油6.67亿吨,实现工业总产值2155亿元。孤东油田位于黄河新淤积的滩海地区,1986年5月开始大规模开发,到目前累计产油5278万吨,生产天然气11.7亿立方米。

江泽民在察看了孤东海堤后,又先后来到胜利油田管理局计算中心和160号钻井,看望钻井队工人。

随后,江泽民察看了东营市市政建设。东营是适应胜利油田和黄河三角洲开发需要,于1983年成立的省辖市。经过艰苦的努力,在昔日荒芜的盐碱滩上,如今建成了一座绿树成荫、街道宽广、高楼矗立的现代城市。高速公路两边,缤纷的喇叭花竞放;无垠的原野上,簇簇红柳随风摇曳。据介绍,建市以来,森林覆盖率已由建市初的3.7%提高到12%,并建成了黄河三角洲国家自然保护区。

东营市市委书记国家森说,中央已经把黄河三角洲开发列入《中国二十一世纪议程》优先项目计划。山东省把黄河三角洲列为全省两大跨世纪工程之一,加大了扶持力度。江泽民勉励他们抓住用好这些机遇,有计划、有目标地合理开发和保护资源环境,努力把黄河三角洲建设成为环境优美、经济繁荣的新经济区。江泽民对山东省的领导同志说,黄河三角洲石油资源丰富,土地和海洋资源充足,生物资源多样,蕴藏着巨大的开发潜力,一定要好好开发。要把经济建设、生态建设和社会发展结合起来,实现可持续发展。

"黄河落天走东海,万里写入胸怀间。"

黄河,中华民族的母亲河。经过5000多公里的浩荡奔涌,最终汇入辽阔的大海。在黄河入海口,江泽民登上瞭望塔,久久地望着一泻千里、奔流东去的黄河……

黄河,中华民族的母亲河。历经160万年的沧桑巨变,今天在中国共产党的领导下,经过两岸人民的艰苦奋斗,不懈努力,她一定会焕发青春,为中华民族造福。

郑州医治断流有药方

本报记者　李泓冰　吴　焰

《人民日报》(1999 年 7 月 13 日)

1999 年 5 月 19 日郑州—老蟒河,上午采访黄河水资源调度局(以下简称水调局)的副总工程师常炳炎。

水调局是一个新出炉的机构,至今还只是有个名称,尚未建立正式机构,连局长什么的还没有,常工是负责人。

黄河近十几年来断流天数日增,今年又逢大旱,居然自 3 月以来始终细水长流。这要归功于今年开始的黄河水资源的统一调度。以前黄河的用水也有规划,但只是粗略的年规划,今年 3 月开始每季、每月、每旬,甚至每天都有用水控制指标。凭着三门峡水库的调蓄能力,保证河南、山东段的黄河长流不息,虽说流量很少,总还是踉跄入海了。这两个省今年麦子都种上了,据说还能丰收。

黄河流了千万年,如此细致地人工调节河流入海,今年应该是第一次。常工说,靠人工调节能保持黄河基本不断流,或断流天数控制在几天、十几天左右。但他也很实在地说,虽说不断流听上去好听,但这点涓涓细流对黄河三角洲生态环境的改善,对下游工农业用水,未必就起决定性作用。而且,要保证不断流,就得争取水库多蓄水,即使大旱,也不敢一下子全放光。这样一来,有可能造成浪费和损失。因为旱时得不到足够的水,一旦下雨,原先蓄的也多余了。

另一个问题,由于体制上的原因,黄河水利委员会能管得住三门峡以下的水库与闸口,上游则是地方管理。像内蒙古河套地区,开一个闸能引走五六百个流量的黄河水,却只给黄河剩下一百来个流量,完全不成比例。但能怎么办呢?黄河上中游流经的都是干旱、半干旱地区,要生存要发展,都少不了黄河。报章上批评大水漫灌的灌溉方式是对黄河水的极大浪费,但对于尚在争取温饱的一些西北农民来说,哪里有钱搞节水项目呢?

曾经有人建议用水价来调节黄河的用水量,常工摇头:“这牵涉到黄河法的问题了。我们没有定水价的权力,在下游,还能靠所管理的闸口收取象征性的水费，1 立方米水也只不过 4 厘钱——所以有人说：1000 立方米的黄河水，也就等于一瓶矿泉水的价钱。到了中上游，就都是地方政府自收自支了。”

常工开出的医治断流的“药方”，除了进行人工调节，还有两项措施：一是南水北调，借长江水救黄河水；二是期待枯水期的结束。

下午去著名的花园口，这里是黄河南岸大堤零公里处，自此往上是邙山山脉，黄河就不再需要大堤的约束了。

三门峡：与大坝共争辉

本报记者　李　杰　戴　鹏　万秀斌

《人民日报》(1999 年 8 月 3 日)

万里黄河一路蜿蜒奔突，穿过黄土高原来到三门峡，仿佛是为了显示自己的威力，对挡在面前的高山，她不再回避，而是“刀砍斧劈”地凿开“人门”“神门”“鬼门”，从而东流入海。三门峡因此而得名。1957 年 4 月 13 日，随着万里黄河第一坝三门峡水利枢纽工程的开工，三门峡这座城市也应运而生。

因河而名，因坝而立。三门峡市的成长发展因此而注定要与大坝风雨同舟。

市政建设之初，“服务于水利工程建设”是当时唯一的指导思想，谈不上什么谋篇布局，也讲究不了个性风格。75 岁的廉善魁老人对我们讲，他 1958 年来到三门峡市时，唯一像样的建筑物是三门峡水利工程局大楼，市行政办公只能租借民房，施工人员就住在路边搭起的简易帐篷里。但“第一坝”不仅仅是当时黄河上的第一大坝，它同时也是中华人民共和国成立后开工兴建的第一座大型水利枢纽工程，于是，这片荒凉之地吸引了来自全国各地大批的“又红又专”人才。

1961 年 10 月，三门峡市由地级市降为县级市。大坝建设者们明白，其中原因之一在于原规划设计对水库泥沙淤积问题估计不足，蓄水后的三门峡水库远未达到规划所设想的功能，甚至有人建议要炸毁大坝，后在周恩来总理多次亲自召集、研讨、制订方案等努力下，泥沙淤积问题得以解决，大坝也得以发挥其防洪、发电等功能，但三门峡市却从此失去了当初那份豪迈与朝气，变得迷惘而徘徊。

而今,三门峡市又重新找回了当初那份自信与骄傲。盛夏时节,我们徜徉在三门峡市街头,时而为琳琅满目、多姿多彩的商业网点所吸引,时而为那些品位高雅、设施完备的图书馆、体育场及高等院校所惊叹,时而为那些雄伟气魄、朝气蓬勃的厂矿企业而振奋,时而为宜人的风景区而陶醉……

面对如此布局合理、功能完善的现代化城市,令人难以想象这一切仅仅用了十几年时间。1986 年 1 月 18 日,经国务院批准,三门峡市重新升格为地级市。借此机遇,更借改革开放的东风,三门峡人解放了思想,开阔了视野,重新确立了自己的发展定位:走出大坝“后勤部”的局限,为大坝服务又不局限于为大坝服务,依托大坝发展又不局限于大坝而发展,充分发挥三门峡丰富的矿产资源和能源优势,走“工业富市”之路。

来到三门峡,听人们说得最多的是矿产资源,我们看得最多的也是矿产资源,矿产资源成为三门峡市新的立足点,而这尤以黄(黄金)、白(铝)、黑(煤炭)最为突出,其中黄金储量及产量均居全国第二位。依托这些矿产资源三门峡市已初步形成能源、冶金、化工、建材、铝材等支柱性产业。

以工业立市,最让人担心的是污染。我们几次绕行三门峡市,那种可怕的空气污浊、污水横流的情景没有出现。相反,三门峡人正在把市区 6 公里长的涧河改造成新的风景区,连同黄河与陕州风景区把三门峡市装扮得越来越像一座大公园。

对于人们知三门峡大坝而不知有三门峡市,三门峡人并不多作辩解,作为万里黄河第一坝,三门峡大坝的确光芒万丈,几十年来三门峡市也的确生活在大坝的光辉里,但他们相信,有了新的发展定位,有陇海铁路、310(连云港—天水)和 209(呼和浩特—北海)两条国家干线公路、2000 年将建成通车的洛(洛阳)三(三门峡)高速公路的便利,以及正在成长的以陕西渭南、山西运城、河南三门峡为中心的黄河金三角经济协作区,三门峡市将与三门峡大坝共同争辉。

黄河万家寨三门峡“接力”调水

记者　林　嵬

《人民日报》(2004 年 7 月 4 日)

新华社郑州 3 日电　记者从黄河防汛总指挥部了解到,7 月 2 日中午,黄河中游的万家寨水库开闸放水,黄河干流万家寨、三门峡“接力”调水,是为了增加三门峡水库人造洪峰的后续水量,人工塑造持续性异重流,为小浪底水库减淤。

水库异重流是黄河等高含沙河流特有的水流形式,指当高含沙水流进入水库遇到库区清水后,由于密度差而潜入清水下面形成一股浑水流。掌握异重流演进规律,可以在异重流到达水库坝前时,打开冲沙闸门,将高含沙浑水排出库外,对减少黄河水库淤积有重要意义。

黄河水利委员会主任李国英说,人工塑造异重流有两个水量条件:一是要有一个相应的流量过程,经测算,要成功塑造异重流,三门峡水库需保持 2000 立方米每秒的流量;二是要有后续动力,不能昙花一现。目前,三门峡水库蓄水为 5 亿多立方米,水量不够,必须用“接力”调水的办法补水。“翘尾巴”的淤积三角洲,形态极不合理,此次调水调沙的一个重要目标就是将这个淤积三角洲冲掉。

据了解,在 6 月 19 日黄河第三次调水调沙开始之前,小浪底水库蓄水水位接近海拔 248 米,淤积三角洲沉在水下,经过连续 14 天的泄洪,目前,小浪底水库蓄水水位已降至海拔 236 米,淤积三角洲已有一部分露出水面,人造洪峰冲淤条件已具备。

据了解,万家寨下泄洪水将于 7 月 5 日到达三门峡水库,三门峡水库将于 7 月 4 日开闸放水,世界水利史上首次人工塑造异重流试验已进入倒计时。

污染源在三门峡库区基本得到控制

曲昌荣

《人民日报》(2010年01月06日)

人民网三门峡1月5日电 记者今天从国务院联合工作组在河南三门峡召开的渭南柴油泄漏事件处置工作新闻发布会上获悉:渭南柴油泄漏事件发生后,由于处置得力,柴油污染源在黄河三门峡库区内得到有效控制,小浪底水库及下游水域没有受到污染。

国务院工作组成员、环境保护部环境应急与事故调查中心副主任张迅介绍说,经过中石油、陕西、河南及相关地方政府和部门的积极工作,目前污染基本上得到控制。1月4日的监测结果表明,小浪底石油类污染物的浓度,已经下降到地表水水质四类和五类的标准。这就为下一步继续开展污染处置工作奠定了好的基础。

国务院工作组根据当前对污染物处置工作的进展情况和下一步工作任务,在听取专家组等多方意见的基础上,提出了以下六条措施。一是切实加强渭河的污染防控工作,确保渭河进入黄河干流的水质达到事故发生前的水平。二是确保三门峡库区现有的工程措施不能减少。三是进一步加大处置力度。中石油已经从外地调来先进的吸油船,并被要求在三门峡库区立即投入作业。四是在三门峡大坝与小浪底水库之间,新建三道污染物拦截装置。五是要求黄河水利委员会会同有关部门,研究制定三门峡水库小流量放水发电方案。同时要求环保部门研究制定跟踪监测方案。六是请河南省政府继续督促指导沿黄各市进一步完善应急预案,落实应急防控措施,确保城乡居民饮水安全。

三门峡发电功能逐步恢复

《人民日报》(2010 年 1 月 8 日)

1 月 7 日,三门峡水库内,自航式收油船在库区水面游弋作业,抽吸油污。

1 月 7 日凌晨 3 时,在严格污染监控、加强污染处置、加密水质监测的条件下,河南省三门峡水库启动了第二台机组放水发电。跟踪监测数据表明,水库下排水水质石油类浓度继续保持在地表水三类标准,水库发电功能逐步恢复正常。这是中石油渭南柴油泄漏水污染处置工作继 1 月 6 日三门峡水库第一台机组小流量放水发电后的又一重大进展。

三门峡水利枢纽初步设计审查结束
我国专家们对苏联提出的设计感到满意

《光明日报》(1957 年 2 月 28 日)

本报讯 黄河三门峡工程局汪胡桢总工程师在 27 日对本报记者说:对苏联列宁格勒水电设计分院提出的三门峡水利枢纽初步设计的审查讨论,已经初步结束。不久,设计方案将提交国家建设委员会和国务院批准通过。

汪胡桢总工程师说,参加审查讨论的中国专家们,对苏联的初步设计感到满意。他说苏联专家带来的六十大卷初步设计方案制作得十分认真细致,每个细节都附有详细说明,所用比例尺极为精密,图样也很清晰,中国专家从这些设计中可以学到很多东西。汪胡桢总工程师说,苏联为我国进行这一设计,动员了三百多位专家和教授,他们之中有些人还到三门峡进行了实地查勘工作。苏联的许多学院和研究院的教授为三门峡进行了专门问题的研究。

汪胡桢在分析设计方案时说,苏联同志们充分利用地形条件,选择了三条坝轴线进行比较;最后,他们又集中了这三条坝轴线的有利地点,订出了第四条坝轴线。使这条坝轴线的底层有三十公尺以上厚的闪长玢岩,它们可以有力支持坝身和水力的冲击。审查小组一致同意苏联专家所选取的这条坝轴线。汪胡桢还分析了水坝的坝形设计和厂房的形式设计等,为我们制作了十个坝形和厂房形式,并且仔细分析了每个形式的利害,供我们在审查中进行选择;这样,使我们在选择中可以找到最适合自己技术力量和工程力量的坝形和厂房形式。苏联同志为解决黄河泥沙淤积问题,收集了好几个国家的资料,如阿尔及利亚、南斯拉夫和美国等国家及我国官厅水库的资料进行研究。目前,对这个问题还在继续为我国进行研究工作。在初步设计中,对施工的总进度和总布置,也都计算得很周密而恰当。

汪胡桢在最后还把三门峡水利枢纽工程设计和世界上几个大的水利工程进行比较,在造价工程质量和作用来看,三门峡水利枢纽工程是几个比较先进的工程之一。

在审查讨论中,提出一些技术上的问题,请苏联和中国的专家们继续进行研究,这些问题有:泥沙淤积和水土保持后径流调节减少等问题,泥沙对水轮机叶片的磨损问题,变压器的冷却问题等。

周总理在三门峡工地

新华社记者　君　谦

《中国青年报》(1958 年 5 月 7 日)

峡谷上下,虽然刮着黄土高原特有的风沙,天气却暖得人们要流汗。四月二十一日上午,周恩来总理、彭德怀副总理、习仲勋秘书长来到了三门峡水利枢纽工程工地。

当火车在三门峡工程局所在地——史家滩上面的山崖上停下来以后,周总理和彭副总理徒步盘旋走下了七十多公尺高、四十度的陡山坡,站在神门岛上的时候,千万双眼睛激动地投向敬爱的周总理。周总理迈着矫健的步伐,沿着神门岛的木梯一级一级走下来。山坡下聚着人群,人们在鼓掌欢迎。周总理关切地向旁边的几个青年男女职工问好。

总理没有休息,就到会议室听了工程局总工程师汪胡桢对于三门峡水利枢纽的介绍,又马上往工地去视察。

三门峡的左岸是鬼门河。鬼门河上已修建成混凝土的泄流桥。总理走动在桥的上下游,远眺近看,满面浮着欢欣的表情。这座桥高 20 多公尺。下面的鬼门河早已断流,不过还存蓄着一汪水,水色已经由黄浑变得碧绿。总理说:“坝修成后,下游的水就清了”。

过了桥就是鬼门岛。总理走到鬼门岛的东北边沿,挺立在陡崖壁立的岩石上,察看工程情况,俯瞰神门河,折回神门河上的钢索吊桥边,问刘子厚局长:“哪是主流?”刘子厚局长回答:“神门河就是主流。”刘子厚局长指着南面正对着神门河,雄立在大河里的一块岩石,告诉总理:“那就是古今驰名的中流砥柱。”

总理走到神门岛上的开挖处。神门岛已被腰斩为两段,神门河已经和人门河挖道,挖出来的立崖,高 20 多公尺,将来大坝截流时,可以从这里分出一部分水。总理面向东北站在峻峭的岩崖边,探身往下察看了开挖的工程。陪同总理参观的工程局雷鸿基副总工程师向总理介绍大坝基坑开挖和大坝的隔墩浇筑情况。总理登上隔墩对隔墩做了仔细的检查。

总理看过廓道后,有一个正操纵风钻,闻讯赶来的青年,兴致勃勃地向总理问候,和总理握手。总理问过他的名字,又问他是做什么的?那个青年回答:“我是做青年团工作的。”总理又问:“学技术了吗?”刘冠三回答:“学了一点。”总理勉励他说:“要又红又专!”“我正往这条路上前进。”刘冠三坚定地回答周总理。

几个年轻姑娘簇拥上来了。总理问她们:“你们好,你们是做什么工作的?”“做翻译工作,下放干部”“你们下放哭没哭?”刘子厚局长笑着代答没有哭。姑娘们说:“我们是哭着要下放的。”把总理也引笑了。

总理在三门峡下游张公岛一个乱石堆上停下来,俯视左岸浇筑和清理坝基的现场。总理问刘子厚局长:“对面是什么岛?”“人岛,现在只剩下一个角了!”

总理又打听了哪是神岛?哪是娘娘河?随从人员取过施工图告诉总理,指着前面的大坝位置说:“发电站的厂站就在那里。”总理满意地说:“地址选择得很好。同长江三峡的地址一样,很好。”

总理过了浮桥精神奕奕地向前走着,走上了一个陡坡。这时,修筑公路的民工已开始休息吃饭,总理向他们面前走去。总理详细地问他们:一天吃几顿饭?一个月多少工资?每个月除吃还能剩多少钱?总理在问他们手里拿着的掺有红薯面的馍值多少钱时,还拿起馍馍掂了掂分量并分下一块尝尝。当周总理离开时还鼓励他们:“要好好地学习,将来三门峡修好时,你们的文化也要学好!”

总理看了一级水泵站，又走进空气压缩机厂房，向主任工程师钱汝泰询问机器性能和动力的大小后，又问钱汝泰“你是管什么的?”钱汝泰答：“我们管风、水，电。”总理很幽默地说：“风、雨、雷、电四大金刚，你们管了三项。”在厂房门口遇着一个18岁的青年徒工沙俊祥，总理关切地问他哪里人？从哪里来的？当总理知道了沙俊祥家里只有哥哥的时候，便随手拍了拍沙俊祥的肩膀说：“你可以以天下为家了。”最后，总理还嘱咐沙俊祥“要好好地向师傅们学习”。

周总理对灵宝的砂石供应情况，也进行了了解。

这时，已经过了12点钟。总理登山、下山察看、询问工程情况，了解职工生活，不停息地和职工们热情地谈了两个多小时，他精力充沛，神采奕奕。

周总理走了，人们激动的心情却怎么也平静不下来。黄河的水激起的歌声，人们的欢笑声，交织成一片交响乐。职工们都以总理来到工地是个很大的光荣，自己能看到总理，更感到莫大的愉快和幸福，工作跃进的劲头就更大了。开挖分局风钻工冯巨荣青年突击组，这一天虽然只开了三小时风钻，但是每部风钻还平均钻了22公尺多。现在是一个人操作一部风钻。去年这个时候，每部一个班开七小时才只达17公尺，那时还是三个人共同操作一部风钻。小组还讨论了如何突破新定额。十九号起重机的工作定额，是一天吊运200罐混凝土，这天却突破定额，吊运了225罐。（新华社专稿）

三门峡大坝混凝土工程质量好

《解放日报》（1959年7月23日）

水利电力部工程质量检查组最近对建设中的黄河三门峡水利枢纽工程进行了为时六天的现场检查，认为大坝的混凝土工程质量良好。他们对混凝土工程做了成万次的试验，试验结果，混凝土工程的抗压强度、抗渗性、抗冻性，都能达到设计要求。

黄河三门峡水利枢纽工程是目前我国最大的水利工程，它可以控制黄河流域面积的百分之九十二。工程建成后，能把千年一遇的洪峰每秒三万五千立方米减到每秒一万立方米，使下游两岸堤防基本上消除洪水的威胁。三门峡工程自开工以来，由于工程局党委的坚强领导，始终保持了正常施工。今年,为了使大坝在汛期以前能起到部分拦住洪水的作用,必须抢筑到海拔三百一十米的高度。因此,自三月以来,混凝土的月浇筑量一直保持在十万立方米以上。工程局党委为了防止重视速度以后可能发生的忽视质量的偏向,又从四月开始组织以技术革新和技术革命为中心的高产、优质、安全、节约竞赛运动,保证大坝的质量。

三门峡水利枢纽进入施工新阶段
两项大型安装工程开工

《文汇报》(1959 年 8 月 10 日)

据新华社电　三门峡水利枢纽工程进入以安装工程为中心的施工新阶段。电站坝体内直径 7.5 米的水压钢管和适应今后高空混凝土浇筑的栈桥两项大型安装工程,已在 8 月 1 日正式开工;供应大坝冷却用水的一座大型冷冻厂也在同天试运转。

三门峡水利枢纽工程的建设者,在完成掩护大坝施工的围堰加高加固工程,并将大坝浇筑到能起部分拦洪作用的高程以后,立即投入了新的战斗。他们决定在今年后 5 个月再浇筑 50 多万立方米的混凝土,在年内完成 8000 吨左右金属结构和大型施工机械的安装任务。

三门峡工程是成功的

丁根喜　杨晓国

《经济参考》(1989 年 9 月 14 日)

在资产阶级自由化泛滥的 1988 年,苏晓康们抛出了电视政论片《河殇》,以恶的语言辱骂中华民族,辱骂新中国诞生后在黄河上兴建的第一座大型水利枢纽——三门峡工程。

苏晓康们到过三门峡,看到过三门峡工程,聆听过王化云、杨庆安等治黄专家的详细介绍,可他们就是闭着眼睛说瞎话,硬把这座效益显著的工程,说成是失败的工程。他们在电视片中说:“滚滚泥沙淤死了三门峡大坝,回水倒灌泾渭河,淹了富庶的八百里秦川。千古民族夙愿,又一次在浑浊的黄水里化为泡影。”“三门峡的失利,常常叫人联想起大禹的父亲鲧的悲剧故事”等。

事实是怎么一回事呢?平暴刚刚过去,记者便来到三门峡,看到了举世瞩目的三门峡工程。那万里黄河第一坝巍然屹立在黄河昔日的“天险”峡谷中,那奔腾咆哮、汹涌的黄河水正按照中国人民的意志,挟带着大量泥沙畅快地通过大坝底下的23个排洪孔道和左岸两条泄流排沙隧洞,滚滚东流;那昼夜轰鸣的发电厂房里,源源不断地发出强大的电流,通过高压线路,跨过千山万水,送往华中电网,送往城市、乡村。整个三门峡水利枢纽工程正在造福于人民。这有力的事实向全世界庄严宣告:

三门峡大坝没有被淤死!

三门峡工程是成功的!

昔日改道决口　今朝岁岁安澜

黄河,自古以来就以它狂暴不羁的性格成为一条闻名于世的“害河”。黄河又被称为“悬河”“地上河”。由于泥沙淤积严重,黄河河床、滩面一般高出两岸地面3~5米,最高处达10米,因而黄患无穷。

流传在河南陕县、三门峡一带的民谣说:“道光二十三,黄河涨上天。冲走太阳渡,捎带万锦滩。”它概述了1843年黄河大水灾在陕县的实况。据当时记载,仅仅在44小时之内,黄河里的洪水陡涨6.9米,从河南阌乡显势,到中牟溢出河堤,经河南东部、安徽北部注入洪泽湖。据有历史记载的3000多年中,黄河发生泛滥、决口就有1500多次,重要的改道26次,其中大改道9次。改道最北的经海河出大沽口,最南的经淮河入长江。因此,黄河的灾害一直波及海河流域、淮河流域以及长江中下游,威胁着25万平方公里内的8000多万民众的安全。在清末到中华民国的100多年间,黄河大改道一次,决口200多次。黄河“三年两决口,百年一次大改道”的险恶局面,一直是中华民族的心腹之患。

三门峡水利枢纽工程经过原建和为解决淤积问题而进行的改建,在防洪效益上日益发挥出巨大的作用。

三门峡水利枢纽控制了黄河下游三个洪水来源区的两个,控制黄河来水量的89%。三门峡工程投入防洪运用,标志着黄河下游防洪已从单纯依靠堤防,发展到依靠水库、堤防、河道、分滞洪措施等组成的工程体系,确保防洪安全的新阶段。三门峡水库遇一般洪水不拦蓄、不滞洪，畅泄排沙；当黄河下游花园口出现三门峡以上地区来水为主组成的洪水时，通过三门峡水库控制运用，可将千年一遇洪水削减到花园口设防流量2.2万立方米每秒；当出现三门峡至花园口区间来水为主组成的洪水时，三门峡水库可以相继控制，关闭闸门，错减洪峰，减轻了下游洪水灾害和堤防工程出险加固次数；即使洪水决堤，待洪水过后，三门峡关闸拦蓄，可以很快堵复，避免了黄河改道问题。

1982年7月底，由于第九号台风的影响，黄河三门峡至花园口区间干支流4万平方公里的流域内，普降暴雨和大暴雨，花园口洪峰流量1.53万立方米每秒，7天洪量50亿立方米。面对这场洪水，由于三门峡工程和其他分滞洪工程同时发挥作用，使这次大洪水安全泄流渤海。自1964年以来，三门峡以上地区曾出现6次流量大于1万立方米每秒的大洪水，由于三门峡工程及时采取措施，削减洪峰，减轻了下游堤坝负担和漫滩淹没损失。从三门峡工程建成至今，黄河下游岁岁安澜，从没有出现过大堤溃决现象。就是再遇到1933年流量为2.3万立方米每秒那样大的洪水，三门峡也只下泄1万立方米每秒左右的流量，可以完全避免堤防决口的危险。

凌害自古难防　坝成安然无恙

黄河下游河道自兰考东坝头转向东北以后，纬度逐渐增高。由于纬度的差异，黄河下游河道气温上段高下段低。春天，往往上游冰凌解冻，冰水下泄；而下游尚未解冻，加上河道上宽下窄，来水不稳定，很容易卡冰壅水使河道水位急剧上升，造成严重的凌汛威胁。

凌汛灾害是黄河下游最严重的灾害，历代都把凌汛决口视为不可抗拒的“天灾”。因而，自古就有“凌汛决口，河官无罪”的说法，群众中也流传着“伏汛好抢，凌汛难防”之说。

据历史资料统计，从1880~1938年的59年中，下游就有21年40个区段发生了凌汛决口，“口门大者或数百丈，小者亦数十丈”。国民党统治时期，几乎连年决口，1928年2月，山东利津一带黄河大堤因凌汛决口，河东一带村庄尽成泽国。据当时记载：“水势浩荡，冰积如山，附近各村庄屋倒塌无算，淹毙人口、牲畜、财产难以数计……风雨交加二十余日，凡在灾区人民，尚有恋守残室者，经此冰摧浪涌，房屋拥倒，冻馁而死者不计其数。穴居坝顶者亦均饥寒交迫，嗷嗷之声，不绝于耳。”中华人民共和国成立初期，也曾出现过两次凌情，那时只知道把冰作为主要矛盾，一味地爆破、轰炸、炮轰，但由于河道长，冰量大，破不胜破，而且“冰借水势，水借冰威”，结果越破冰越厚，冰坝越筑越高,爆发了严重的凌灾。

三门峡工程建成后,防凌工作进入了由过去的以破冰为主发展到以调节河道水量为主的新阶段。封河前,三门峡水库调匀并适当加大泄流量,避免下游河道流量过小出现早封河的情况。封河后,水库采取控制运用,减少下泄流量,削减封河初期的河槽蓄水量,抬高冰盖。开河前,根据冰情水情,利用水库控制,直到关闸断流,“釜底抽薪”,大大削减河槽蓄水量,减少凌峰流量,确保凌期安全。从 1967~1988 年的 21 年中,曾有 6 年发生过严重凌汛,河道冰量都在 5000 万立方米以上,封冻长度超过 400 公里,均产生冰塞、冰坝,都由于三门峡水库及时运用、调节水量战胜了。目前,山东人民深得三门峡水库之利,再也不“谈凌色变”了。据初步匡算,20 多年的防凌效益约达 18 亿元。

黄患民不聊生　引灌五谷丰登

自古以来,黄河“三年两决口,百年一次大改道”,搅得黄河下游民不聊生,鸡犬不宁,有谁敢在黄河大提上开闸引水,灌溉瘠田呢！我国著名的水利专家张含英在考察黄河下游的日记中曾有这样一段记载:“至考城(今兰考县),沿途极为荒凉,飞沙遍地,草木不生,殆如沙漠。”兰考是这样,其他沿黄各县亦大都如此。治黄专家王化云曾告诉记者,建国初期,黄河两岸还是沙碱遍地。每到春天,天上风沙弥漫,地下白花花一片。

中华人民共和国成立以后,特别是三门峡水利枢纽工程投入运用之后,黄河下游的引黄灌溉事业才得以发展。30 多年来,从三门峡到海口的 1000 多公里的黄河两岸上,目前已兴建引黄涵闸 72 座、虹吸 55 处、扬水站 68 座,使黄河两岸 70 多个县、市用上黄河水。引黄灌溉和抗旱浇地面积达 2000 多万亩,平均每年引水 100 多亿立方米。黄河有一个特点,就是汛期(7~10 月)来水量大,四个月的来水量即占全年径流量的 60.3%;非汛期来水量小,八个月来水量仅占全年径流量的 39.7%。冬春两季是黄河的枯水期,黄河一般流量为 300~500 立方米每秒,最枯时流量只有 145 立方米每秒,这样小的流量,要使沿河两岸的土地得以灌溉是不可能的,三门峡水库投入运用后,每年利用凌汛蓄水,为春灌保持了一个 14 亿立方米的水量,在黄河下游干旱时,给农作物补水,一般可使枯水期河道流量增加 300 立方米每秒,大大提高了下游引水的保证率。这样,黄河便成为沿黄地区唯一可靠的水源,为改变沿黄地区贫困面貌发挥了重要作用。

历史上多灾低产的黄河两岸,如今已成为豫、鲁两省的粮、棉、油生产基地。鲁西北地区,过去是最贫困的地区之一,长期靠吃统销粮过日子,1984 年该地区的棉花总产量比 1978 年增长 13 倍,粮食年产提高 1 倍,总产量增加 25.5 亿多公斤,1985 年成了山东省粮食增产最多的地区。其中长期多灾低产的菏泽地区粮食总产量达到 27.9 亿公斤,提供商品粮 6.4 亿公斤,占全省商品粮总数的 1/4。穷的出了名的河南省兰考县,如今稻麦飘香,绿树成行,一派兴旺景象。1983 年夏粮总产量达 1.35 亿公斤,成为全国五年夏粮增长 5000 万公斤的先进县。沿黄地区广大干部群众高兴地说,“致富仰仗责任制,丰收多亏黄河水。”

创造蓄清排浑　发展泥沙科学

黄河,是世界上含沙量最大的一条河流,每立方水的含沙量平均为 37 公斤,最高达 933 公斤,高出世界其他多泥沙河流几倍,甚至几十倍。古人说的“斗水七沙”,一点也不夸张。

半个世纪以来,也就是世界各国开始兴建高坝大库以来,泥沙问题成为决定许多水利工程成败的关键。纵观世界水利史,失败的多,成功的少。美国第一条多泥沙河流卡洛拉多河上的博德尔水库原设计是一座拦洪、拦沙、蓄水、发电、灌溉的水库,但初期运行时,曾发生大量淤积,后来不得不在上游修建多座水库,以减缓博德尔水库的淤积速度,但不论采取什么措施,淤积仍在发展。世界上其他大大小小的水库被泥沙淤死而成为废坝的也不乏其例。

然而在中国,在黄河的三门峡水利枢纽工程,却成功地创造了“蓄清排浑”、年内冲淤平衡的奇迹,丰富和发展了泥沙科学。

所谓“蓄清排浑”,就是在汛期(7~10 月),利用洪水挟沙能力强,采取低水位运用,使浑浊泥沙能够顺畅地排出库外。非汛期,水库蓄水拦沙,下泄清水,淤积泥沙待到汛期时,通过洪水排泄下去。

十几年来,三门峡工程采用“蓄清排浑”的运用方式,不仅排泄出大量威胁水库安全的泥沙,而且使 335 米高程以下库容得以恢复,并能长期保持在 60 亿立方米,潼关河床高程下降 1.8 米左右,整个库区呈现出进库泥沙与出库泥沙平衡的状态,实现了年内冲淤平衡。同时,运用这一方式,充分发挥了大水带大沙的优势,有利于挟带泥沙入海。据初步估算,每年可使下游河道减少泥沙淤积 6000 万吨左右。

实践证明,三门峡工程不仅解决了自身的退沙问题,而且为在世界多泥沙河流上修建大型水利枢纽工程提供了有益的经验。全世界注目的三门峡水库没有淤死,大坝没有毁掉。

黄水尚能开发　投资效益显著

过去,有很多人担心,“黄河泥沙这么多,能不能发电?”这在三门峡工程刚刚兴建时,的确没法回答。如今,三门峡工程的实践证明了这一点,三门峡水库没有淤废,三门峡的水能发电。

三门峡水利枢纽经过两次改建,水库淤积问题解决以后,这项装机五台共25万千瓦工程的发电效益日益显示出来。从1973年12月第一台机组投产发电到今年6月底,已累计发电136亿度。按每度电产值0.065元计算,发电净产值达8.84亿元。三门峡工程总造价9.44亿元(未算利息),扣除回收施工设备、与三门峡工程无直接关系投资及非固定资产投资,工程实际总造价为5.34亿元。仅发电一项创造的产值即为工程实际投资的1.5倍,而装机五台的投资为1亿元(未算利息),发电净、产值相当于电厂投资的8倍。如果加上防洪、防凌、灌溉的效益约达250亿元(按静态计算),相当于整个工程投资的25倍。

三门峡工程成功地建设起来了,这是对《河殇》炮制者苏晓康之流反党、反社会主义、反对新中国的有力批驳。三门峡工程的建设成功,向人们揭示了这样一个真理:根治黄河水害,开发黄河水利的伟大事业,只有在中国共产党领导下的新中国,才能得以实现。

让三门峡工程作证

本报评论员

《经济参考》(1989年9月14日)

本报今天发表长篇通讯《三门峡工程是成功的》,一是作为中华人民共和国成立四十周年的成就奉献给读者;二是让三门峡工程作为“见证人”,对狂热鼓吹资产阶级自由化的人否定中国共产党和社会主义制度的言行予以回击。

滔滔黄河,一泻万里,为害数千年,但它终于流到了一个伟大的时代。中华人民共和国成立后,党和国家决定根治这条世界上最大的害河。1960年9月,在黄河干流上建起了第一座大型水利枢纽工程——三门峡水利工程。

20多年过去了,三门峡工程在风吹浪打中经受考验,为解除"中国的忧患"做出了贡献:它蓄清排浑,使桀骜不驯的黄河岁岁安澜;它控制封河,使令人谈虎色变的冰凌天灾得以消除;它灌溉瘠田,使两岸的沙碱地五谷丰登;它装机发电,使千家万户获得光明。

翻开中国治黄的历史,有多少耀眼的人物和可歌可泣、可悲可叹的故事。从大禹的凿龙门疏九河,潘季驯的筑堤防束水溢,到李仪祉的"治理黄河方策",虽收到一些效果,但都没有根本改变黄河决溢泛滥改道的局面。近代资本主义国家的专家、学者费礼门、方修斯、萨凡奇等也研究过黄河的问题,也没有提出什么根治的办法,黄河照样时决时溢。

三门峡工程的成功,结束了黄河改道的历史,它向世人宣告:中华人民共和国成立前办不到的事情,中华人民共和国办到了;资产阶级办不到的事情,共产党和人民政府办到了。资产阶级自由化的狂热鼓吹者方励之等不顾这些有目共睹的事实,污蔑说,我们这三十年干的事情,从社会主义体系来看,是失败的,说共产党三十年没干什么好事情。这些人为了否定社会主义制度,否定共产党的领导,不惜昧着良心说假话来蛊惑人心,他们的目的就是妄图"把颇好的天下,弄得乱七八糟",从而推翻共产党,颠覆社会主义新中国。

在搞资产阶级自由化和政治阴谋的人看来,历史是一个小姑娘,是一个泥团,可以任意涂脂抹粉,任意捏成自己需要的形状。他们错了!历史是事实,是不容篡改的事实,它客观地存在于世界上,它书写在人民的心目中。

一千个谎言也掩盖不住一个事实。

让三门峡工程成功的事实来作证吧!

我国在黄河上攻克一大难题
高泥沙水流发电达到国际水平

解国记

《工人日报》(1995年3月27日)

新华社郑州3月26日电 举世闻名的高泥沙河流黄河浑水发电难关,被三门峡水利枢纽管理局及10多家科研单位联合攻破。水利部最近组织近百名专家、学者鉴定后认为,这一成果达到国际水平,经济效益和社会效益显著，很有推广应用价值。

黄河是世界上泥沙含量最高的河流，三门峡水库多年平均含沙量为37.6千克每立方米，最高达911千克每立方米；且水、沙分配极不均匀，其中百分之六十的水量和百分之八十五的沙量集中在汛期的4个月（7~10月）。由于高含沙水流的磨蚀，三门峡电站70年代安装的5台水轮机叶片和转轮室遭到极其严重的破坏。为了能在非汛期维持发电状态，不使水轮机全军覆没，自1980年起，三门峡电站被迫改过去的全年发电为非汛期发电。这样每年约有数亿千瓦时的水能白白流逝。

随着黄河来水情况的变化和新型耐磨材料的诞生，三门峡水利枢纽管理局自1989年起组织工程技术人员，联合水科院机电所、沈阳金属研究所等10家科研单位和大专院校，对高泥沙河流浑水发电这一世界性难题进行协作攻关。6年间他们先后投入资金1500多万元，从抗磨蚀防护材料筛选到各种喷焊工艺，从水库调度到泄流设施的组合运用，各种试验不计其数，最后终于攻克了汛期浑水发电堡垒。

研究成果显示，三门峡水电站机组在汛期优化时段里运行至少可以3年内不需大修；参试机组6年间汛期发电2.1亿千瓦时，创直接收入2200多万元，经济效益十分可观；另外，专家们认为这一探索成果还为黄河上正在施工的小浪底、万家寨工程的将来发电问题提供了宝贵经验，借鉴应用价值重大。

治水兴邦

——新中国水利事业发展启示录

车玉明　姚润丰

新华网（2011年7月9日）

新华社北京7月8日电　水是生命之源、生产之要、生态之基。水，只有水，才能对人类的生存与发展、社会的和谐与进步具有如此重要的意义。

大禹治水，是中华民族大规模治水的开始，也奠定了中华文明的基础。几千年来，“治国必先治水”。从都江堰到郑国渠，从白鹤梁到坎儿井，一部光辉灿烂的中华文明史，在一定意义上，就是与水旱灾害持续不断斗争的历史。

中华人民共和国成立以来，在中国共产党领导下，几代水利工作者与全国人民一道奋力拼搏，一座座“长虹”凌空飞跃，一条条“巨龙”逶迤向前，一片片绿洲奇迹般诞生，一个个民生水利工程润泽山川……

60多年间，水利事业取得了前无古人的辉煌成就，为国家发展、民族富强、人民幸福提供了强有力的支撑和保障，也为我们在新的历史时期加快推进水利事业的改革与发展，提供了许多有益启示。

启示之一：从水利是农业的命脉，到科学治水、依法治水，几十年气壮山河的水利建设，初步形成了世界上规模最宏大的水利基础设施体系，为经济社会发展、人民安居乐业提供了重要保障。

自古以来，中华民族饱受水旱灾害之苦。

据史料记载，从公元前206年至1949年的2155年间，我国经历较大水灾1029次、较大旱灾1056次，平均每两年多时间就有一次较大的水旱灾害。

2000多年中，“母亲河”黄河平均三年两决口，百年一改道。仅1887年的一次泛滥就让93万同胞遇难，1931年的洪灾又使370万人丧生。

的确，世界上没有哪一个民族生活的地域面临着像中国这样频繁的干旱和洪涝灾害，没有哪一个国家的江河曾如长江、黄河这般暴虐，也没有哪一个国家专门设立一个“国家防汛抗旱总指挥部”。

为政之要，其枢在水

历史不会忘记，中华人民共和国成立之前，国贫民弱，山河破碎，水系紊乱，河道长期失治，堤防残破不堪，水利设施寥寥无几，残缺不全。偌大的国土上只有22座大中型水库和一些塘坝、小型水库，江河堤防仅42万公里，几乎所有的江河都缺乏控制性工程。频繁的水旱灾害使百姓处于水深火热之中。

历史不会忘记，早在瑞金时期，毛泽东同志就提出，水利是农业的命脉。中华人民共和国成立后，国家相继开展了对淮河、海河、黄河、长江等大江大河大湖的治理。治淮工程、长江荆江分洪工程、官厅水库、三门峡水利枢纽等一批重要水利设施相继兴建，掀开了新中国水利建设事业的新篇章。

历史不会忘记，改革开放以来，党中央、国务院把水利摆到了国民经济基础设施建设的首位，大幅度增加投入，水利工程建设步伐明显加快，三峡工程、南水北调工程、小浪底、治淮、治太湖等一大批重点水利工程陆续开工兴建。

2011年1月29日，新世纪第八个中央一号文件《中共中央 国务院关于加快水利改革发展的决定》正式公布，科学定位、统筹谋划、全面部署……文件向全党全社会发出了大兴水利的明确信号,成为水利改革发展新的历史里程碑,预示我国水利改革发展迎来了又一个春天。

六十载治水兴水,六十载山河换颜。新中国成立 62 年来,国家先后投入上万亿元资金用于水利建设,水利工程规模和数量跃居世界前列,水利工程体系初步形成,江河治理成效卓著。

据统计,截至目前,全国已建成各类水库 87 万多座,堤防长度 1941 万公里,长江中下游干堤工程全面达标,黄河干流重点堤防建设基本达标,治淮 19 项、治太 11 项骨干工程全面建成,其他主要江河干流堤防建设明显加快,水利工程设施体系不断完善,我国大江大河主要河段已基本具备了防御新中国成立以来发生的最大洪水的能力。

今天,面对江河泛滥、洪涝肆虐而束手无策的局面已经得到根本性扭转,“两年一小灾、三年一大灾”的局面得以彻底摆脱。防汛抗洪减灾工作取得了巨大成效。据统计,截至 2009 年,全国防洪减灾直接经济效益累计达 393 万亿元。

60 多年波澜壮阔的治水画卷昭示我们,对于我们这样一个水旱灾害十分频繁、治水任务异常艰巨的国家,坚持中国共产党的领导是水利事业发展砥砺前行的强大动力,社会主义制度的优越性是守八方平安,筑江河安澜的根本保证。

启示之二:从“控制洪水向洪水管理转变”到“给水以出路,人才有出路”,从工程水利、资源水利到可持续发展水利,几十年的实践,鲜明体现出尊重自然、认识规律、与时俱进的中国特色治水兴水之路。大禹改鲧的“壅堵”为“疏导”;李冰父子“深淘滩,低作堰”“遇湾截角,逢正抽心”……翻开中国治水史册,凡兴水为利者,大都遵循自然规律,走人水和谐之路。时空分布不均,洪涝灾害频发,我国是世界上治水难度最大的国家。在几十年的实践中,随着国家经济社会的发展,我国探索出了一条中国特色的治水兴水之路。新中国成立之初,在“蓄泄兼筹”“统筹兼顾”“除害与兴利相结合”“治标与治本相结合”的治水方略指引下,治淮工程、长江荆江分洪工程、官厅水库、三门峡水利枢纽等一批重要水利设施相继兴建。改革开放以来,随着经济社会的快速发展,诸多地区缺水、缺安全之水日益成为经济社会发展的瓶颈。到了二十世纪末,不少江河断流,湖库淤积;一些地区地下水超采,湿地退化;一些水乡围湖造地,侵占河道;一些地方水污染频发……这一幕幕不和谐景象引起了党中央、国务院的高度重视。

1998 年,《中共中央、国务院关于灾后重建、整治江湖、兴修水利的若干意见》出台。封山植树,退耕还林;平垸行洪,退田还湖;以工代赈,移民建镇;清淤除障,疏浚河湖……中央对水利工作的一系列新政策、新部署、新举措,指引着水利工作不断向前推进。

1999 年以来,水资源的可持续利用日益受到人们的重视。越来越多的人认识到,单纯依靠修建水利工程根本无法满足经济社会发展对水资源提出的增量供给需求,而且还可能走进“死胡同”。必须树立“大”的水资源观,从工程水利向资源水利转变,谋求水资源的可持续利用。

在这一理念指导下,2000 年起,水利部门 9 次对长期断流的塔里木河、黑河实施全流域统一调水,使塔里木河和黑河下游濒临毁灭的绿洲生态重现勃勃生机;2001 年起,连续从嫩江向自然生态保护区——扎龙湿地补水,使生态恶化的湿地逐渐恢复原有功能;2002 年起,开始实施引江济太,探索通过水资源统一调度和优化配置进行水环境治理,激活太湖;2004 年、2006 年和 2008 年三次从黄河引水补给白洋淀,挽救了几近干涸的“华北明珠”。

更加注重水资源节约保护管理和生态文明建设,增强发展的可持续性;更加注重保障和改善民生,增强发展的普惠性;更加注重推动水利改革创新,增强发展的开拓性;更加注重抓基层打基础,增强发展的稳定性——这是新时期可持续发展水利引领治水实践的四个鲜明特点。

“实践表明,可持续发展水利是符合国情水情、富于创新的治水之路,是解决我国复杂水问题的必然选择。”水利部部长陈雷指出。

日月运转不止,江河奔流不息,大自然有其自身运行的规律。从人定胜天到人水和谐,从工程水利、资源水利到可持续发展水利……治水思路的不断丰富完善使得人水相争变成了人水和谐,人类在处理与水的关系上迈出了理智的一步,不仅利用水、约束水,也善待水、珍惜水、节约水、保护水。

启示之三:水旱灾害频繁仍是中华民族的心腹大患,水资源供需矛盾突出仍是可持续发展的主要瓶颈,农田水利建设滞后仍是影响农业稳定发展和国家粮食安全的重大制约,水利设施薄弱仍是国家基础设施的明显短板。加快水利改革发展刻不容缓。

1 个多月前,本该水源充沛的长江中下游地区正在经历一场罕见的旱情:大河断流、农田干裂、船舶搁浅……这些与其自然禀赋极不相称的反差,再次向人们发出了警示。

近年来,全球气候变暖,极端天气频发,洪涝与干旱交互的威胁或将成为常态,而由此造成的经济损失将不可估量。

2007 年,川渝遭遇百年不遇大旱;

2008 年,南方遭遇特大低温雨雪冰冻灾害;

2010 年春,西南五省(区)遭遇特大干旱;

2010 年,甘肃舟曲遭遇特大泥石流灾害……

频繁发生的水旱灾害提醒我们,必须科学认识中国的国情、水情。

我国人均水资源量不足世界人均水平的 1/3,正常年份全国年缺水量达 500 多亿立方米。

我国近 2/3 城市不同程度存在缺水。地下水超采区面积达 19 万平方公里。

全国有一半以上耕地缺少基本灌排条件,农田水利很大程度上还在“吃老本”。

尤其是,我国传统水资源开发利用方式较为粗放,单方水 GDP 产出仅为世界平均水平的 1/3 左右,全国城市废污水处理率仅为 70%左右。

“我们必须看到,人多水少、水资源时空分布不均是我国的基本国情、水情。”陈雷指出,发达国家 200 多年工业化过程中分阶段出现的水资源与水环境问题,现阶段在我国集中显现出来。

加快水利改革发展,已经成为事关现代化建设全局和中华民族长远发展重大而紧迫的战略任务。

“水是生命之源、生产之要、生态之基。”今年的中央一号文件把水的问题提到了前所未有的战略高度。“加快水利改革发展,不仅事关农业农村发展,而且事关经济社会发展全局;不仅关系到防洪安全、供水安全、粮食安全,而且关系到经济安全、生态安全、国家安全。”

必须像重视国家粮食安全一样重视水资源安全,像严格土地管理一样严格水资源管理,像抓好节能减排一样抓好节水。

“实行最严格的水资源管理制度”。中央一号文件明确提出,要将其“作为加快经济发展方式转变的重要举措”,要求从用水总量控制、用水效率控制和水功能区限制纳污三个方面,确立水资源开发利用总量控制红线、用水效率控制红线、水功能区限制纳污红线“三条红线”,同时“建立水资源管理责任和考核制度”。

“三条红线”,迅即成为指导各地严格水资源管理的行动指针。2010 年 10 月 19 日,山东省颁布《山东省用水总量控制管理办法》,标志着山东作为全国先行先试、率先实行最严格水资源管理制度的省份,坚定地迈出了具有历史意义的第一步……

水利部水资源司司长孙雪涛表示,实行最严格的水资源管理制度,将在生产、流通、消费的各个领域，在经济社会发展的各个方面控制用水总量、提高用水效率、减少废污水排放，以尽可能少的水资源消耗和水环境代价，获得尽可能大的经济效益和社会效益，通过用水方式转变，进一步促进经济发展方式的转变。

启示之四：2亿多农村居民存在饮水安全问题，数万座小型病险水库还在威胁着周边居民生命财产安全。水利与民生息息相关，必须把保障和改善民生作为发展水利的根本目标。

2010年11月6日，甘肃省甘谷县西北部农村饮水安全工程正式通水，这个县6个乡(镇)95个村10多万群众从此彻底告别了祖祖辈辈吃水难的历史，实现了用上自来水的夙愿。

从223亿元到1009亿元，从6700万人到2.1亿人，这是我国从“十五”到“十一五”国家投入解决农村饮水安全问题的资金和人数。巨大数字的反差，彰显出我国致力于解决农村饮水安全问题的决心和成效。

农村饮水安全工程仅是民生水利的一个领域。加快发展民生水利，让水利发展改革成果惠及广大人民群众，是近年来水利建设解民忧、惠民生的鲜明特点。

“发展民生水利，就是要更加强调以人为本，顺应人民群众过上更好生活的新期待，以政府主导、群众参与、社会支持为途径，构建城乡统筹、区域协调、人水和谐的水利基础设施体系，使人人共享水利发展与改革成果。”水利部明确提出，民生水利是一切水利工作的重中之重。

顺应人民群众期待，过去五年间是群众从水利发展中直接受益最多的时期。几年来，中央共安排5121.9亿元，完成了全国6240座大中型及重点小型病险水库除险加固任务，让亿万群众免受洪水的威胁。这项举措不仅在中国水利史上前所未有，在世界水利史上也绝无仅有。

灌区建设，既关乎国家的“粮袋子”，又关系农民群众的“钱袋子”。“十一五”期间，国家安排投资314亿元，对408处大型灌区进行续建配套与节水改造工程建设。全国99处大型灌溉排水泵站更新改造项目已经启动。两批850个小型农田水利重点县建设也在“十一五”期间全力推进，小型灌排工程变得畅通了，解决了农民最关心、最直接但又无力解决的农业灌溉问题。

民生水利发展是一个长期的动态过程，要不断把握人民群众的新要求，开辟兴水惠民新领域，实现民生水利新突破，民生水利发展的任务还十分艰巨。

但是，我们也必须清醒地认识到，虽然建设了一大批民生水利工程，但有的还没有达到规划和设计的标准，设施还不够配套，保障程度还有待进一步提高；有的管护和运行机制还不健全，人民群众长期受益问题还面临挑战。

此外，虽然解决了直接关系人民群众生命安全、生存发展、生活条件等方面最基本的水利需求，但民生水利发展还不全面。从发展区域看，东部地区起步早，发展快，覆盖广，群众受益程度相对较高，中西部地区起步晚，欠账多，问题还比较突出。

清醒的认识是正确决策的前提。针对当前突出的问题，国家已经对未来几年的民生水利制定了专门的规划：

——安排200亿元中央水利投资解决6000万农村人口饮水安全问题；

——安排190亿元加快实施《全国重点地区中小河流近期治理建设规划》；

——5年完成全国41118座小Ⅱ型病险水库除险加固……

伴随着一项项民生水利工程的正式启动，未来五年，民生水利的阳光遍洒神州，转化为亿万群众看得见、摸得着的实惠。

全面加快水利改革发展的新号角已经奏响。展望未来，经过10年大规模建设，我国水利事业必将迎来一个全新的局面。可以预期，2020年的中国，水利建设明显滞后的局面将得到扭转，水利保障防洪安全、供水安全、粮食安全的能力大幅提升，水利保障经济安全、生态安全、国家安全的作用更加凸显，充满生机与活力的水利现代化蓝图将变为现实！

三门峡水利枢纽让黄河保持健康生命

颉丰义　张秦忠　王大勇　沈爱君　蔡红标

《中国经济周刊》(2012年6月12日)

三门峡，被誉为是“黄河上漂来的城市”。这个名称的由来缘于三门峡水利枢纽及三门峡水库在此修建，三门峡也逐步由一个人烟稀少的荒僻小城发展成为豫西地区的一颗璀璨明珠。三门峡水库不仅为三门峡市的经济发展提供了有利条件，而且也有益于保护黄河的生命。

“堤防不决口，河道不断流，污染不超标，河床不抬高”是实现黄河长治久安的奋斗目标。黄河水利委员会又提出了“维持黄河健康生命”的治黄新理念。作为黄河下游防洪工程中重要一环的三门峡水利枢纽，自然是重任在肩。

三门峡水利枢纽自建成投运以来，在防洪、防凌、灌溉、供水及改善生态环境、促进地方经济发展等各方面发挥了巨大作用，也为多泥沙河流上修建水利枢纽提供了宝贵经验。

坚强后盾

第一，凌汛是严重威胁黄河堤防安全的汛情，中华人民共和国成立以来，黄河曾两次出现凌汛决口，而利用水库调节水流变化，是经三门峡水库成功实践证明了的防凌有效措施。小浪底水库正常运用后，当黄河下游发生严重凌情时，需要三门峡水库与小浪底水库联合控制，要求三门峡水库滞蓄 15 亿立方米的水量，因此三门峡水库仍要承担下游防凌任务。

第二，小浪底水库淤积形态的调整、坝前防渗覆盖层的形成、科学地使用淤沙库容、调节水量、有效地利用洪水资源等，都离不开三门峡水库的配合。专家指出，三门峡水库和小浪底水库的联合调度是水库群水沙联合调度的主体之一。如果三门峡水库汛期全部敞泄，小浪底水库达到汛限水位时进出库平衡运用，必然造成对下游不利的水沙过程。

动力之源

由于黄河来水来沙条件的特殊性，下游河床呈逐年淤积抬高趋势，“二级悬河”现象十分严重，河道严重萎缩。要减少河床淤积，保持合适的过水能力，重要的措施是调水调沙。

三门峡水库先后于 2001 年 8 月、2002 年 7 月、2003 年 8 月三次投入黄河调水调沙，起到了在小浪底水库坝前增加泥沙铺盖，以及减小大坝渗水、冲刷下游河床和调整库区淤积形态等作用。

2004 年 6 月 19 日~7 月 13 日，在波澜壮阔的黄河上，当代治黄人充分巧妙地利用了自然的力量，成功演奏了第三次调水调沙试验的恢宏乐章。三门峡水库按照黄河防总的调度指令，科学组织水库调度，优化水沙调控，密切配合小浪底、万家寨两座枢纽，实现了水沙过程的时空精确对接，给黄河调水调沙提供了强大的动力，促使小浪底水库首次人工异重流塑造成功，给改善小浪底淤积形态创造了有利条件，为延长小浪底的寿命提供了重要保护。没有三门峡人造洪峰的强大动力，就没有小浪底水库异重流的形成，就无法实现小浪底下泄流量合理的水沙配比，输沙入海、冲刷河床的目的就不能达到。

黄河水利委员会主任李国英明确指出，利用异重流这一自然规律，结合调水调沙,将是重塑下游河道,减少水库淤积,延长水库使用寿命的有效方法,将是治理黄河的一项重要手段。调水调沙试验的成功对维持黄河健康生命无疑具有里程碑意义,标志着人类能够充分而自觉地利用自然的力量,科学地改善人与自然的关系,实现人与自然的和谐相处。而在这个里程碑上,三门峡水利枢纽功不可没。

控制水沙

"淤粗排细"是治黄人多年科学总结的、并在进一步践行的、防止河床不抬高的治黄新举措。颉丰义对水库而言,"淤粗排细"就是利用水力学原理,把在非汛期和汛期平水期入库的粗颗粒泥沙暂时"存放"在库区,待汛期适当的洪水过程,通过水库的科学调度,以异重流的形式,调控必要的水流条件,将其输送入海。

减少下游淤积,要严防小水带大沙问题的出现。小水可将细沙带走,但粗沙应由洪水、大水带走,否则就会对小浪底库区淤积形态造成不利影响,直至淤积下游河槽。因此,为了减少小浪底水库库区淤积,调整淤积形态,避免出现对下游河道冲淤不利的水沙过程,三门峡水库汛期洪水排沙,平水控制水位305米,通过"洪水排粗,平水排细"方式,是保持小浪底水库和三门峡水库冲淤平衡的行之有效的科学途径。

提供保障

三门峡水库的有效库容为改善黄河水质和防止下游断流提供了保障。

水库在解决水质污染方面具有十分重要的净化作用,只有保持充分的蓄水,才能起到理想的净化作用。据多年观测资料统计分析,三门峡库区年接纳污水总量达17.33亿吨,年接纳污物总量24.1万吨。非汛期潼关段有机物、重金属和河段综合评价为四类水,出库检测水质为二到三类。汛期除洪水期间外,潼关、出库重金属和河段综合评价均为五类水。说明非汛期尽管有污染水体进入水库,但由于库体容量大,自净能力强,起到了净化水质的作用。而汛期水库基本不蓄水,库体的自净能力大大降低,库区水质也有所下降。由于三门峡水库是豫西地区主要的生产生活水源,如果丧失水库的自净能力,出库水质将严重恶化,对周边的生产、生活和生态环境将构成严重威胁。如果降低水位运用,库区沙滩就会裸露、蓄水就会减少,库区就会成为风沙的祸根,污染的水质就会成为人们和社会的"杀手"。

不断流是维持黄河健康生命的重要标志。黄河多泥沙的特性,使其比任何一条河流断流所造成的危害都要大。因为黄河断流会加重主河槽的淤积、萎缩，汛期一旦来大水，洪水就会溢出河槽，在横比降远大于纵比降的“二级悬河”形势下，极易形成“横河”“斜河”“滚河”，从而使两岸大堤防不胜防。此外，黄河断流还造成河口地区生态系统恶化，生物多样性受到威胁。

通过三门峡水库的调蓄运用和黄河水量的统一调度，可以更好地调节流量过程，解决来水时空分布不均匀的问题，使下游保持理想的流量过程，发挥黄河有限水资源的最大综合效益。

促进发展

三门峡枢纽现行运用方式对实现人与自然和谐相处、维持区域经济发展具有决定性意义。

随着三门峡水利枢纽的建设和运用，三门峡这个被誉为是“黄河上漂来的城市”，逐步由一个人烟稀少的荒僻小城发展成为豫西地区的一颗璀璨明珠。三门峡水库的修建，为当地工农业的快速发展创造了有利条件。据统计，建库前的1953年，三门峡全市国内生产总值仅0.69亿元，至2002年仅库区国内生产总值就达139.5亿元。瓿丰义水库不仅为三门峡市的经济发展提供了充足的水资源，而且为相关产业创造了6万多个就业岗位，库区上百万人口及数百家企业95%的用水量依靠水库供给。

多年来，在库区形成了独特的生态系统和自然环境，实现了区域性新的生态平衡。多年来形成的200多平方公里的库区湿地，是维持区域生态平衡的最基本要素。2003年三门峡库区被批准为国家级湿地自然保护区，对调节地区气候、保护当地生物多样性及生态平衡，起着不可或缺的作用。

失去三门峡水库的正常运行，湿地面积将大幅度减少，自然保护区生态功能将会恶化，40多年来形成的生态系统将遭受严重破坏。库区11处大型取水工程无法使用，库区周围乡村赖以为生，视为命根的8000多眼机井得不到有效水量补充。100万左右的受水区人口面临用水困难，当地工业、农业和畜牧业将失去水源保障而遭受灭顶之灾，对库区的工农业生产和经济发展产生重大影响。

三门峡水利枢纽是黄河治理体系中的控制性工程，防洪、减淤、保护生态、维护社会稳定都需要它一如既往的正常运用，三门峡水利枢纽正在维持着黄河的健康生命。

三门峡水利枢纽：母亲河上的大胆“拥抱”

王 佩 马千慧

人民网(2018年9月4日)

人民网三门峡9月4日电 9月3日上午,“壮美黄河行暨2018网上看河南”媒体采访主题活动在河南三门峡正式启动。来自中央新闻网站和河南省网络媒体的20多家媒体将展开为期一周的网上主题宣传,共同见证黄河沿岸今夕巨变,黄河沿岸城乡贯彻“绿水青山就是金山银山”生态文明理念取得的显著成效和生动实践。

三门峡水利枢纽素有“万里黄河第一坝”之称,是中华人民共和国成立后在黄河上兴建的第一座以防洪为主综合利用的大型水利枢纽工程,也是充满智慧的华夏儿女给母亲河最直接的一个“拥抱”。

位于中条山和崤山之间的三门峡地势险要,穿“人门”“神门”“鬼门”而过。三门峡以西是渭河、洛河汇合处,两水交汇后向东流到风陵渡入黄河。此段黄河入河南之后水流急、流量大,在旧时常常泛滥成灾。在水利专家看来,这些“不安分”因素也为建造大坝提供了条件。

经过各部商讨,三门峡水利枢纽于1957年4月动工兴建,1958年11月截流,1960年9月下闸蓄水。大坝为混凝土重力坝,主坝全长713.2米,最大坝高106米,坝顶高程353米。建成后先后进行了两次改造,增建了“两洞四管”,打开了12个施工导流底孔,枢纽现共有27个泄流孔洞管。库水位315米时泄流能力为9701立方米每秒,加上机组泄流部分,已经超过11000立方米每秒。

在不同的历史阶段,三门峡水利枢纽也发挥着不同的作用。1960年9月~1962年3月,三门峡水库主要用于“蓄水拦沙”;1962年4月~1973年10月,考虑上游关中地区生态安全,三门峡水利改为“滞洪排沙”;1973年11月~至今,三门峡水利正发挥着“蓄清排浑”的作用。

自三门峡水利枢纽建成以来,防洪、防凌、灌溉、发电、供水、减淤、旅游……为三门峡市提供了新的发展机遇,同时也确保着黄河下游的防洪安全,对调整小浪底水库淤积形态、延长小浪底水库使用寿命发挥着重要作用。

“2019 行走黄河”之三门峡：与黄河的第一次“深拥”

“行走黄河”采访组记者　曲　源

人民网(2019 年 11 月 27 日)

说起黄河,必须提到素有“万里黄河第一坝”之称的三门峡水利枢纽工程。11 月 26 日,“行走黄河”采访组来到三门峡大坝,见识了这座大坝今天的风貌。

作为中华人民共和国成立后在黄河上兴建的第一座以防洪为主综合利用的大型水利枢纽工程,这是华夏儿女给母亲河的第一次“深拥”,姿态稍显生硬,磨合仍在路上——长河治理,久久为功。用三门峡水利枢纽管理局防汛抗旱办公室水库调度主管李星瑾的话说“三门峡水库的改建一直没有停止过”。

命运多舛的三门峡水库至今依然发挥着重要作用

位于中条山和崤山之间的三门峡地势险要,穿“人门”“神门”“鬼门”而过。三门峡以西是渭河、洛河汇合处,两水交汇后向东流到风陵渡入黄河。此段黄河入河南之后水流急、流量大,在旧时常常泛滥成灾。

为治理黄河水患,三门峡水利枢纽于 1957 年 4 月动工兴建,1958 年 11 月截流,1960 年 9 月下闸蓄水。大坝为混凝土重力坝,主坝全长 713. 2 米,最大坝高 106 米,坝顶高程 353 米。建成后先后进行了两次改造,增建了“两洞四管”,打开了 12 个施工导流底孔,枢纽现共有 27 个泄流孔洞管。库水位 315 米时泄流能力为 9701 立方米每秒,加上机组泄流部分,已经超过 11000 立方米每秒。

三门峡水利枢纽工程的建立可以基本控制下游洪患,自工程建设完成至小浪底建成前约 40 多年,拦蓄一万立方米每秒流量以上洪峰 6 次,黄河下游大堤未曾决口。与小浪底、故县、陆浑水库联合调度可抵御黄河下游千年一遇洪水。

但三门峡水库由于库区淤沙等设计问题,其后进行了多次改建。李星瑾向记者介绍:“为适应水沙条件、工程自身及黄河防洪体系的变化,三门峡水库运用方式历经了3次转变,先后进行过蓄水拦沙、滞洪排沙、蓄清排浑及基于蓄清排浑的洪水期敞泄排沙运用。”

随着三门峡上、下游水库的建立,三门峡迎来了新的发展时期。自2001年小浪底水库投运以来,黄河防总先后于2001年8月、2002年7月、2003年8月进行了三次调水调沙试验。在这三次试验当中,三门峡水利枢纽管理局根据黄河防总的统一部署,在调水调沙中,充分发挥三门峡水库承上启下的中心作用,增加小浪底坝前泥沙铺盖、减少大坝渗水。目前三门峡水利枢纽经过改建,在黄河防洪、清沙、清淤中起到一个承上启下的作用,并承担着防洪、防凌、灌溉、发电、供水等多项功能。

不断尝试和探索为后来的成功摸索出经验

小浪底水库投运后,进一步完善了黄河下游防洪工程体系。但三门峡水库控制着三个洪水来源区中的两个,仍然处于承上启下的核心地位。根据小浪底水库的设计要求,只有当小浪底、三门峡、故县、陆浑水库联合调度时,才能使百年一遇洪峰流量由29200立方米/秒削减到15700立方米/秒,千年一遇的洪峰流量由42300立方米/秒削减到22600立方米/秒,黄河下游才能达到千年一遇防洪标准。

凌汛灾害是严重威胁堤防安全的重要因素。根据有关资料,黄河下游平均每年需防凌库容约35亿立方米,而小浪底水库的防凌库容只有20亿立方米,其余15亿立方米必须由三门峡水库来承担,只有这样才能确保黄河下游的凌汛期间的安全。调水调沙是缓解下游河床逐年淤积抬高、河道严重萎缩的重要措施。三门峡水库作为承上启下的重要枢纽工程,在黄河三次调水调沙试验中均发挥了无可替代的作用。通过水库联合调度,已成功把2.5亿吨泥沙送入大海。没有三门峡人造洪峰的强大动力,就没有小浪底水库异重流的形成,黄河调水调沙试验的目的就不可能达到。

黄河“害在下游、病在中游、根在泥沙”,治理黄河是一个系统工程,单从一点上看,不能妄判其成败,直到基本布局成型,才能显露威力。在没有小浪底之前,三门峡大坝的调节能力,不能有效处理泥沙问题,为人诟病,有了小浪底后,双库联调,才算解决了淤在水利人心里半世纪的泥沙。

治理黄河久久为功

治理黄河需要系统治理、源头治理,多省联动,科学决策。不谋全局者不足以谋一域。未来对于黄河的保护,不仅仅是防洪和防汛,还有对上、中、下游和流域区生态的深层次治理工程,特别是黄河断流问题也要引起高度重视。黄河来水具有鲜明的季节特点,年内分布极不均匀。通过三门峡水库的调蓄运用和黄河水量的统一调度,可以更好地调节流量过程,解决来水时空分布不均匀和防止黄河断流问题。

新时期的三门峡水利枢纽在旅游上的功能也进一步凸显,成为旅游"打卡"地。三门峡库区湿地也引来了候鸟的迁徙,让三门峡成为"天鹅之城",为三门峡市提供了新的发展机遇。同时,三门峡还确保着黄河下游的防洪安全,对调整小浪底水库淤积形态、延长小浪底水库使用寿命发挥着重要作用。

地方凝眸

我省有关部门和三门峡附近群众支援三门峡水利枢纽建设

张国维

《河南日报》(1956 年 11 月 10 日)

三门峡消息 三门峡附近地区的有关部门,正在为积极支援三门峡水利枢纽尽可能提前开工而紧张地进行工作。洛阳专属已经把他们的支援办公室扩大为 190 余人的办事处。目前三门峡工区各个办公地点已建立了银行、邮局、供销社、书店等机构,木材、百货、食品、蔬菜、杂货等五个国营公司和石油、专卖等两个批发部也已经成立。工区各个施工地点,还分布了与国营合作经营的百货、杂货、食品、理发、洗染等 30 个行业的 70 多个门市部。我们把许多基本建设和生活用品供应了施工单位和建设三门峡的全体职工,当今年工地蔬菜供应紧张时,办事处立刻动员了附近八个乡的农民种菜 3343 亩,解决职工吃菜的问题。

从洛阳到潼关的铁路沿线,陕县和会兴镇等地的居民,共建出了一万间房屋,供给参加三门峡工程建设的 7000 户职工家属居住。从 1956 年 4 月到现在,办事处已动员了两万多名劳动力参加了三门峡工程的建设;此外还抽调了汽车 50 多辆,及独轮车、架子车 200 多辆参加了运输建筑材料的工作。

由于三门峡工程的巨大和参加建设的人员日益增多,支援工作还显然不能完全满足需要。一些服务部门的人员少、物品缺。供应工作紧张的情况还是个突出的问题。这种情况还有随着工程建设的开始而加剧的趋势。最近河南省人民委员会组织了支援工作检查组,深入工地进行了十几天的检查,听取了各方面的意见,以便进一步加强支援工作。

扭转黄河历史的工程

记者　宋悟民

《河南日报》(1957 年 4 月 13 日)

一、征服黄河的开端

黄河是中华民族的摇篮,又是一条灾难重重的河流。

由于上游急,下游缓,它把西北高原冲成了光秃秃的枯山,把下游河床垫得比两岸的地面还高。因此,上游常闹旱灾,下游常闹决口。

为了活下去,人们一直跟黄河搏斗。

大禹治水,一去九年,三次经过家门,也不进去。历史上还有无数的治黄专家,像明代的潘季驯,也筹划了许多治理黄河的对策。但是由于社会制度和科学技术水平的限制,都不能从根本上驯服黄河。近代,资本主义国家的专家对于黄河也只是挠挠头。

掌握了自己命运的中国人民,却第一次提出了根治黄河的伟大计划:用综合开发的方法除进行大规模的水土保持工作外,还要在黄河上铸造十六座拦河坝,把黄河水装住,叫它按照人的意志行事。

三门峡水利枢纽的施工,就标志着实现这一伟大计划的开始。

二、理想的坝址——三门峡

三门峡是潼关到孟津之间,距陕县二十三公里的一个山峡。相传:这个山峡是大禹劈开的。黄河在这里被两座石岛分为三股激流,从鬼门、神门、人门流过。人们管它叫三门峡。

三门峡是一整块横卧在河上的一种叫作"闪长玢岩"的火成岩。质地非常坚硬,修建大型水库、水电站最合适。苏联专家赞美三门峡是天然的"第聂伯"。

三门峡以上的地形,活像个葫芦瓢,三门峡窄,是葫芦嘴,潼关以上有宽广的河道,是葫芦肚。只要把嘴堵住,就能把黄河流域百分之九十二的水源控制在肚里，使它不危害下游，并且能利用它的水力发电、灌溉，推动四周的工农业建设。

三、怎样建设？

三门峡水利枢纽工程的主体工程是大坝堆筑和水电站安装。

一开始，建设者将碰到这样一个问题：怎样在河底建坝的地方把不坚固的岩石挖掉，挖出大坝的基坑，并且把基础岩石中的大小裂缝统统填实，一滴水也不许透，然后，浇筑混凝土，保证拦河坝建设在最可靠的基础上。

但是，这一切却不能在河水里边进行。

怎么办呢？

在一般河流上筑坝，挖基以前，先在一边挖一道临时河床或隧道，让河绕道而过。同时，在建筑现场打一道围堰，使干流断流，接着就用水泵把建筑现场的水抽干净，露出河底，这时候就可以在河底建设了。

三门峡的施工导流，原则上也不外乎这个办法。不过苏联专家为我们做的施工设计，更巧妙地利用了三门峡河中的石岛分两期来夺取河底。

建设者先夺取左岸的河底。他们用四十二万方砂石从左岸上游的山脚到神门岛，再到梳妆台接住左岸下游的山脚，筑起一道二十多公尺高、数百公尺长的围堰，像弓一样，使人门河、人门岛同黄河断绝关系。这时候，钻孔爆破工人就大发威力了。河底响起了隆隆的炮声，大兽一般的电铲挥动着它那有力的臂膀，一铲铲地把石碴装到自卸卡车上，卡车司机飞似地把石碴运到外边去。

基础开挖完毕了，地质人员做完最后一次地质描述和鉴定，就开始进行基础灌浆，浇筑混凝土。

这一段一百二十多公尺长，正是拦河坝的滚水坝部分，下面有十六个溢水底孔。

夺取右边河底的第二期围堰工程，比左边要难得多。

第二期围堰用砂石九十多万方，使神门河断流。据专家计算，当神门河断流时将出现六公尺高的水头——跌水。

六公尺的跌水，河简直像从天上朝下倾泻一般！用什么办法使它断流呢？他们预先在鬼门安排了四个十公尺宽的放水孔，使跌水减到三公尺，同时，在神门河上腾空架起一条钢结构的公路桥，宽十余公尺，长六十多公尺，用自卸卡车不喘气地把两万方石头、四千五百方十吨重的三角四面体的混凝土块抛进神门河！

这时，建设者给黄河下命令了：统统从左边的溢水底孔走！

接着，建设者又开始右岸河底的基础开挖和混凝土浇筑工程了。

四、机械化施工

在我们的想象中认为：挖两个基坑，筑两道围堰虽然有汛期的限制，没有什么了不起的。可不能这样地轻看它！

两个基坑，要在河底挖出石头约二百万立公方，等于把一座山从河里边抬到河外边去！两道围堰坑，要堆筑砂石一百四十多万方，又等于把一座山从河外边抬到河里去！三门峡水利枢纽的围堰，仅仅名字叫围堰，其实，比我国较大的官厅水库的大坝还大——官厅水库的大坝才用土石方一百万立公方。并且，挖基坑，筑围堰，还得瞅黄河不发脾气的枯水期进行。工地又特别狭窄：河宽加上两边的沙滩台地，满共才三百公尺，简直是个胡同！显然，在这样的情况下，要想用“人海战术”去完成如此移山倒海的工作量，根本不可能。

一开始，建设者就采用了机械化的施工方法。从打眼、放炮、出碴、围堰的堆筑和碾轨，全部是机械。人，不过是驾驶机械而已。

除了抚顺露天煤矿，在全国各建筑工地还很少见过这种机械。宅名叫三立方的电铲，像一头怪兽似的，挥动着它那有力的臂膀，一眨眼，把一堆石碴吃到自己的嘴里，然后沉着地把石碴吐到自卸卡车上。这么一下，就是整整三立公方石碴！如果让人力来做，千八百人一天的工作量才能抵过它一天的工作量。

大坝混凝土的浇筑量更大！三门峡水利枢纽的大坝要浇筑混凝土二百九十万方，需要四百五十万方砂石作骨料。二百九十万方混凝土垒在一起，不是一座山吗？这座山要从唐山和铁门水泥厂，从距三门峡五十四公里的灵宝涧河搬到三门峡，而且，要在几年里边做完！

请看这个移山过程：

这个工地从灵宝一直摆到三门峡，上下一百零八华里。在灵宝设有砂石厂。

采砂船把河里边的砂石采到船上，立即不断气地通过皮带输送机装到自动装卸的小火车上。汽笛一声长鸣，小列车长蛇似地驶到附近的砂石筛分冲洗厂，把砂石分成大、中、小和砂子四种，再装到大火车上，然后，通过陇海铁路和会兴到三门峡的铁路专用线，翻山越岭地运到三门峡南岸山坡上的堆砂石场。接着，机器又把砂石运到混凝土拌和系统的最高一层楼上。同时送上去的还有水泥，于是，自动磅秤便不间闲地给水泥、砂石过磅，并且，按照规定，把一定质量的砂石、水泥掺在一起，送到下一层的拌和间，混凝土很快就拌和好了。于是，往下一倒，正好落到楼下在徐徐行动中的混凝土罐里。混凝土罐一个赶一个地来到了大坝上，巨人般的塔式起重机抓住混凝土罐，把混凝土倒在大坝上，接着，电动的振荡器便喊着它独有的号子，有节拍地在大坝上振荡……

这只是主要的。为主体工程施工服务的还有中央机械修配厂、汽车修配厂、钢筋加工厂、木材加工厂。列车发电厂刚刚完成了任务，顶替它的郑州、洛阳热电厂的电流便通过郑、洛三轮电线来到了三门峡工地。由铁路、公路、电线、水管、自动电话线组成的一个巨大的蜘蛛网，铺在三门峡工地上和遮盖在工地的上空。

整个工地就是这样，由七千一百多种机械和管网组成的一部大机器，但是，任何一个重要部分停止了运转，这部大机器就要受到影响，甚至停车。

五、竣工以后

当三门峡水利枢纽建成的时候，灰色的混凝土重力坝，一座大山似的横跨在三门峡峡谷上，拦腰把黄河截断了，一头挂在中条山上，一头扣在秦岭支派的一个山上，我国有名的这两条山系第一次在这里拉起手来了。

过去，黄河厉害的像虎狼，这时，它的路一下被挡住了，只见黄河水朝大坝碰了几头，大坝屹立不动，便慌慌张张往回跑。它沿着干流跑了二百公里，沿着北洛河跑了一百二十公里，沿着渭河跑了一百五十公里，碰到了和坝一般高的高程——海拔三百六十公尺，再跑不上去了，只好蹲下来，这样，巨大的人工内海——水库便形成了。

说它是海，一点也不夸张。它的面积有三千五百平方公里，顶太湖一个半。黄河年水量才四百二十二亿立公方，它装满就能容水六百四十七亿立公方，相当六个半丰满水库、二十八个官厅水库。

黄河下游闹水灾，原因之一不是因为洪水暴涨超过六千秒公方的安全泄水量吗？好了，三门峡水库一下就控制了整个黄河流域面积百分之九十二的来水，可以把千年一遇的三万五千秒立公方的洪水，压到六千秒公方，正是黄河的安全下泄流量，从此，危害下游八千万人民生命财产的洪水灾害基本解除了！

水呀，人们管不住它，总想把它撵到海里去，现在管住它了，比油都要宝贵。当决定修建三门峡水利枢纽的时候，就曾经为分水有过争论：河南、山东、河北说，多灌溉一些吧，我们的土地最肥沃，只要有水就能多打粮食！航运部门说,一定要保证我们的通行轮船的流量!电业部门说,新的工业基地正等着电,应首先满足!国家衡量了轻重,做了公平合理的分配:

灌溉农田四千万亩;

轮船首先在郑州到入海口、三门峡到西安之间通航;

装八部巨型涡轮发电机,装机容量共一百一十万千瓦,年平均发电量六十亿度。

电,六十亿度!一下子是不能想出它的意义的。

苏联一个叫温特的院士计算过:一度电,足够在矿山里挖七十五公斤煤,或者轧制五十公斤钢材,或者烘八十八公斤面包,或者织十公尺布,或者缝两双鞋,或者在电影院放映四场电影……

每制造一辆小汽车,需要电力一千五百度到一千八百度;每制造一台拖拉机,需电力五千度。那么,六十亿度电可制造多少辆汽车,多少台拖拉机?

更使人惊奇的是:这么大一座水利枢纽,不管是水电站厂房,还是透平机、发电机、水闸、溢水坝、降压变电站、变压器设备,全部是自动化的。哪怕发生极小的故障,一些专门仪器就会发出故障的信号。人,只要监督和操作它们就行了。三门峡水利枢纽设计总工程师卡洛略未说:"电站全部是自动化的,用不着值班人员,考虑到电站很大,设一个人值班。电站可以在洛阳调度所进行遥控,用电话联系。"似乎是神话,但它却是明天的现实!

为了幸福的明天,都来支援三门峡水利枢纽建设吧!

三门峡开展大规模的考古发掘工作

《河南日报》(1957 年 4 月 13 日)

这里从新石器时代一直到近代,各时代的东西都有,等于一部中国史。

据新华社三门峡 12 日电 正当黄河三门峡水利枢纽工程即将举行开工典礼的时候,黄河水库考古工作队的四十多名考古人员带领着工人,又在三门峡水库区陕县南关东面的庙底沟村和三门峡市区上村相继开始了今年的地下文物挖掘工作,同时也开始了对三门峡岩岛上的历代石刻做护理或推拓工作。这是全国范围内规模最大的一次考古活动。

在庙底沟村是继续去年挖掘新石器时代的遗址；在上村开始挖掘的是春秋初期和中期的十多个墓葬。三门峡市区和它的周围地区，地下文物极为丰富。有几乎是一个挨一个的墓葬群，也有新石器时代和西周时代的居住遗址。从新石器时代一直到近代，各时代的东西都有，等于一部中国史。

黄河水库考古队从1955年10月到1956年4月，对三门峡水库区做了普查和复查，随后对三门峡市区的刘家渠、上村和陕县庙底沟村做了大规模的发掘。在刘家渠发掘汉代和唐代墓葬两百多座，共出土器物两千多件，其中有大批汉代彩釉陶器。唐墓出土的大批器物中，有三个白瓷瓶异常精美，其中一个好像带青色的玻璃釉。这说明制瓷艺术到唐代已经达到了很高的程度。

在上村挖掘了四个春秋时的墓，共清理出两百多样铜器，主墓告诉给我们，葬者是当时虢国的太子。据考古负责人说：这个墓的附近还有一百多座这个时代的墓。以前已发现的周代文物，早期的就归入西周，晚些时期的就归入战国，就是春秋时代的尤其春秋初期和中期的比较少见。虢国贵族墓和有关墓的发掘，为考古界增添了这个时期的资料。

庙底沟村地下主要是新石器时期的遗址，可能早于西安半坡的遗址，已出土的东西，都是仰韶、龙山及东周时代的。其中以仰韶时期的破碎器物为最多，已经复原成三百多件完整的器物，一个仰韶时期的陶灶，是以前没有见过的。

三门峡市区李家窑一带的西周遗址，南北长四里，东西宽一里，可能是一座地下城市。陕县后川村密布的墓葬有几千个。这些地下博物馆，即将陆续被打开、发掘出来。

曾经成为汉、隋、唐、北宋等朝代运输要道的三门峡，刻着各朝代在这里开錾航道的纪念文字或诗词共约七十多处。这些石刻，上起汉代和平元年，下至清乾隆年间，是很好的三门峡航运史资料。考古为了保护这些宝贵石刻，正在分别把它们錾下来，或拓印下来。

数万职工整装待命
辽阔的工区一片繁忙景象
三门峡水利枢纽工程今日开工

《河南日报》(1957年4月13日)

本报三门峡12日电 征服黄河的伟大工程——三门峡水利枢纽,将在13日向全国人民宣告正式开工。现在,三门峡上下百里辽阔的四个施工厂区,数万职工云集,到处是紧张繁忙的建设景象。

截至开工前夕,三门峡水利枢纽浩繁的建设准备工作已经告一段落。从陇海铁路会兴车站到三门峡的两条崎岖迂回的绕山公路,除永久公路尚有一小段正在加紧修筑外,其余的已先后通车。铁路支线正在修筑。三门峡新城市和大安、史家滩职工生活居住区,目前已经建成办公、宿舍、生活设施用房面积达十万多平方公尺。第一期工程的施工主力已经形成。全国各地制造的和苏联、捷克斯洛伐克援助我国的施工机械,已有一千五百多台运到工区。第一期工程开工需要的风力、电力、道路和大坝基础三个开挖场地也已准备就绪。三门峡水利枢纽初步设计阶段的地质勘探工作和我国委托苏联进行的初步设计在今年年初以前相继完成,这就为技术设计和开工提供了依据。

今年三门峡水利枢纽施工的主要任务是:一方面在选定的大坝位置左端开挖大坝基础上部人门岛的岩石,修筑围堰,进行第一期工程;另一方面,继续进行更加艰巨复杂的建设准备工作,迎接施工高峰。计划在开工后十八个月内挖掉岩石八十多万方,清理出大坝左端基础,浇筑混凝土溢流坝部分,并且相继进行右岸第二期围堰工程,开始开挖右端坝基,让黄河水从溢流坝中流过,以便将整个水利枢纽工程推向施工高峰。在此期间,就可以有充分时间进行水利枢纽的技术设计和继续进行三门峡、大安、会兴和灵宝四个规模巨大的施工场地的建设,以保证施工高峰期间各项工作的顺利进行。采取这样的措施,不仅可以减少国家早期的投资,更重要的是保证按照计划争取早拦洪、早发电。

在四个施工场地中,规模最大和在最前线的是三门峡施工场地。这个施工场地设在三门峡右岸,包括:三门峡工程局前线指挥所;混凝土制造、供电、供水和运输系统;汽车、机械供应和水轮机安装等基地。此外,担负大坝右岸工程的坝工二分局右岸工段也将设在这里。三门峡两岸到处是陡峭的高山和深谷,开辟这样规模的施工场地非常困难。将在下月开始平整场地的混凝土制造系统,就需要挖填几十万土石方工程。具有高度自动化设备的混凝土拌和楼将是一个高达三十公尺的建筑物。汽车基地、郑(州)洛(阳)三(门峡)电力网三门峡变电站、一千二百千瓦临时发电厂和大坝右岸工段的临时建筑,都已开始建筑或正在平整场地。可容二百辆卡车停放和简单保养的汽车基地,也将是从山岭和深谷间挖填出来的。距三门峡四公里的大安和两公里的史家滩,是坝工分局和工人居住区。坝工第一、第二分局和混凝土制造分局都已经在这里建立。银行、邮电局、医院、商店、俱乐部和职工生活必需的设施都比较完善。在会兴的是三门峡工程局领导机关和中心修配厂、混凝土、钢筋、木材等六个附属加工企业场区。其中,中心修配厂已开始生产,一批仓库已堆放来自全国各地支援的建设物资。

建设在距三门峡五十四公里的灵宝涧河采砂石厂,是混凝土制造分局最先开始建设的生产基地。涧河河谷长达五公里、宽数百公尺、厚度近五公尺的优质卵石和粗砂,都将是三门峡大坝的混凝土骨料。这个厂投入生产后,从砂石采挖、运输、分筛冲洗一直到装车,都完全由机械操作。这些砂石材料将沿陇海铁路和三门峡专用线运达三门峡场地的混凝土拌和楼或砂石料堆放场。这个厂现在正在平整场地、修筑公路和进行临时建筑。

三门峡水利枢纽的四个施工场地,都由铁路、公路和通信设备紧密连接。三门峡、大安、会兴之间的各种道路和线路将构成一个密集网。四个施工场地将连接成一个建设三门峡水利枢纽的有机整体。

社论:征服黄河的伟大开端

祝三门峡水利枢纽工程施工

《河南日报》(1957 年 4 月 13 日)

我国第一座巨大的水利建设工程——黄河三门峡水利枢纽开始施工。这是征服黄河的伟大开端,是我国社会主义建设进程中的一件大事情,河南人民将和全国人民一样,以无比的热情来祝贺和支援这一伟大的建设工程。

根治黄河水害,开发黄河水利,是我国人民几千年来梦寐以求的理想。黄河虽然是我国的第二条大河,有着丰富的水力资源,但在历史上,它却是一条以灾害著称的河流。由于上游的冲刷、下游的淤淀及暴涨暴落的性格,黄河流域水灾接着旱灾,严重威胁着黄河下游八千万人民的生命财产安全,特别对河南省人民的灾害尤为严重。据记载:黄河下游在三千年中发生泛滥、决口一千五百多次,重大的改道二十六次。这二十六次重大的改道,就有十八次发生在我省境内,至于黄河在我省境内决口的次数更不知有多少。每次决口或改道,都有无数个村庄被洪水吞没,千万人民流离失所,良田沃土变成沙荒。1642年黄水冲进开封城,全城三十七万人就淹死三十四万人。1938年蒋介石政府在郑州附近掘开花园口河堤,黄河洪水滚滚南下,豫东二十余县的两万多平方公里的农田变成了荒凉的黄泛区,三十二万多豫东人民被夺去了生命。为了保卫自己的生命财产,历代人民跟黄河灾害进行了长期的斗争。但是由于社会制度和科学技术水平的限制,特别是当时的统治者不为人民兴利除弊,因此都没能从根本上根除黄河灾害。到了近代甚至科学技术水平相当高的资本主义国家的专家也只能是对这条驯服的黄河摇摇头,悲观的预言:"黄河是不可征服的"。但是掌握了自己命运的中国人民,在中国共产党和毛泽东主席的领导下,在苏联的真诚援助下,却破天荒地向全世界宣布了彻底根除黄河水害,大规模地利用黄河发展灌溉、发电和航运事业的富国利民的伟大计划。而黄河三门峡水利枢纽的建设,就是实现这个伟大计划的第一个具有决定意义的步骤。

黄河三门峡水利枢纽不但是我国目前最大的水利建设工程,而且和世界最大的水利工程齐名。它的水库比苏联的古比雪夫水库还略大一些,相当于我国容水一百亿公方的丰满水库六七座,就水库面积说,相当于一个半太湖。建成后,将控制黄河流域面积92%的径流,把黄河千年一遇的洪水从三万五千秒公方降到六千秒公方,保证洪水安全下泄,基本解除黄河对下游八千万人民生命财产的洪水灾害威胁;将灌溉农田四千万亩,可增加收入一倍到两倍;利用这里的水力发电,年平均发电量可达到六十亿度(千瓦时),供以三门峡水利枢纽为中心的新的工业基地应用;航运也将得到发展。由此看来,三门峡水利枢纽的施工,不仅意味着根治黄河水害和开发黄河水利综合规划中根除黄河水害任务将得到基本解决,而且对黄河流域的工农业生产建设和人民生活有重大的经济意义。特别是我们河南省地处黄河中、下游,黄河横贯全省,三门峡水利枢纽工程又在我省境内,中华人民共和国成立以前我省受到黄河的灾害最大,而将来我们得到的黄河水利也最大、最直接。所以,根治黄河和建设三门峡水利枢纽,与我们河南省的人民有更大的切身利害关系。

建设这样一座巨大的近代化的三门峡水利枢纽,不是轻而易举的,它需要我们付出极其艰巨而复杂的劳动。只就主体工程——拦河坝的建设来说,就要从距三门峡五十四公里的灵宝运来砂石四百余万方,浇筑混凝土二百九十万方,等于把一座山由灵宝搬到三门峡。这种工程量浩大,施工场地狭窄,且受汛期限制,施工不得不带有强烈的战斗性、突击性,这些特点决定了三门峡水利枢纽建设采用机械化的施工方法。可是,机械化施工的实际经验、技术水平和力量,都还不能和这一要求完全相适应。这就是摆在三门峡水利枢纽建设者面前的艰巨而光荣的任务。我们必须在党的领导下,发扬艰苦奋斗的优良传统,充分发动和依靠职工群众,并且努力向苏联专家学习,要采用各种方法有效地提高科学技术水平和施工管理水平,戒骄戒躁,谨慎从事,克服一切困难,胜利完成三门峡水利枢纽建设任务,不辜负人民对我们的期望。

为了保证三门峡水利枢纽工程顺利进行,我们河南全省人民还必须以更大的努力做好支援工作。这不仅是因为支援国家社会主义建设人人都有义不容辞的责任,而且因为工程处在我省,与我们有更大、更直接的切身利害关系。我们一定要做到:需要的干部和工人保证及时抽调;需要的粮食、蔬菜、煤炭等生活资料和地方建筑材料保证及时供应;施工所需要的道路、桥梁的修建及物料器材的运输,我们要大力协助;加强工地的保卫工作,防止破坏分子和反革命分子破坏等。总之,凡是需要我们办理的,我们都要准时做好。随着三门峡水利枢纽工程的开工,三门峡人口将有相当的增加,这就在生活物资供应和城市服务方面提出了新的更大的要求。因此,我们应该从多方面进行工作,以保证需要,并且在国家投资可能的条件下,本着增产节约的精神,尽可能地用少量的钱建筑一些房舍,以便充实和扩大服务行业。由于三门峡是一个新工业区,即便做了许多努力之后,生活中的某些困难和不便,还是难免的,这也需要广大职工群众谅解,并协助予以解决。在城市建设方面,我们应该根据国家投资的可能,首先做好最必需的道路、桥涵、供水等工作,使城市建设与水利建设相适应,保证三门峡水利枢纽工程顺利进行。

征服黄河的号角响了!人民几千年来梦寐以求的理想就要在我们手里变成现实!让人们再一次地从这里看看:我们的工人,我们的人民的无穷的智慧和力量!

我省各有关方面和铁路系统职工大力支援三门峡水利枢纽工程兴建

来维良

《河南日报》(1957年4月13日)

据新华社郑州讯 河南省各有关方面大力支援三门峡水利枢纽工程的兴建。自从去年,中共河南省委已先后为三门峡工程局及中共三门峡工程局党委配备了一百多名干部。河南省各级商业部门先后为三门峡抽调了数以千计的各类服务性人员。为了帮助目前在三门峡已经建成的各种服务性行业,解决现有人员不足的困难,洛阳、开封、安阳、商丘等不少地方都积极采取抽调和代替培养的方法,予以大力支援。省卫生厅除了在三门峡增设卫生防疫站、妇幼保健站,准备再派一个卫生防疫队,长期驻工地帮助开展卫生工作。今年,全省将有十个剧团巡回去三门峡工地,向开发黄河的建设者们演出各种精彩节目。

黄河三门峡工程局物资供应处的负责人对记者说:最近一个时期,每天都有十四个满载机械设备和各种器材的车皮运到工区。正当工地运输紧张的时候,省交通厅又及时地调来了二十部大卡车支援。

为保证供应工地足够的新鲜蔬菜,三门峡附近的农业社,今年的蔬菜播种面积计划由去年的一千五百亩扩大到四千亩。

本报消息 铁路系统的职工积极支援三门峡水利枢纽工程建设。自去年开始准备施工以来,大批建筑材料和施工机械经铁路源源运往工地。直接为三门峡工程卸车的会兴镇车站,卸车任务最多时一天会达到六十辆至七十辆车。郑州铁路管理局除在会兴镇车站新建了部分站线、增设信号机以外,还专门配备了一台调车机车。这个车站的铁路职工和会兴镇四乡的农民共同组成了一支拥有二百多人的装卸队伍。去年一年,会兴镇车站为三门峡工程卸下了五千五百多个车皮的物资。随着工程准备的进展,在今年的头三个月里,卸下的物资已有两千多个车皮。

为保证三门峡工程的正常施工,铁路系统的职工,正在从各方面为这个工地解决施工中的铁路运输问题。最近,郑州铁路管理局还专门设立了三门峡水利枢纽工程局铁路运输分局，将有五百多名优秀的职工陆续参加这个分局的工作，管理三门峡工地上总长五十多公里的铁路。同时，三门峡工程中的交通干线——三门峡铁路支线，正由铁道部第六工程局第一工程段的职工加紧修筑中。这条长十三公里多的铁路路基、桥涵、隧洞已基本建成，铺轨工程也完成了一半，将在三门峡工程开工前后通车。为了把三门峡工程用的施工机械由黄河右岸运到左岸去，铁道部第一工程局桥梁工程队的职工，正在三门峡下游三百公尺附近的黄河激流中，开始修筑一座全长近二百公尺的钢筋混凝土公路桥。另外，郑州铁路管理局还准备扩建会兴镇车站；一条通往灵宝砂石场的铁路专用线的施工准备工作也在进行中。

根治黄河水害、开发黄河水利的序幕揭开
伟大的三门峡水利枢纽工程开工了

《河南日报》(1957 年 4 月 14 日)

本报三门峡 13 日电　黄河三门峡水利枢纽工程今日正式开工，征服黄河的序幕已经揭开。这一工程是实现“根治黄河水害，开发黄河水利的综合规划”的关键，建成后，威胁黄河下游河南、山东等省八千万人民生命财产的洪水灾害基本解除；华北平原四千万亩农田得到灌溉；每年平均发电六十亿度，除供应以三门峡为中心的工业基地用电外，还可以满足农村的部分用电需求；由于流量得到了调节，下游和库区内的航运事业将得到发展。

从十时起，隆重的开工典礼大会在三门峡举行。早晨来自工区各地的四千多名职工，敲着锣鼓，抬着圆表和决心书，沿着右岸公路涌向会场。会场上彩旗招展，一片欢腾。

会场设在大坝场址右端的两座石岛上，其中之一的鬼门岛是三门峡最大的石岛，波浪滚滚的鬼门河和神门河从它的两边流过，激流中发出的浪涛声和广播器里传出的音乐汇成一首雄壮的交响曲。传说中的禹王跃马过三门时，在这座岛上留下马蹄的足印，它那坚硬的石壁不知撞碎过多少船只，夺去多少船工的生命。建设三门峡的尖兵——勘测队员们，第一次来三门峡时赶走了岛上的饿鹂山鹰，留下了篝火的灰烬。今日，来自官厅、佛子岭、狮子滩、梅山、丰满等地的建设者们，在这里庄严地宣誓：一定要征服黄河，使黄河为社会主

义建设服务。

为了祝贺三门峡水利枢纽开工，黄河流域规划委员会副主任、水利部部长傅作义，中央有关部委的代表及甘肃、陕西、山西、山东、河南等省的代表参加了会议，他们一致祝贺三门峡水利枢纽工程开工，并分别表示做好水土保持、库区移民、防汛护堤和人力物力的支援工作。参加大会的还有苏联专家组组长波赫同志。来自全国各地的贺电、贺信一千余件。列宁格勒水电设计分院院长雅诺夫斯基代表该院全体工作人员也从遥远的苏联发电祝贺。

会上各单位各工种的职工代表，抬着他们的决心书、保证书走上主席台，庄严地放在毛泽东主席的像前。这是他们要为三门峡工程建设献出自己的青春和力量的誓词。

下午一时，刘子厚局长代表三门峡工程局受国家委托宣布了庄严的开工命令，顿时，礼乐齐鸣，掌声雷动，峡谷沉浸在一片欢呼声中，接着人门岛上一面红旗徐徐上升，警笛长鸣，划破天空，先进生产者吴满山等十二名工人立即点着了炮火引线，于是，隆隆的炮声响彻河谷上空，吹起了滚滚的浪烟；被爆破的石块飞向高空，很快又像冰雹般地从烟雾中倾泻下来。稍停，两部电铲挥动着巨大的臂膀把石碴装进自卸卡车，一辆辆卡车沿着左岸运输线路分别向上游、下游驶去。钻工们也早已进入阵地，握着风钻向坚硬的岩石展开了强大的攻势。两部车钻也一起投入了战斗。

峡谷中响起了一片机械轰鸣，压倒了河水的咆哮声。

低头吧，高山！

让路吧，黄河！

吴芝圃省长代表省委、省人民委员会、河南省军区向三门峡职工致贺词

《河南日报》(1957 年 4 月 14 日)

黄河三门峡工程局全体职工同志及参加三门峡水利枢纽建改的同志们：

自从第一届全国人民代表大会第二次会议通过了关于根治黄河水害和开发黄河水利的综合规划的决议以后，被列入第一期计划的三门峡水利枢纽工

程的筹备工作，就在中央的英明领导和苏联的无私帮助，以及全国人民的支援下，以空前巨大的规模开展了起来，并且取得了巨大的成就。因此，三门峡水利枢纽工程现在能够顺利地开始施工了。这些成绩的取得是与你们的努力分不开的。

规模宏伟的三门峡水利枢纽工程，是根治和开发黄河的关键，对于我国国民经济的发展，具有重大的意义。这个工程建成以后，不仅可以控制住凶猛的黄河，基本上免除黄河对于下游的洪水威胁，扭转黄河几千年来危害人民的局面。同时，更重要的是，黄河将可以被利用来为人民谋福利，这就使得全国人民千百年来变害河为利河的理想变成现实。

三门峡水利枢纽工程建成后，黄河下游数达四十万亩的农田将可以从黄河得到丰富的水源进行灌溉，保证年年丰收；沿黄河两岸的广大地区里的城市和农村，将可以得到廉价的劳动力，从而建成庞大的工业基地；三门峡水库区内和郑州以东地区的黄河将可以通航，大大便利了物资交流。这一切，将为这些地区的社会主义工业化创造极为有利的条件。

三门峡水利枢纽工程的建设，同我省人民的利害，有着特别密切的关系。几千年来，在我省人民的心目中，黄河，就意味着灾害。在中华人民共和国成立前的三千多年中，黄河发生了二十六次大改道，有十八次都在河南省境内，决口的次数当然就更多了。黄河每一次决口和改道，都给我省人民带来了深重的苦难。如 1938 年，国民党反动派在郑州花园口决口，就使一千二百多万人民无家可归，死亡了八十九万人。中华人民共和国成立以来，中国共产党和人民政府领导着沿河人民，同黄河的灾害进行了艰苦的斗争，取得了平安地度过十次大汛的光辉成就，扭转了中华人民共和国成立前黄河几乎年年决口的悲惨局面。但是，仅仅依靠下游修防工作，并不能彻底免除黄河洪水的威胁，而大规模地利用黄河造福人民则更不可能。因此，三门峡水利枢纽工程的建设，对于黄河的除害兴利，有着决定性的意义，它完成以后，对于我省人民来说，就要由首受其害变为先得其利。因此，在这个工程开始施工的时候，我们河南全省人民欢欣鼓舞的心情，是无法形容的。

三门峡水利枢纽工程的建设，是征服黄河、改造自然的艰苦工作，在工程建设中可能会遇到很多困难。但是，我们相信，在党中央和毛泽东主席的直接领导及苏联无私的帮助下，一切困难都会克服的。我们河南全省人民都热情地关怀着三门峡的伟大工程的开工，并且将尽我们的最大努力，走在支援队伍的最前列，保证劳动力的配备，做好器材、物资和生活用品的供应和运输，妥善而及时地安排库区居民的迁移，以及做好一切配合三门峡水利枢纽工程建设的工作。此外，还要做好黄河下游修防工作和临时拦洪的准备工作，保证在三门峡工程建成前，不发生严重决口和改道。

同志们！伟大的共产主义建设美好远景是多么令人向往，今天的奋斗就是未来的幸福。你们能够在我们祖国的社会主义建设高潮中亲身参加对于社会主义建设和根治、开发黄河具有历史意义的三门峡水利枢纽工程的建设，是非常光荣的，我们在这里向你们致以衷心的祝贺，并且期待着你们在这个伟大的建设事业中取得重大的胜利！

综合开发黄河的事业开始了

新华社记者　周　原

《河南日报》(1957 年 4 月 14 日)

13 日下午，在三门峡左岸的人门岛上、在未来黄河大坝的岩石基础上响起了一声震撼峡谷的爆破声。这是一声划开治黄历史的轰鸣。三年前，关于黄河流域的综合规划是治黄历史上的一座里程碑，今天的这声爆破，正是这座里程碑的奠基礼。综合开发黄河的宏伟事业，从三门峡开始了。

今天竖在三门峡左岸的几幅图表，画出了三门峡水利枢纽给我们的愿景。它雄伟的身躯，横立在黄河上，它用大于丰满水电站五点八倍的库容，来保证黄河下游八千万人民的安全。三门峡水利枢纽工程前立起来的高压输电线，在郑州、洛阳、太原、西安之间，组成了一个电力网。它每年将提供六十亿度(千瓦时)廉价的电力。华北平原上渠道纵横，绿色的原野已经盖住了黄河在多年内带来的黄沙。一条青色的航道上，正行驶着轮船。这是几幅图画，也是一个大自然的写实画。当我们在这张画上涂上第一笔彩色的时候，当三门峡水利枢纽开工以后，我们就要在西北黄土高原上控制水土流失，画上一幅青山绿水的风景画。我们还要在支流上修起梯级水库，来“节节蓄水，分段拦沙”；有了满湖清水，不是还要开渠灌溉和整理航道吗？一句话，三门峡工程前面走，水土保持、支流治理等工作后面紧跟着。在今后十年内甚或几十年内，按照国家计划，一步步地去做。

能在这一宏伟事业的奠基礼中，出一把力该是多么光荣！但光荣又伴随着艰难。

三门峡水利枢纽开工典礼的大会场设在鬼门岛上。工人们带着在丰满、官厅、狮子滩、梅山、南湾、大伙房水库工程中得来的奖旗,取得的光荣。他们站在黄河身上,潮浪在两边峡门里奔流。这里有在唐山陡河建立奇功的英雄和模范,也有二三十年工龄的老水电工。这里还有八百多名翻身农民,在五年的水电建设中成长起来的新技工。有三十八年工龄的何道岩已经鬓眉花白了,他对安装以八百五十公尺跨度横架在三门峡上空的架空索道,颇有信心。二十二组的风钻工王文,在他的小组中要算年纪最大的。他说:“我们要把调皮捣蛋的黄河,变成受人使用,受人呼唤的内海。”三门峡大坝像三十六层楼房那样驾入云空,你登上那个坝顶,就要达到世界先进的建坝水平。现在,他们带着自己的经验,还立在这个坝的底层。按计划,坝工第一分局今年只挖掉左岸岩石的一半,但这一半已多于它在官厅和唐山陡河水库开挖量的总和。今天,会场上大家都看到了这个任务是怎样在完成着:风钻像机关枪一样向岩石发射,车钻以更大的刺力一步步打进了岩石。一立方容量的电铲和载重汽车,在工人手里开始了第一次联合作业。固然,它们合作的并不熟练,但谁都珍惜这样机械化施工的嫩芽。三立方容量的电铲在工地近处,等待人们来掌握它。更艰巨的任务还在后头,让我们满怀信心,等待着战绩吧。

开工典礼进行的很隆重,峡门里激浪翻滚的声音,加重了这种气氛。工人在踏着古人和三门峡斗争的遗迹前进。今天第一次来到工地的各地宾客们,没有看到娘娘河,这条一千一百年前,完全用人工开发成的运粮道,前几天被填平了。一千八百年前,东汉和平年间遗留在人门河边的几排栈道洞眼,也被开挖的不尽完整了。但是人们还可以看到,古人在三门天险边修一条航道,是历尽了多少艰险!他们把征服黄河的任务,连同他们那坚毅的意志,一同遗留给我们,我们也担负起来了。把娘娘河填平,在崎岖的岩石岛上开出一个宽阔的施工场地,从三面向着人门岛挖进,跨过娘娘河,第一期先在这里挖好大坝的坝基。

在春雷般的爆破轰鸣以后,接着主体开挖工程正式开始了。爆破后的烟团,掠过山头,已飘入晴空。在这春暖花开的时候,三门峡工程开工了。预计六七年后,在一个秋季收获的季节里,工程将取得胜利。人民在期待着这个胜利。

12 日下午,工地收到山西省平陆县下坪乡小学学生们寄来的一封信,信上说:“4 月 10 日晚上,我们刚打过就寝钟,乡秘书冯友才叔叔一进学校门就嚷着:给你们送来一个好消息,三门峡工程在 4 月 13 日就要正式开工了。这个飞来的喜讯,马上轰动了学校。这一夜,我们简直不是睡觉,而是到三门峡去了。”是的，给人们的是鼓舞，随着鼓舞而来的是支援。谁在建设三门峡水利枢纽工程？正确的回答应该是：全国人民。

当三门峡工程开工的消息传出的时候
黄泛区人民的喜悦

袁 漪

《河南日报》(1957 年 4 月 18 日)

黄河曾给下游人民带来无数次深重的灾难。但是，黄河的灾害同历代反动统治阶级的罪恶是分不开的。1938 年蒋介石政府扒开了花园口大堤，造成了荒无人烟的黄泛区。扶沟县是黄泛区的心藏地，黄水在那里流了八年。八年来，人民的眼泪和黄水流在一起，人民心中的苦水像黄水一样滔滔不尽。那时候粮食比黄金还贵，人比粪土还贱，一个馒头就可以换一个人。万商云集的集镇变成了人贩子活动的场所。扶沟城里的城隍庙成了停尸所，每天一车车的尸体从庙里拖出来运到城外去掩埋。戏楼村后面一块六亩大的空地几个月内就成了乱坟岗。

逃荒外出的人，他们的命运并不见得能稍好一些。李历岗乡的任富妮，她永远忘不了逃荒时伤心惨痛的一幕：那一年她跟着丈夫、老奶奶，抱着才出世的孩子上鲁山去。走在半路上腹饥力乏都支持不下去了，怀里的孩子又饿得“哇哇”直哭，全家人商量一下：顾得大人顾不得小孩，她给孩子喂了最后一口奶，就放在路边含着眼泪走了。

土地改革以后，黄泛区人民有了自己的田地。1952 年扶沟县就有了第一个农业社，接着全县农民纷纷走上互助合作的道路。为了纪念这一段难忘的历史，这第一个社就叫“黄泛区农业社”。

受尽黄河水患的人，更懂得治理黄河的重要，他们深深体会到黄河一天不治理，黄泛区人民心中的疙瘩一天不能解除。

治理黄河、修建三门峡水利枢纽工程的消息一传到黄泛区，黄泛区激起了一片欢腾。宣传员走到哪里，人们就围拢到哪里。戏楼村的宋老奶奶已经七十五岁了，几月来一直卧病在床，别人把这消息告诉她以后，她高兴得坐起来说：“我老太婆还要活它几年等着看电灯。”郑庄八十七岁的李坤生老大爷一生经历了三次黄水的灾难。1938 年发水的时候,郑庄只剩了他一个人在家,他爬在屋顶上,喝一口泥水、咽一口小麦维持生命。现在一听说治理黄河他兴奋极了,他说:"治好黄河我们一桩心事可以了结啦。要是年轻一点我老头一定也到三门峡去干一下。"黄泛区农业社的主任聂太亭同志听到修建三门峡水利枢纽工程的消息后也有很大感触,黄水泛滥的时候,他死了父亲、母亲和妹妹,房子被冲倒,田地被冲毁,现在他重建了家园,还带着一千三百多户农民搞农业社。他说:"今天建设三门峡水利枢纽工程,我们要人有人、要钱捐钱、要粮食送粮食,我们农业社要以争取大丰收来支援三门峡。我们为了黄河流了多少眼泪,只有在中国共产党、毛泽东主席领导下,害人的黄河才能为人类造福,我们的痛苦才能变成欢乐!"

炮声响处岩石开　人门岛上战方酣
三门峡建设首传捷音

《河南日报》(1957 年 4 月 23 日)

本报三门峡 22 日电　20 日夜十一时三刻,当人们欢乐地度过周末,步出剧场、影院、舞厅的时候,三门峡谷的警笛长鸣。顿时,人门岛上稀疏的人群忽忽地散开,光芒万丈的探照灯也隐藏起来。峡谷里呈现出片刻森严和宁静的景象之后,紧接着响起了震天动地的开山炮声。从背岸山顶上俯视峡谷,只见人门岛上火花四溅,飞升天空的岩石,又刷刷地倾泻下来。这是三门峡水利枢纽开工第一周最后的一次大爆破,劈下坚硬的闪长斑岩近一千立公方,也是从施工准备工作以来最大的一次爆破。到此,开工第一周的坝基开挖计划已超额 20%胜利完成。

完成开工的第一周的计划并不是一帆风顺的。这首先是当前所使用普通风钻和一立方挖掘机,并不完全适于开挖这样坚硬和数量巨大的闪长斑岩。而施工设备所要求的较大型的风钻、电钻和三立方的电铲,又一时不能投入生产;加上缺乏机械联合作业的经验,工人操作不熟练,因此开工后一连几天的计划完成得不好。担负左岸工程的坝工第一分局的职工,发现这种情况后,甚为焦急。由于大家保证完成计划的意志坚决,迅速组成了前线指挥所,建立日常调度会融制度,党委书记、局长和主任工程师不分昼夜地深入现场指挥施工。挖掘机手们也迅速地提高技术。他们从过去每十多分钟挖装一车，提高到六分钟左右挖装一车。效率最高的一部挖掘机，两个多小时曾挖装了二十二车。目前较突出的问题是岩石仍然不容易崩碎，挖掘机装运时机械事故多。在完成第一周计划中，风钻手们遇到了几处极难对付的闪长斑岩。一位风钻工告诉记者说，他们用十五个钻头只钻进四公寸。估计这种岩石硬度达到十二级以上。但最后仍然被爆破推入人门河下。

现在，建设者正采取种种办法克服困难。他们以移山倒海之势向陡立的石山进攻。屹立在黄河激流中的人门岛，在日渐消失中。（本报驻三门峡记者）

北自抚顺南达湛江港　东起津杭西至西安

各地热情为三门峡培养技术力量

黎　路

《河南日报》（1957 年 4 月 30 日）

三门峡消息　全国各地正为三门峡工程培养大批技术力量。

目前，北自抚顺，南达湛江港，东起天津、杭州，西达西安等全国各主要城市和有关厂矿企业，都在分别为三门峡工程培养各个不同工种的技术工人和干部。其中包括起重、机木、喷镀、混凝土预制、架空索道、电焊、万能摘床、装岩机、制氧、爆破以及施工管理等三十多个方面的技术。这些工种技术的培训都是根据这里的高度机械化施工的需要，现有技术力量中则又缺少这方面的人才而提出的。

各地帮助培训的单位和职工，为了支援三门峡工程建设，都积极地采用各种办法使在本单位学习的工人迅速掌握技术。为这里培养塔式起重机工人的华南湛江港务局，曾专门派了几个技术熟练的老工人固定在一部机器上，带动前往学习的学员迅速掌握技术。派往东北金属结构厂学习的虽然只有两个工人，该厂也指定了教员专门给他们讲课，有时老师主动牺牲了星期日的休假时间，来为他们讲授技术。在西安西北建筑工程总局学习的起重工人，起初因为所学机器常出事故，学员们返回工地，最近该局还特别派了一个工程师前来交涉，让这些学员继续前往参加实习，并对前一段因机器事故而影响学习一再表示歉意。抚顺露天煤矿为了帮助前往实习的学员迅速掌握使用三立方电铲的技术,也专门派了四个教员通行辅导。

同时,学习这种电铲在过去一般需要两年半到三年的时间,才能达到三级以上的技工水平,后经该矿研究确定将在八个月内把他们培养成熟。这样,到今年10月左右,这批六十五名电铲工人和两名技术人员就可以回到工地,参加大坝开挖工程。在此以前,为了解决主体工程的石方开挖任务需要,该矿还准备先派一批电铲工人前来担任实习教员,一边参加生产,一边带领一批学工进行培养。

最近,在各地培训的工人,已有一部分学习结束回到工地。他们在离开前经过考试检验,技术水平都能达到预定的要求。

"五一"前夕在三门峡

《河南日报》(1957年5月1日)

本报三门峡4月30日电 参加三门峡工程建设的工人们,纷纷以自己的实际行动迎接着"五一"劳动节的到来。担任主体工程石方开挖任务的工人,今天下午四时在人门岛和神门岛上发出了一片震撼山谷的巨响。炮声响处飞石纷纷下落,浓烟散去,人门岛西端的半个山头已被削去,人门岛的坚硬岩石也呈现出一幅憔悴的面貌。这是一次迎接"五一"的礼炮。它宣告了4月已经开挖出来二万零四百九十六方石方,等于3月的227.44%,超额完成了4月的任务。

担任石碴装车的二号挖土机的工人,为了迎接"五一"劳动节,在27日夜间装了三十六车石碴,创造了一立方挖土机装碴工作以来的最高峰。30日,挖土机手于家连和他的同伴又达到了五十一车。为了加速整个工程准度,保证大量石方开挖任务的完成,担任三立方电铲运输任务的工人,克服了运输上的困难,翻山越岭将三部三立方电铲的部件已经运达工地,准备过了"五一"劳动节开始安装。各项附属工程也在紧张地进行。

三门峡铁路专用线第一阶段共十三点七公里的铺轨任务已在28日完成。在大坝下游的钢桥工地上,桥梁工程队的工人已经在汹涌的激流中打下了第一个桥墩的钢板桩。其他新的风、水、电供应设备的工程都在紧张地进行。工地上,许多工人纷纷作诗、写文章,在报纸上发表他们对"五一"劳动节的感想,并表示决心完成工程建设任务,向祖国人民汇报工作。

三门峡地质勘探工作全面展开

《河南日报》(1957 年 5 月 1 日)

本报消息 三门峡水利枢纽技术设计阶段的地质勘探工作已全面展开。一批钻机已经在坝轴线上开始日夜钻探。

技术设计的部分资料,在进行初步设计阶段资料中已经完成,继续送苏联进行技术设计。今年给技术设计提供的勘探资料,包括大坝、溢流坝、水电站和水库的地质测绘与详细的钻探,混凝土制造厂、变电站系统基础勘探等二十多个项目,钻探一万五千多公尺。这一工作完成后,就可以满足技术设计对地质资料的需要。(本报驻三门峡记者)

周总理来到了三门峡

《河南日报》(1958 年 4 月 26 日)

周总理轻步踏过悬横在三门峡神门河上的钢索吊桥,来到了已经切去半边的神门岛。他挺身站立在高出水面数丈的峭壁上,迎着峡谷的风,展望这征服黄河的伟大壮举——一边是滚滚黄水,一边是沸腾着的大坝浇筑现场。

这是 4 月 21 日上午。

这一天,正是举世瞩目的三门峡水利枢纽宣告开工的一年又八天。一年又八天前的这个时辰,伟大工程建设者在这里点响了撼天震地的礼炮,向大自然宣战。但是今天,当我们敬爱的周总理俯视这里一切的时候,已经比往日大大改观了:雄伟的三个石岛削去了一个半;三股雄流合成了一股,默然流过;那古老的娘娘河和巍峨的梳妆台消失了,代之以巍然屹立的大围堰,它和下边的隔墩、隔墙连接在一起,长蛇般纵卧峡谷。现在,伟大工程建设者又立下了宏伟志愿:提前一年拦洪,提前半年发电,提前一年竣工!

周总理望着劈开的神门岛的另一端。三门峡工程局局长刘子厚同志向周总理介绍:“将来截流时,有一股水从这里流出去,这样可以降低水位。”周总理点点头说:“这地方是不是要修一个闸门?”刘子厚局长回答:“要修个闸门。”

周总理是上午九点多钟到三门峡的。偕同前来的还有彭德怀副总理、习仲勋秘书长等。当火车在三门峡工程局所在地——史家滩上面的山崖上停下来以后,周总理和彭副总理徒步盘旋走下了七十多公尺高、四十度的陡山坡。三门峡工程局汪胡桢总工程师向周总理介绍了工程以后,就开始前往工地。当他们站在神门岛上的时候,已经是十点多钟了。

谁能不希望亲眼看一看我们敬爱的周总理呢?当忙碌着的人们听到了这个消息后,成百上千双眼睛激动地投向神门岛上端。周总理穿着一身银灰色服装,迈着矫健的步伐,沿着神门岛的木梯一级一级走下来。等候的人群立时簇拥上前。

周总理在人群中缓步向前,他踏上跑道站到了电站与泄洪孔之间的隔墩上,看已经浇筑的混凝土,又看了看正在绑扎钢筋的大坝廊道。这时,一位穿着工作服的青年干部刘冠三上前亲切地同周总理握手。他是从大坝基坑里操纵了一会儿风钻,特地跑来看望周总理的。

周总理问他:“你是下放干部吗?”

刘冠三回答:“是作青年工作的。”

周总理又问:“学习技术了吗?

刘冠三回答:“学了一点!”

周总理勉励他说:“又红又专。”

“正向这条路前进!”刘冠三恳切而坚定地回答周总理。

周总理和彭副总理从隔墩上走下来,几个年轻姑娘簇拥上来。原来她们早已等候在这里,准备向敬爱的周总理握手问好。她们一看到彭副总理走过来,就稚气而又认真地突然来了个立正姿势,激动而响亮地说:“元帅,你好!”彭副总理笑着同她们握了手。问道:“你们都是转业下来的吗?”大家齐声说:“是!”彭副总理笑着说:“好!有这么多转业军人在这里,三门峡工程一定能很快建成。”这时,周总理也转过身来问她们:

“你们都是下放来的吗?”

“是!我们都是下放的。”

“做什么?”

“清理工。”陈景云、丁隆光回答。

“哭了没有？”周总理打趣地问。

“没有！”几个姑娘一齐回答。一个紧接着说：“不信，请我们刘局长作证明吧！”

这时，陪同周总理的刘子厚局长笑了笑连声说：“没有哭！没有哭！”大家也都跟着笑了起来。之后，周总理还问她们动手不动手？工人肯教你们不肯？苦不苦？像是母亲关怀孩子那样。

周总理沿着隔墩往下游走去，在一台由号称乌拉尔巨人改装的三立方吊车旁又停了下来。周总理向吊车司机室里的青年技术员王华生问：“你工作几年了？”马达的轰鸣声和那种激动的心情，使得王华生迟迟听不清周总理的话音。周总理一次再次提高嗓音，重复着自己的问话，王华生终于听清了。他红着面孔，一面回答总理“工作六年了！”同时又伸出双手打了个手势。

绕过混凝土隔墩，周总理在三门峡下游张公岛的一个乱石堆上停下来，俯视左岸浇筑和清理坝基的现场。总理问刘子厚局长：

“对面是什么岛？”

“人岛，现在只剩下一个角了！”

总理又问：“哪个是神岛？”

“纵围堰上边就是。”刘子厚局长指着最高的那座混凝土工程说。

“哪是娘娘河？”

“推土机工作的地方。”随从人员取过来施工图告诉总理：哪是上围堰工程、哪是神话里传说的梳妆台旧址等。

从张公岛往南边，便是施工中临时架设的跨河浮桥。周总理走上浮桥，在桥当中停了下来。总理依着栏杆，迎着滚滚东流的黄水，再次眺望三门峡中耸立的石岛和沸腾的施工现场。

周总理凝视着傲然屹立在河心的中流砥柱，问道：“砥柱上的诗还有没有？是哪朝代写的？什么诗？还看见看不见？”

“唐太宗作的诗(注)，魏征写的字。年代久了，风化了，诗看不见了！”刘子厚局长回答。

这时，总理若有所思地说道：“砥柱，就那么点大，冲刷了多少年，现在还在那里。”

总理望着“三门”又问道：“哪条河是主流？”

“神门河是主流，流量最大，水最深。”刘子厚局长告诉总理，并指着前面的大坝位置说：“发电站的厂址就在那里。”周总理详细地看了三门峡地形后，流露出非常满意的神情说：“地址选择得很好！同长江三峡一样。”

四月的三门峡，中午天气已令人感到有些闷热。峡谷里的风越刮越大，不时卷起两岸的黄沙。但是，总理依然是精神奕奕地向前走着，走着。人们看到总理健壮的身体，内心里感到无限的快慰。周总理从左岸到右岸，走上了一个陡坡，这时修筑公路的民工已开始在路旁休息吃饭，总理向他们面前走去。民工任聚山、李长河一手拿着馍，一手端着碗。总理问他们都是从哪里来的。他们告诉总理说是从临汝县、宝丰县来的。总理接着十分关切地问道：

"来几年了？回过家没有？"

"1956年来，没有回去过。"几个民工毫无拘束地一边吃着饭一边回答。

总理详细地问他们，一天吃几顿饭？一个月多少工资？一个馒头多少钱？每月除吃还能剩多少钱？总理在问到他们手里拿的掺有红薯面的馍值多少钱时，还拿起来掂了掂分量，用手掰下了一块尝了尝。

周总理还问到他们文化学习情况，嘱咐他们抽空学习。他说："将来三门峡修好了，文化也学好了。"

周总理离开民工看了看隆隆转动的一级水泵站后，来到正在安装机器设备的空气压缩机厂房。总理看到工作着的技工高洪裕，问："你的工作什么时候完？"高洪裕回答："快完了！"

这时候，总理发现高洪裕背后的一个十八岁的年轻徒工沙俊祥。总理关切地说："这个小伙子挺年轻！"接着同沙俊祥握了握手。

总理问沙俊祥："哪里人？从什么地方来的？"

"江苏宜兴人。从狮子滩来的！"沙俊祥激动地回答总理。

总理饶有风趣地说："宜兴出陶器，有沙子，正好同你的姓一样！这里也是出沙的。"引得大家都笑了。总理又问到沙俊祥多大年龄，家里还有谁，每月多少工资以及伙食费需用多少，等等。当总理知道了沙俊祥只有哥哥的时候，便随手拍了拍沙俊祥的肩膀说："你可以以天下为家了！"总理叮嘱沙俊祥要好好向老师傅们学习技术。

总理边走边问动力分局主任工程师钱汝泰同志："你管什么？"

"管风、水、电。"钱汝泰同志回答。

总理很有风趣地引用封神榜上的故事说："风 雨 雷、电四大金刚，你们就管了三项！"大家又一齐笑了。

总理在空气压缩机厂房前面的台地上，背依秦岭余脉，远眺黄河北岸的中条山峰。台地下面是飞架三门峡下游即将通车的公路钢桥。

总理回到厂房门口的时候，看到了女学工王秀荣。她是动力分局管机维修班的。当总理同她说话的时候，她两眼楞得杏圆，内心激动得一时不知道说啥才好。总理又一次问她,她才回答:“是河北省行唐县人,从官厅来的!”

总理又问王秀荣:“学会了技术没有?”

“简单的会,复杂的还不会!”王秀荣回答。

周总理非常和蔼可亲地看着大家对王秀荣说:“这么多的老师傅,你要向他们学!”

周总理沿着三门峡右岸公路迂回而上,来到了小拌和楼。总理望着自动化的小拌和楼,同水利电力部张含英副部长、刘子厚局长和王化云副局长谈到小拌和楼的设备情况。总理离开拌和楼场地,沿着陡坡公路走下来的时候,还不时地瞭望这征服大自然的伟大工程。时间已中午十二点半钟,总理才挥手向建设者告别,人们又一次激动地向总理鼓掌。总理坐的汽车消失在前面一个山头后边,人们还恋恋不肯离开。

周总理走了,人们激动的心情却怎么也平静不下来。不论在食堂里、宿舍里,或者上下班的列车上,到处都可以听到人们在谈论这永远难忘的会见。平时,工人们都是上午十一点钟开饭,可是这一天有不少工人到下午一两点钟还迟迟不去吃饭。浇筑分局混凝土除清洗班老工人张君、张发在总理去后,跑去找班长说:“总理这样关心我们,我们一定要实现提前一年拦洪,提前半年发电的计划!”他们建议中午饭在基坑里吃,节省时间。第二天他们实行了这个建议。这一天他们两班工作提前四个小时完成了。开挖分局风钻工冯巨荣青年突击组,这一天虽然只开了三小时风钻,但是每部风钻还平均达到二十二公尺多。现在是一个人操纵一部风钻,要是去年这个时候,每部一个班开七小时才只达到十七公尺左右,而且那时候还是三个人共同操作一部风钻。第二天晚上,他们的小组还讨论了如何突破工程局所颁发的新定额。

周总理的访问,给三门峡建设者带来了莫大的鼓舞。

周总理视察三门峡水利工程

《河南日报》(1959年10月16日)

中共中央副主席、国务院总理周恩来同志在中共河南省委第一书记、河南省省长吴芝圃同志的陪同下,12日晚到达三门峡市,13日上午,周总理视察了正在加速建设的三门峡水利枢纽工程。

13日上午八时三十分,周总理从市区乘火车到达三门峡水利枢纽工程建设工地,受到工人们的热烈欢迎。周总理下车后即步行到大坝工地,走上正在架设的施工大栈桥,观看了二十五吨大塔式起重机和正在浇筑的大坝坝体。随后周总理又视察了电站厂房工地,详细询问了水压钢管安装的情况。周总理然后又沿着下横围堰登上导水墙,在这里可以看见截流以后的黄水绕道从梳齿中流出的壮阔图景。面对着滔滔的黄水,周总理关怀地询问了明年如何保证全部拦洪的问题。周总理从导水墙下来以后,又绕道上横围堰踏上大坝坝体,观看了水压钢管进口,详细地询问了将来发电的情形。周总理每到一处都和职工们做了亲切交谈,勉励他们好好劳动,努力工作,提前建成三门峡水利枢纽工程。

陪同周总理视察的有:中共中央委员、水利电力部副部长李葆华,水利电力部副部长钱正英,黄河水利委员会主任王化云,中共三门峡市市委书记李浩,三门峡市市市长刘莱,中共黄河三门峡工程局委员会代理书记齐文川,黄河三门峡工程局代理局长谢辉等。

随同周总理一块来到工地的有:石油工业部副部长李人俊,农业部副部长何基沣,湖北省省长张体学,山西省省长卫恒,中共陕西省省委书记处书记方仲如,长江流域规划办公室主任林一山。

上午十一时三十五分,周总理离开了三门峡。

蓄清排浑　调水调沙
三门峡大坝科学运用水库成效显著

蒋中元

《河南日报》(1986年10月26日)

本报讯　三门峡水利枢纽工程经过多年的运用,总结出科学运用水库的"蓄清排浑,调水调沙"运行方案,为我国在多泥沙河流上规划、兴建大型水库提供了经验。

三门峡水利枢纽工程建于一九五七年。由于当时黄河泥沙问题的研究刚刚起步,对水库建成后的泥沙淤积估计不足,水库蓄水不久,即出现了库区泥沙严重淤积的现象。为此,该工程又先后在一九六四年年底和一九六九年六月进行了两次改建。随后，便开始采用“蓄清排浑，调水调沙”运行方案。

“蓄清排浑，调水调沙”运行方案，是根据黄河的特点运用水库。在黄河非汛期泥沙少时关闸蓄水，抬高水位，蓄起来的清水既能保证大坝上五台水轮发电机的用水，又可在每年春季黄河下游春旱之时提供十八亿立方米的水源。汛期到来之时，由于泥沙增大，不利发电，水库则打开闸门，降低水位进行泄洪排沙，利用黄河大水带沙的特点，通过合理控制坝前水位，创造出有利的冲刷泥沙的条件，将库区非汛期蓄水时淤积的泥沙和汛期来沙一并冲出库外，以恢复库容；同时，由于汛期泄流量的增大，使下游河道将泥沙输送入海，减缓库区和下游河道淤积。

十多年来，三门峡水利枢纽工程由于实行“蓄清排浑，调水调沙”运行方案，现在三门峡库区黄河潼关以下冲淤基本平衡，潼关高程保持基本稳定，兴利除弊大见成效。仅发电一项，就已收回国家对三门峡水利枢纽工程的大部分投资，防洪、防凌、灌溉等综合效益的发挥日益显著。

三门峡水利枢纽为黄河防汛创有利条件

全部闸门关闭时间控制在8小时以内

马铁军

《河南日报》(1992年8月21日)

本报讯 时值汛期，黄河汛情全省关注。日前，三门峡水利枢纽管理局(以下简称枢纽局)局长杨庆安告诉记者，对黄河下游防洪起着关键作用的三门峡水利枢纽工程，防汛应变能力显著增强，全部闸门打开或关闭不超过8小时，为黄河下游防汛提供了有利条件。

三门峡水利枢纽控制着黄河洪水三大来源中的两个，控制黄河来水量的89%。三门峡工程投入防洪运用以后，使黄河下游的防洪从单纯依靠堤防，发展到利用水库、堤防、河道、分滞洪等综合工程体系，起到削减洪峰、减轻下游防洪负担的作用。根据防洪的要求，全部闸门(24个孔洞)打开或关闭的时间要控制在8个小时之内。但由于种种原因，过去启闭时间常常在13个小时以上。近两年来，枢纽局加强工程管理和科技进步，对闸门的轨道进行大修或更新，对用于启闭闸门的350吨门式起重机加以改进，关闭时增加了220吨的配重，并在机房里增加隔热层和通风设备，保证机器连续作业。

今年 3 月，经有关专家监测，防汛设备可调率达到 100%，完全符合黄河调度的要求，这在三门峡防洪运用史上是个重大的突破。此外，该局还建成了水情自动化测报系统和配有大屏幕投影显示系统的监测中心，为更好地发挥工程的防洪效益创造条件。

入汛以来，该局工程管理分局以临战姿态做好各种防汛准备，健全、强化了各级防汛责任制和值班制。目前，该局职工坚守岗位、严阵以待，随时准备迎战大洪水。

发挥水电优势　开展多种经营
三门峡水利枢纽管理局综合实力大增

易军魁　胡震环

《河南日报》（1995 年 11 月 11 日）

本报讯　12 年前依托黄河三门峡大坝组建的三门峡水利枢纽管理局如今已摆脱“水利穷汉”的阴影，1990 年跃升为国家二级企业；1991 年摘掉亏损帽子；1992 年在河南 141 家大中型企业综合效益评价中，名列第 17 位；1995 年 8 月又以雄厚的实力跻身于“河南利税百强企业”行列。

在“工程管理是基础，电力生产是支柱，综合经营大发展”的方针指导下，该局重点抓好工程管理，通过二期改造工程，实现了三门峡水利枢纽正常运用，确保了下游防洪、防凌安全，并利用凌期蓄水为下游 3000 万亩农田灌溉和工业及城镇生活用水提供了保障；与此同时，他们积极开展技术攻关，成功地进行了汛期浑水发电试验，取得重大科研成果，并在原来 5 台发电机组的基础上，扩装两台 7.5 万千瓦时机组，其中第 1 台机组已于去年 3 月并网发电，使该局的年发电能力达到 11 亿千瓦时，去年创造直接经济效益 2000 余万元。

充分利用水、电、土地及周边地区矿产资源优势，大力开展综合经营，使水利企业快步迈入市场，先后兴办了综合经营总公司、广豫开发公司、水利水电技术开发公司、康拓房地产开发公司、黄河物资经贸公司、万达实业公司、基建施工公司、中韩合作河南机械施工有限公司等十大公司，近期又上了豪华宾馆、电解铝、金属镁、广告业等大型项目，经营范围涉及铁合金、有色金属冶炼、物资贸易、房地产开发、水利水电技术开发、家具制造、工程机械租赁及机械施工、化工、养殖、广告、宾馆服务等，经营地区由三门峡向郑州、广东、海南、北京等大中城市和沿海开放地区延伸，综合经营营业收入已由1988年的250万元提高到1994年的5360万元，累计产值1.36亿元，上缴税金714.9万元，实现利润1686.9万元，开创了电力生产、综合经营相映生辉、共同发展的可喜局面。

三门峡黄河明珠(集团)有限公司成立

马铁军　胡发奎

《河南日报》(1996年5月21日)

本报讯　5月18日，在三门峡水利枢纽管理局基础上组建的三门峡黄河明珠(集团)有限公司正式成立。

三门峡水利枢纽管理局是国家大型水电企业，为适应市场经济的需要，实现两个根本转变，他们大胆改革、勇于探索，圆满完成了水电企业转机建制的各项前期准备工作，为国有大型水利企业向现代企业制度转变带了个好头。

新成立的三门峡黄河明珠(集团)有限公司其性质为国有独资公司，水利部黄河水利委员会代表国家行使国有资产授权方职能，该公司将立足黄河，面向全国，实行跨行业经营，以水电为依托，以电力、有色金属冶炼为骨干，逐步形成科工贸一体化的集团公司。三门峡水利枢纽管理局为保证枢纽工程发挥综合社会效益，将继续保留并行使水行政职能。

三门峡水利枢纽　一部治黄史　一部奋斗史

本报记者　孙　欣

《河南日报》(2019年7月2日)

大坝巍峨，水波荡漾。仲夏时节，三门峡水利枢纽大坝上“黄河安澜　国泰民安”8个大字在阳光的照耀下熠熠生辉。

“两座屹立于黄河激流之中的石岛把河水分而为三，形同三个大门，分别被称为人门、神门、鬼门，这就是三门峡名称的由来。”6月27日，三门峡市委党史地方史志办公室工作人员张磊说，三门峡水利枢纽是“一五”计划时期苏联援建中国的156项重点工程之一，也是中华人民共和国成立后在黄河上兴建的第一座大型水利工程，因此被誉为“万里黄河第一坝”。

随着张磊的介绍，记者仿佛穿越了时空，听到了震天动地、穿云裂石的机器轰鸣声，看到了轰轰烈烈、如火如荼的建设场面。

1952年10月，毛泽东主席视察黄河，发出了“要把黄河的事情办好”的伟大号召。1954年10月，黄河规划委员会完成《黄河综合利用规划技术经济报告》，选定三门峡水利枢纽为实施黄河综合治理规划的第一期工程。

1955年7月30日，一届全国人大二次会议正式通过《关于根治黄河水害和开发黄河水利的综合规划的报告》，确定修建三门峡水利枢纽。

1957年4月13日，三门峡水利枢纽工程正式开工。全国各地大批热血青年纷纷奔赴三门峡，支援大坝建设。经过广大建设者的艰苦奋战，1960年秋，三门峡水利枢纽开始拦洪蓄水。后经过1965年和1969年的两次改建，三门峡水利枢纽在防洪、防凌、发电、供水、灌溉、减淤和生态环境保护等方面发挥了重要作用。

三门峡水利枢纽的建设与管理，是一部党领导人民不断探索、认识、掌握规律的治黄实践史，也是一部人民群众与洪水泥沙顽强斗争并不断取得胜利的奋斗史。50多年来，三门峡水利枢纽为黄河下游岁岁安澜做出了重要贡献，保障了下游引黄灌区“中国粮仓”稳定增产，为新中国水利水电事业和治黄事业发展积累了宝贵经验。

大河汤汤，岁月奔流。经过50多年运行，三门峡库区形成了200多平方千米水域，良好的生态环境吸引了成千上万只白天鹅到此越冬栖息。三门峡市先后获得“中国优秀旅游城市”“国家园林城市”等称号，成为镶嵌在黄河岸边的一颗璀璨明珠。

“三门峡市是随着三门峡水利枢纽的建设而崛起的一座新兴工业城市。老一辈建设者舍小家顾大家的忘我情怀，已成为三门峡市转型创新发展的强大精神动力。”张磊说，三门峡水利枢纽工程建设中所形成的宝贵精神财富，穿越时空、历久弥新，正激励着三门峡人民在新时代的征途上阔步前进。

由害到治:平安河岁岁安澜

本报记者　曾　鸣

《河南日报》(2019 年 11 月 14 日)

"黄河宁,天下平。"从古至今,黄河治理都是安民兴邦的一件大事。

由于决口改道频仍,黄河灾害一度被称为"中华的忧患"。1946 年,中国共产党领导的人民治理黄河事业拉开序幕,从一手拿枪、一手拿锹到除害兴利、综合开发灾难深重的黄河,如今在人民手中,岁岁安澜,润泽华夏。

黄河河南段位于最为险要的"豆腐腰"位置。如今,"豆腐腰"却变得越来越坚固。连日来,跟随 2019"走进黄河"采访团的脚步,记者走访黄河河南段的"引黄灌溉的旗帜"人民胜利渠、"万里黄河第一坝"三门峡大坝、"世纪工程"小浪底等水利枢纽,领略人民治黄的伟大奇迹。

由胜利走向新的胜利

人民胜利渠,一个铿锵有力的名字。水利枢纽多与地名有关,而人民胜利渠却是个例外。为何被冠以"人民胜利"之名? 建成以来,又取得了怎样的胜利? "黄河无法治理,黄河流域下游及周边地区若干年后将会变为荒漠。"西方一些国家的水利专家曾经这样断言。

黄河下游真的会变成荒漠吗?

黄河"善淤、善决、善徙",是世界上最为复杂难治的河流。据史料记载,一旦决口,"泛滥所至,一片汪洋。远近村落,人马不能驻足"。洪水退去后,面积广大的黄泛区黄沙漫漫、寸草不生,人民生活极为困苦。

在这种条件下,党中央决定,在黄河下游修建引黄灌溉济卫工程,造福人民。1950 年 10 月,黄河水利委员会编制完成了《引黄灌溉济卫工程计划书》,1951 年正式开工兴建。

黄河下游本已灾害频仍,治理之难难于上青天。在下游堤防上开口引水,能行吗? 然而短短一年之后,中国人民便以罕见的智慧和力量向世界回答:引黄灌溉济卫一期工程胜利竣工,1952 年 4 月 12 日成功开闸放水! 也正是从这一天起,该工程有了一个新的响亮的名字——人民胜利渠。

“这是中华人民共和国成立后在黄河下游兴建的第一个大型引黄工程。最了不起的地方，不仅是在黄河上‘开了口’，还使黄河变害为利，开下游引黄灌溉先河。”武陟县嘉应观景区管理局党支部书记翟嵩峰说，人民胜利渠建成后，黄河下游不但没有变成荒漠，反而使临黄地区水生态环境和农耕条件得到根本改善，并迅速发展成为我国最大的连片自流灌溉区，彻底改变了中国农业生产布局。

“以前俺这儿全是盐碱地，‘冬春白茫茫，夏秋水汪汪，只听蛤蟆叫，就是不打粮’。引来黄河水以后，都变成好地了。我家水稻亩产最高的一年超过了1500斤！”说起黄河水来，原阳县祝楼乡新城村村民祝忠民滔滔不绝，难掩内心的欣喜。

据统计，人民胜利渠开灌以来，利用黄河泥沙沉沙改土，使昔日低洼荒凉的盐碱地变成了高产稳产田，先后淤改土地6000公顷，使豫北平原一跃成为全国闻名的商品粮生产基地，还催生了“原阳大米”“延津小麦”等知名农业品牌。黄河水流进“苦水区”后，人民群众的“甜日子”到来了。

如今的人民胜利渠，作为农业生产的命脉，仍在为灌区人民的幸福默默地奉献着。“人民胜利渠正在进行水源工程改造前期工作，工程实施后，人民胜利渠将会焕发新的活力。”翟嵩峰说，进入新时代，人民胜利渠也必将由胜利走向新的胜利。

三门峡上献青春

在人民胜利渠成功开闸放水后的第5年，由此溯游而上约260公里，“万里黄河第一坝”三门峡黄河大坝拔地而起，这是黄河干流上第一座高库大坝。

站在三门峡黄河大坝上，放眼望去，黄河水碧波荡漾，与人们想象中浊浪滔滔的黄河截然不同。

“目前黄河处于非汛期，正是三门峡黄河大坝发挥‘蓄清排浑’作用，才使黄河呈现出了一泓清水的景象。”三门峡水利枢纽管理局防汛抗旱办公室主任季利向采访团介绍，三门峡水利枢纽是中华人民共和国成立后在黄河干流上兴建的第一座以防洪为主，兼顾防凌、灌溉、减淤等任务的大型综合性水利枢纽工程，正因为“她”的存在，黄河含沙量逐年下降，从最初的每年16亿吨下降到现在的2亿多吨。

这是人民治黄的一次伟大实践。“鬼斧神工天作险，人工民斧险为夷；三门峡上英雄汉，动地惊天大史诗。”雄伟屹立的大坝是三门峡这座城市的标志，它的建成和投用，背后是一批批建设者怀着“要把黄河的事情办好”的美好愿望,带着两手一心,齐奔于此,默默奉献而来的。

94 岁高龄的王祚周,是大坝第一批建设者中的一员。他的讲述,让我们回到了那段战天斗地的岁月记忆中。

62 年前,这里大河汤汤、大坝崛起,处处挥洒着热血与豪情。1957 年 4 月 13 日,三门峡水利枢纽工程举行开工典礼。翌日,《人民日报》发表社论《大家来支援三门峡啊!》,援建呼声顿时响彻祖国大地,数以万计的建设者奔赴母亲河畔。

就在这一年,原籍山西省垣曲县的王祚周携妻带女,响应国家号召,来到三门峡参与大坝建设。

“那时候,三门峡火车站都是一片荒凉。”王祚周说,工地条件很艰苦,但援建者的心却是沸腾的,心往一处想,劲儿往一处使。

正是凭借着无数援建者的这股拼劲和干劲,三门峡黄河大坝才能巍然屹立,护佑着黄河岁岁安澜。

年轻而强健的“心脏”

在三门峡水利枢纽下游 130 公里,晋陕峡谷出口处突现一泓碧波,高空俯瞰像一颗巨大的蓝宝石,这便是“世纪工程”小浪底水利枢纽。这座 2000 年投用的“00 后”超级水库,就像一颗年轻而强健的心脏,给古老的黄河带来了新的平衡与活力。

“小浪底是治黄史上的里程碑,是黄河治理保护开发中的王牌,是人民治黄思想的升华和实践的结晶,是解开治理黄河——世界水史上最复杂方程的关键算式。”在采访中,许多治黄专家都对小浪底的综合效益发出由衷赞美,但又不约而同地加上一条注释:“没有三门峡水利枢纽的宝贵经验,就没有小浪底的成功。”

祖祖辈辈生活在黄河岸边的人们,能够清晰地感受到近些年生活的不同。“俺从小在黄河边长大,几十年了,习惯了一年又一年的安然无恙,小时候印象中黄河的另一面都渐渐记不清了!”家住孟津县小浪底镇的一位年近八旬的老人说,河水再也没涨到过记忆中的高度,即使发生千年一遇的大洪水,有大坝的护佑,也能安心入眠。

每年汛期,小浪底观瀑节,已成为这里的另一张名片。当水库闸门打开,人造洪峰喷薄而出时,许多游客纷纷前来欣赏这一壮观景观。游人可能并不明白,这雄奇壮美的景象背后,是调水调沙、人工“清洗”黄河的创举。

站在小浪底坝上,万顷碧波尽收眼底。据水库管理人员介绍,小浪底库容

126.5亿立方米，其中75亿立方米是用来拦沙的，能保证黄河下游河道20年不淤积抬高。剩下的库容，在非汛期蓄清水，汛期排浑水，通过冲淤平衡保持长期使用。

治理黄河，重在保护，要在治理。

站在新的历史时期回望，治黄理念日益升华，人民治黄成就辉煌。不断求索、百折不回的治黄历程更是一份弥足珍贵的精神厚礼。

大河汤汤，岁月奔流。如今，黄河由千年“害河”变“利河”，真正成为人水和谐的平安河！

行业关注

三门峡上锁黄龙

韩美琴　邓修身

《水利天地》(1989年12月27日)

大凡熟悉黄河的人,都会记得三门峡这个名字。这不仅因为它过去有那么多的神话传说,而且也因为今日已建成的这座大型水利枢纽工程,最先使黄河上出现水清如碧,峰峦倒映的湖区风光,还因为它患过“病”,动过大的“手术”……如今几十年过去了,它的情况又是怎样的呢?屹立在昔日“三门天险”之上的巍巍大坝,碧波荡漾的人工湖,发电厂房里隆隆的机声,伸向中原大地的条条高压输电线路,一齐告诉人们:改建后的三门峡水利枢纽工程,正在造福于人民,正在焕发着青春的光彩。

一块宝石

潼关到洛阳之间,是黄河流进大平原以前的最后一段峡谷地带。三门峡就是其中最险要的一座山峡。这里山势险峻,水流湍急。两岸石壁陡峭,中流石岛散落。浩浩荡荡的大河自西向东奔流而下,忽然被北岸的陡崖迎头拦住,只好转而南折,正要顺石壁急转直下,猛然又被两座石岛当中劈开,形成惊心动魄的三股激流,直冲向前。这三股激流在前面不远处被右岸伸出的神门半岛和左岸伸出的人门半岛一逼,合而为一,从百十米宽的峡口中直冲出去,震得山谷一片雷声。自古称之为“三门天险”。这三股水路便为“人门”“神门”“鬼门”。出口处有三座石岛顶住激流,右边的一座就是著名的中流砥柱。

相传三门峡是大禹用巨斧劈开的。悬崖上刻有歌颂大禹的八个大字:“峭劈雄流,鬼斧神工。”在鬼门岛上还有一对井口大的圆坑,叫“马蹄窝”。说是当年大禹抡着巨斧从南岸跃马过三门,刚爬上岛,忽然马失前蹄,卧了坡。他在激流中猛勒缰绳,腾地跳起,一纵身就跃过黄河去了。“马蹄窝”便是那时留下的,如今成了“三门峡七景”之一。其余六景是三颗印、神脚掌、梳妆台、炼丹炉、卧牛石、老君连石,也各有一段故事。

这里还流传着一个“仙人桥”的故事。传说在远古时代,一天夜晚,天上忽然红光闪现,一位白发仙人,从云端降落在三门峡口,看到这里水深浪急,两岸百姓过河很不方便,还常常发生倾舟翻船的惨事,便发了慈心,决定横跨黄河架一条长桥。为了在激流中建造坚固的桥墩,老仙人云游周围群山,选定三座石峰,把它们搬到三门峡口的激流中。后来战争突起,修桥之事便搁了下来,而三座桥墩则变成了今日的中门岛、神门岛和鬼门岛。

这些神奇的传说,只不过是人们驯服黄河的强烈愿望而已。其实,三门峡的石岛原是一块横在河上的整体岩盘,经年累月被洪水冲开缺口而形成。据地质学家考证,大约在距今 6 千万年至 1 亿 8 千年之间的中生代,地壳变动,一股火热的岩浆从深处冒升上来,侵入到已经沉积好的岩层中层,逐渐冷却,便形成了一块巨大的岩盘,最厚处达 130 米。这就是地质学上所说的闪长玢岩。当时,这块岩盘还埋在地下,以后这里地表下陷,成为一个又深又大的海盆。经过几千万年的变化,盆内淤积了深厚的第三纪岩石。直到大约一百万年前,地表又上升了,河流开始发育,并向下侵蚀,冲走了闪长玢岩上几百米厚的岩石,并继续冲刷着裸露的闪长玢岩不断地扩大岩石的裂隙和破碎带,终于冲开口子,形成三股水流,于是留下了一个个石岛,这便是三门峡的来历。这些闪长玢岩极其坚硬,在 1 平方厘米(像小指甲那么大)的面积上,就可承受 1000~2000 公斤的压力。三门峡水利枢纽工程,就建筑在这样一块巨大的宝石之上,可见它的基础是多么牢固。

两次“手术”

今天,当我们来到三门峡的时候,那些珍贵的古迹,大部分都看不见了,已经被压到坝下面,只有砥柱石仍然屹立在大坝的前端。

站在三门峡右岸山崖上放眼望去,只见汹涌的黄河水,从大坝左端底部的 8 个泄水孔和右岸山崖下两个隧洞飞奔而下,黄雾迷漫,水声如雷,十分壮观。原来的三门峡工程设计中没有这些泄流排沙设施,这是给工程“动手术”后的产物。

三门峡水利枢纽工程于 1957 年动工兴建,它是黄河干流上第一座大型水库。一座 96 米高的混凝土大坝,拦腰斩断黄河,形成了一个比太湖面积还要大的人工湖。整个工程用 210 万立方米的混凝土浇筑起来。若把这巨量的混凝土筑成一道高、宽各 1 米的混凝土堤,就有京广铁路那么长。兴建三门峡工程,就好比挖掉了一座土石山,又搬来了一座钢筋混凝土“山”,这真是活生生的愚公移山。

三门峡水利枢纽工程在全国人民的支援下工程进度一再加快,1960 年就提前一年部分发挥了拦洪作用。但当工程初步建成投入运用后,却出现了严重的“病症”,其症状就像人“只吃不拉”一样,排泄不畅。没几年工夫,水库里就淤积了几十亿吨泥沙,形成了“大鼓肚”“翘尾巴”,严重威胁着“八百里秦川”和西安市的安全。因而只好停止蓄水发电,已安装好的一台水轮发电机组,也被迫拆迁。

三门峡工程为啥会出现这么严重的问题?主要是由于我们缺乏实践经验,在技术上单纯依靠外国,套用在清水河上修高坝大库蓄水发电这类经验的缘故。面对这严重的局面,人们产生了不同认识。有人认为,黄河千古难治。三门峡工程患的是不治之症,因而束手无策,消极悲观。也有人不正视现实,看不到问题的严重性,不想方设法进行“医治”,主张维持现状,坐着等“死”。在这关键时候,周恩来总理亲自主持召开治黄会议,请专家们“会诊”,让人们各抒己见,最后确定了三门峡工程改建的原则,决定对工程动大“手术”。

“手术”分两次进行。左岸山崖下那两条总长 900 多米、直径 11 米的隧洞,是第一次“手术”的产物;大坝左端底部的 8 个泄水孔,是第二次“手术”的产物。两次“手术”后,大见成效,“大鼓肚”消除,“翘尾巴”降低了,既确保了下游的安全,又确保了西安市的安全,达到了预期的目的。

老汉笑河

一个老汉七十七,
面对黄河笑嘻嘻,
我问老汉笑啥哩,
他说如今世道真稀奇;
治理黄河有新法,
三门峡上叠大坝,
大坝卡住黄龙腰,
叫它干啥它干啥。

在三门峡大坝工地上,曾流传过这样一个真实的故事。一位远离三门峡的 70 岁老人,听上中学的孙子说,三门峡正在修建一座大水库,建成后能消除千年黄河水害,叫它发电,它就放出光亮;叫它灌溉,它就乖乖地流进农田;要是涨了大水,闸门一关,下游两岸人民就可以免受灾害。老汉不相信会有这样美气的事。后来,村里人也都这么说,还说到那时候农村也可以“磨面不用牛,点灯不用油”啦!说得活灵活现的,不管怎么说,“耳听是虚,眼见为实”

嘛，老汉决定带上干粮，骑上毛驴，亲自到三门峡去看个明白。来到三门峡工地后，老汉亲眼看到大坝一天天升高，天天都见到许多稀罕事，大开了眼界，乐得连声称赞说，如今世道真是变了，连黄河也听人摆布啦！老汉的举动被细心的诗人、作家发现，《老汉笑河》的短诗，就随之问世了。

如今，经过改建后的三门峡水利枢纽工程，正在发挥作用。它最突出的效能，就是改变了黄河水的“怪脾气”。

黄河著名的脾气就是暴涨暴落。在枯水季节，风平浪静，水势平稳，浩荡的大河，变成了涓涓细流，徒步过河都不湿鞋，到了洪水季节，它发起怒来，一场洪水能流掉全年水量的三分之一。1958 年 7 月的那次特大洪水，花园口洪峰流量曾达到 22300 秒立米。这就是说，若把黄河拦腰截断，“哗”的一下，一秒钟内从这个断面上就冲过去 2 万多吨的水（每 1 立方米水为 1 吨重），这巨大的冲力什么东西能抵得住？因此，这次洪水曾冲断了郑州黄河铁桥的三个桥孔。历史上黄河下游决口泛滥的灾害，大都是黄河水的“怪脾气”造成的。

在三门峡，黄河水的“怪脾气”表现得也很突出，它的最小流量和最大流量相差约 193 倍。1843 年（清道光二十三年）的一次洪水，在三门峡一带，曾在 44 小时内，陡涨二丈零八寸。当时流传过这样一首民谣，“道光二十三，黄河涨上天，冲走太阳渡，捎带万锦滩。”这首民谣形象地反映了那次洪水暴涨的情景。

过去，人们治不了黄河水的“怪脾气”，它到处横冲直撞，制造灾难。现在有了三门峡工程，逼它改变了“怪脾气”。当它发“脾气”、涨大水时，闸门一关，它怒气即消，叫它下泄多少水它就下泄多少水；枯水季节，打开闸门，河水就流进干涸的农田。每年春旱严重时，还可以放水支援河南、山东沿河地区抗旱浇地 2000 多万亩，并通过人民胜利渠和卫河，把黄河水送到天津，支援天津市的工业和人民生活用水。不仅如此，安装在这里的 5 台发电机组，每年还可利用河水发电 8 亿多千瓦时，把光明送给中原大地，支援祖国的工农业建设。

实践是检验真理的唯一标准

——回顾黄河三门峡水利枢纽的争论

崔宗培

《中国水利》(1994 年 8 月 15 日)

中华人民共和国建立之初,为了尽早解除黄河下游经常发生洪灾的严重威胁,1955 年 7 月 30 日,一届全国人大二次会议通过了《关于根治黄河水害和开发黄河水利的综合规划的决议》,经过反复比较决定在三门峡修建黄河上第一座水库工程。它的任务是防洪、灌溉、发电等多目标开发,蓄水拦沙,综合利用。工程委托苏联设计,属于“一五”期间苏联援助的 156 项重大经济建设项目之一。初步设计于 1956 年提出,采用正常高水位 360 米,库容 647 亿立方米。从这时起,三门峡工程就存在着各种不同意见的争论。

一、关于水库正常高水位是取高还是取低的争论

在审查设计时,意见分歧的焦点是水库正常高水位的取值问题。主要是采用苏联做的初步设计中的 360 米,还是采用我们初设任务书中提出的 350 米,或者更低一些。争论持续了一年多,尚无定论。周恩来总理于 1958 年 4 月亲自在三门峡现场主持会议,听取各方意见。他指出:三门峡工程的争论“其原因就是在规划的时候,对一条最难治的河,各方面研究不够造成的”,并明确指出“三门峡这个水库修建的目标是以防洪为主,其他为辅,先防洪,后综合利用”。6 月下旬,周恩来总理邀集有关各省负责人对三门峡水库正常高水位进一步交换意见。29 日,中共水电部党组向党中央写了《关于黄河规划和三门峡工程问题的报告》,确定大坝按正常高水位 360 米设计,按 350 米施工,在 1967 年前,最高运用水位不超过 340 米,死水位降至 325 米(原为 335 米),泄水孔底坎高程降至 300 米(原为 320 米),坝顶高程 353 米。这样就结束了这场设计上的争论。

二、关于入库泥沙是拦还是排的争论

三门峡水库究竟应当拦沙还是排沙的争论在工程蓄水后,通过实践很快

得到解决。

三门峡工程于1957年4月开工,1960年9月下闸蓄水,并封堵导流底孔,开始蓄水拦沙。水库虽然对下游河道起到了削峰减淤的作用,但是库区淤积严重。到了1962年3月,上游来沙几乎全部淤在库中,仅仅一年半的时间里,水库330米以下淤积了15.3亿吨。特别是库区末端淤积向上延伸,致使潼关河床抬高4.4米。黄河小北干流、渭河下游都发生严重淤积,渭河口出现"拦门沙"❶,陕西数千人受洪水包围,25万亩农田被淹,同时,淹没、沼泽化和盐碱化面积不断扩大。陕西省反映强烈,引起中央及各方面的重视。水电部于1962年3月在郑州召开会议,讨论决定并经3月20日国务院批准降低三门峡水库运用水位,由"蓄水拦沙"改为"滞洪排沙",汛期闸门全开敞泄,只保留防御特大洪水的任务。

三、关于水库是否要改建的争论

三门峡水库改变为"滞洪排沙"运用后,库区淤积有所缓和,但是水库低水位时泄流能力不足,泄水孔位置较高,入库泥沙仍有60%左右淤在库内。1964年又遇到来沙较多的一年,水库淤积有较大的发展。到了10月,水位320米以下的库容损失了93.8%,330米以下的库容损失了62.9%,只剩下22亿立方米;335米以下的库容也损失41亿立方米。潼关河床高程没有降低,渭河下游的淤积仍在继续发展,形势日趋恶化。与此同时,汛期淤积在库内的泥沙,汛后排出,小水带大沙,淤垫下游河槽,对下游河道更加不利。这样下去,正如周总理指出的:"淹了关中,也救不了下游。"

1962年4月,陕西省代表在二届全国人大三次会议上提出《第148号提案》,要求三门峡水库应增建泄流排沙设施。水电部和国务院为此多次召开会议研究水库的补救措施。但众议纷纭:有主张维持现状的,有强调开展水土保持减少泥沙入河的,有主张在干支流上修建拦泥库的,有主张沿河放淤的,更有主张废除三门峡工程的……莫衷一是。多数同志鉴于水库泥沙淤积比预计的既快又多,形势不断恶化,特别是每当坝前水位超过320米,上游来沙大量淤在潼关以上,抬高干流及渭河河床和水位,发展下去,其影响范围将更大更远,因而认为水库增建泄流排沙设施是十分必要和迫切的。

1964年12月,周恩来总理亲自主持召开治黄会议,听取了各方对三门峡

❶ 拦门沙:河口口门附近河床上由于泥沙淤积形成隆起的浅滩,有碍河水排泄。

枢纽的意见及其改建方案，最后指出："三门峡水利枢纽工程改建问题，要下决心""时机不能再等"。他批准了"二洞四管"的改建方案，即在左岸增建两条直径 11.0 米、洞底高程 290 米的泄洪排沙隧洞；改建 5~8 号发电引水钢管，以增加泄流排沙能力。

改建工程于 1965 年开工，1966 年汛期 4 条钢管投入运用，1967 年、1968 年两条隧洞先后建成。效果是：当坝前水位 315 米时，水库泄量达 6102 立方米每秒，为改建前的 2 倍，对减少水库淤积起一定作用。潼关以下库区由淤积变为冲刷，入库泥沙有 80%以上随水流出库，但其影响范围未能达到潼关，潼关高程仍在上升，上游库区及渭河下游仍有淤积和向上游发展的趋势，关中平原的工农业生产仍受严重威胁。

根据周恩来总理的指示，1969 年 6 月召开了陕、晋、豫、鲁四省会议，制定了在"确保西安、确保下游"前提下的再次改建方案。要求改建规模：坝前水位在 315 米时，水库能泄水 10000 立方米每秒；一般洪水不影响潼关河床高程，并利用低水头发电。这次改建包括打开 1~8 号导流底孔（孔底高程 280 米）；降低 1~5 号发电钢管进口高程到 287 米（原为 300 米）；安装发电机组 5 台，总装机容量为 25 万千瓦。

二次改建工程于 1969 年 12 月开工、1971 年 10 月打开了 8 个导流底孔，投入运用；1973 年改造后的第一台机组发电。通过两次改建，当坝前水位 315 米时，水库泄量约 9500 立方米每秒，接近四省会议的要求（1990 年又打开第 9 号、10 号导流底孔，并计划打开 11 号、12 号导流底孔）。水库敞泄排沙，出库泥沙连年均大于入库泥沙。到 1973 年 10 月，冲刷出库的淤沙近 4 亿立方米；潼关河床高程下降了 1.8 米；坝前水位 330 米时，库容恢复到 32.6 亿立方米；上游库区及渭河下游的淤积也趋缓和，并时有冲刷。

与此同时，各有关科研、设计、管理单位通过各种途径对三门峡水库的运用和泥沙冲淤规律进行了大量的观测试验、研究，并总结出"蓄清排浑"❶的运用方式。这一新的运用方式从 1973 年 10 月开始采用。利用水库改建的成果，调水调沙，保持水库年内冲淤平衡，长期保持一定的有效库容，并防止了小水带大沙淤积下游河槽，又发挥了大水带大沙输沙入海的能力，同时改善了渭河的泄流排沙条件，更大地发挥了综合效益。

---

❶ 蓄清排浑：蓄清、非汛期泥沙少，关闭闸收蓄较清的水；排浑，汛期泥沙多，开启闸门降低水位排沙。

四、关于建库工程“是对的多还是对的少”的争论

周恩来总理在1964年的北京治黄会议上曾说过：“黄河规划和三门峡枢纽工程是做得全对还是全不对，是对的多还是对的少，这个问题有争议，还得经过一段时间的试验、观察才能看清楚，不宜过早下结论。”从周恩来总理讲话到现在已经过去30年了，三门峡工程出现过严重的毛病，经过两次改建，改进泄流排沙条件，先后经历了“蓄水拦沙”、“滞洪排沙”和“蓄清排浑”三个运用时段，到现在三门峡工程已基本趋于稳定状态。现在回头看看三门峡工程“是对的多还是对的少”的问题，特别是失误在哪里是比较清楚的。

（一）失误在哪里？

主要失误在一些规划设计的问题上。

第一，《黄河规划》（1954年10月黄河规划委员会完成的《黄河综合利用规划技术经济报告》）赋予三门峡枢纽的运行原则是“蓄水拦沙”。这是不妥当的。在黄河这样多沙的河流上修建水库；主观上要将入库泥沙全部拦在库里，下泄清水，这是把非常复杂的泥沙问题处理得太简单了。这样必然要求在三门峡修建高坝大库，才能取得堆沙所需的库容。《黄河规划》确定三门峡水库正常高水位为350米，相应库容为360亿立方米，淹没土地200万亩，移民60万人，已经是很大的数字。而苏联1956年4月提出的《三门峡水利枢纽工程初步设计要点》认为水库合理的正常高水位是360米，库容647亿立方米，淹地325万亩，移民87万人，以保证工程正常运用40~50年。如要延长水库寿命到100年，需把水位提高到370米，则淹没和移民的数字更大。以淹没库区大量土地和大量移民来换取为下游河道减淤所需的拦沙库容，这显然是不符合我国的国情和民情的。我国地少人多，土地资源十分宝贵。特别是素有“八百里秦川”之称的关中平原，土地肥沃，加之有西安这样的工业城市，淹没的代价就更高。我国民情是安土重迁，大量移民也非常困难。在水库移民线335米以下，截至1982年，晋、陕、豫三省先后迁移了约40多万人，其中因安置不好而返迁者竟达17万余人，多花了钱，又苦了移民。

第二，从三门峡库区的地形来说，也不适宜修建高坝大库。库区在潼关上、下属于两类地形，潼关以下为峡谷地形，淤积在河道中的泥沙易于在大水排沙时随水流排出库外，可保留较大的槽库容。潼关以上为平原，泥沙淤积面大，水流能冲刷的仅仅是滩地中的河槽，淤积在滩地上的泥沙很难冲走，形成永久淤积，侵缩了有效库容。潼关是上游库区的门槛，它的升高或降低，直接影响着潼关以上库区的冲淤变化。因此，三门峡库区的地形适宜于水库采用

低水位运用,经常保持回水不超过潼关,应不使潼关河床高程升高,避免黄河小北干流和渭河下游的淤积和向上延伸。

第三,三门峡工程设计的泄水建筑物规模偏小,位置偏高。水库泄水主要依靠 12 个 3 米宽、8 米高的深水孔,底坎高程 300 米;另有 2 孔 9 米宽、14 米高的表面溢流孔,底坎高程为 338 米时。当坝前水位 330 米时,仅能泄水 5380 立方米每秒,在初期最高运用水位 340 米时,也仅泄水 6480 立方米每秒,泄量小了,孔位又高,未给泄流排沙留有余地,致使泥沙大量淤在库区。

第四,《黄河规划》中还把水土保持的治理速度和减沙效果估计高了。认为大规模开展水土保持工作,并配合支流上修建拦泥库 10 座,到 1967 年就可以减少入库泥沙的 50%,这是过于乐观的设想,实际上是难以做到的。黄河中游水土流失面积很大,地形破碎,自然条件复杂,又受到人力、物力和财力的限制,治理速度和减沙效果都是缓慢的。至于拟建的拦泥库问题更多,一般是淹没大、寿命短、投资多、效益小,以致当时规划的拦泥库迄今未能实现。

总之,出现上述失误,归根到底主要是对黄河的泥沙规律认识不足、研究不够造成的。原设想工程建成后,蓄水拦沙,解决下游河道的淤积和河床升高,预计水库可运用 50 年或者更长一些,为水土保持工作赢得时间。但是实际上许多情况出乎预料,如入库泥沙比预计的多,出库泥沙比预计的少,水库淤积比预计的快,水库寿命比预计的短。这是三门峡工程在规划设计上的深刻教训。

回顾在审查设计时,黄万里、温善章、叶永毅和陕西省的同志们提出过三门峡水库应降低水位运用,汛期敞泄,汛后蓄水兴利,保留底孔,拦洪排沙的意见。但是当时对于这些意见认识不深、重视不足,更研究得不够。他们当时属于少数,后来实践证明他们的意见是比较符合客观实际的,是正确的。

后来我们花费了 10 年多的时间才把失误基本改正过来,使三门峡水库恢复了青春,发挥了应起的综合效益。但不无遗憾的是已经造成金钱和时间上的浪费,而且还带来像潼关河床高程升高、上游库区和渭河淤积以及淹没土地等不易消除的后遗症。

(二)对在哪里?

通过三门峡水利枢纽的实践,“吃一堑长一智”,使我们认识了一些泥沙规律,取得了宝贵的经验。

第一,取得了在多沙河流上修建水库的“发言权”。主要的是:在水库选址上,要选择有利于冲刷库区泥沙的峡谷地形,以利于长期保持较大的有效库容,除害兴利;在工程设计上,要具备足够的泄流排沙孔道,孔口宜低,以利排沙;在调度运用上,要采用"蓄清排浑"运用方式,调水调沙,减少库区和上下游河道的淤积。这些经验对于黄河小浪底水库和长江三峡工程以及世界上其他多沙河流上的工程建设,都有重要的借鉴意义。

第二,三门峡水库实现了年内冲淤平衡。水库在改建和调整运用后,一般是非汛期淤积,汛期冲刷,全年基本上冲淤平衡,长期保持了 330 米以下有 30 亿立方米的有效库容,335 米以下有 60 亿立方米的有效库容,用以防御稀遇洪水,并使常遇洪水的回水不超过潼关,基本上控制了潼关的河床高程。这对于避免和缓解上游库区淤积和渭河的淤积上延至关重要。同时对下游河道的淤积也起到一定的调控作用。今后还应利用水库调水调沙的有利条件,充分发挥黄河下游大水带大沙的特点,争取多把泥沙输送入海,减少河道的淤积。

第三,保护了上游库区的大部分土地资源。三门峡水库改为低水位运用后,潼关以上库区用以滞洪的机遇很低,大部分土地常年不受水淹,可以恢复全年生产。只是当上游发生稀遇洪水,水库滞洪,坝前水位升高超过潼关时,土地才会短时间被淹,洪水过后,迅即退水。这样的土地占库区总淹没面积的 80%,约 70 多万亩。充分开发利用它来安置返迁的移民,发展大农业生产,是十分必要和有益的。

第四,水库发挥了综合效益。在防洪方面,水库可以控制三门峡以上地区的洪水。水库建成后,上游曾先后 6 次发生过大于 1 万立方米每秒的洪水,均经水库调控削峰,减轻了下游的防洪负担,对水库下游的洪水也可关门错峰。30 多年来,三门峡水库作为黄河防洪工程体系中重要一环,对下游伏汛安澜做出了重大贡献。在防凌方面,未建水库前,黄河下游平均每二三年就会发生一次凌汛决口,建库后 30 多年来再未出现过此类灾害。在灌溉方面,水库春灌蓄水约 14 亿立方米,已发展两岸农田灌溉面积 3000 万亩,引黄灌区已成为豫、鲁两省重要的粮棉产地。在发电方面,电站已安装 5 万千瓦机组 5 台,年平均发电量 10 亿多千瓦时。近又扩装 7.5 万千瓦机组 2 台,总装机达 40 万千瓦,年发电量将达 16 亿千瓦时。此外,还为沿河城镇和油田的供水提供水源,都收到了明显效益。

(三)结论:"还是对的多"。

综上所述,可以认为三门峡水利枢纽在建设过程中,有过失误也有成效。失误发生在工程建设的初期,经过两次改建,及时纠正过来。20 多年来,水库一直发挥着综合利用效益,并将继续发挥下去,为治黄事业做出了重大贡献。特别是通过三门峡工程的实践,提高我们对黄河泥沙的认识,掌握了一些水沙冲淤规律,取得了在多沙河流上修建水库的经验,也发展了水沙演变的科学理论,这是非常宝贵的收获。因此,总的来说,三门峡水利枢纽工程到现在是做得对的多。成就是主要的。

“人类总得不断地总结经验,有所发现,有所发明,有所创造,有所前进。”我们应清醒地看到,随着治黄事业的发展,情况也将有新的变化。譬如小浪底水库的建成投入运行,龙门和碛口等大型水库相继实现,以及支流水库的兴建;上中游水土保持工作的开展和收效,上中游来水来沙的重大变化,等等,这些都将或多或少影响三门峡工程在治黄总体事业中的地位和作用。三门峡工程又将如何改进,以适应治黄事业的发展,发挥更大的作用等,均有待于今后进一步探索研究,并做出评价。

力克世界性科技难题
——记三门峡浑水发电试验成功

杨燕龙

《中国水利报》(1995 年 9 月 23 日)

国产水轮发电机能在黄河多泥沙河流上进行浑水发电,谁会相信?外国专家不信,中国人也怀疑。然而,这在今天已成为现实。

制约汛期浑水发电的主要因素是水轮机过流部件的气蚀磨损:每年汛期要有 16 亿吨泥沙从黄河泻下,严重威胁着水轮机过流部件,迫使发电机组汛期关机。浑水发电,这个被专家们视为世界性的难题,沉甸甸地落到了三门峡枢纽人的肩上。

1989 年 7 月 13 日,以杨庆安局长为首的“汛期浑水发电试验领导小组”成立,当日向三门峡市人民政府递交了《关于 4 号水轮发电机进行浑水发电试验有关问题的请示报告》。一场艰难的浑水发电试验在三门峡河谷拉开了序幕。全局上下发扬开拓进取的精神,自筹资金,自立项目,勇于承担风险,并与有关高校和科研单位合作,积极组织试验,向这一世界性难题宣战。

试验项目主要内容是水轮机过流件的气蚀磨损情况观测、叶片根部裂纹发展情况观测、水情及泥沙资料观测、运行工况及各种辅助设备运行情况观测等。水电厂主政试验项目的干部职工,长期坚守一线,与水和油结下了不解之缘。他们发扬团结奋斗能打硬仗的精神,7 年如一日,励精图治,放弃了多少次和亲人的团聚。他们采用金属焊条、非金属焊条、金属陶瓷、电镀材料、合金粉末等40余种材料反复多次试验,最终选用了具有良好性能的某合金粉末喷焊等数种材料。

经近7年努力探索与实践,汛期浑水发电试验工作已取得大量宝贵资料,为多泥沙河流发电机组的设计和运用提供了科学借鉴。

这项成果被专家们评价为达到世界先进水平。

试验终于成功了!三门峡河谷也欢腾了。8月21日,水电厂5号、2号、1号发电机组相继并网,三门峡水电站今年汛期浑水多机组发电试验全面展开。

是科技,使濒于消沉的三门峡大坝从泥沙中崛起;是科技,将母亲河赋予我们的无穷的动能,化作强大的电能,产生了巨大的经济效益;是科技,引导新一代治黄人,步入了现代水电企业滚动发展的新天地。

河南三门峡:"黄河明珠"的生态实践

本报记者　李乐乐　孟　梦　通讯员　卫　青　高　川

《中国水利报》(2019年12月20日)

天鹅湖畔,成群结队的白天鹅或优雅地结伴嬉戏,或温情脉脉地交颈摩挲,或悠闲自得地梳理羽毛,或颈扎水中翩翩跳起"芭蕾舞"。深冬时节,记者走进河南省三门峡天鹅湖国家城市湿地公园,看到这些圣洁的鸟儿,或飞、或游、或走、或卧,千姿百态,构成冬日里一幅幅美丽的画面。

黄河流经"天鹅之城"三门峡市,形成面积较大的天鹅湖国家城市湿地公园。每年10月底至次年3月,天鹅飞来三门峡黄河湿地越冬,吸引了全国各地的游客和摄影爱好者来此观赏。近年来,前来越冬的天鹅数量逐年增加,印证着黄河流域生态环境的不断改善。

守一方:"黄河安澜　国泰民安"

走进三门峡大坝,"黄河安澜　国泰民安"几个大字赫然映入眼帘。目前,黄河处于非汛期,三门峡大坝充分发挥了"蓄清"的作用,放眼望去,黄河水清澈澄碧,苍黄雄浑的母亲河在这里"颜值"大变。

1957年,万里黄河第一坝——三门峡水利枢纽工程开工建设,黄河岸边崛起了一座新兴工业城市——三门峡市。作为中华人民共和国成立后在黄河干流上兴建的第一座以防洪为主,兼顾防凌、灌溉、减淤、供水、发电等任务的大型综合性水利枢纽工程,三门峡水利枢纽是黄河下游防洪减淤工程体系的重要组成部分。“三门峡水利枢纽经历了中国水利建设史上前所未遇的复杂曲折过程,探索出了在多泥沙河流上修建和运用水库的成功经验,其建设和运用,不仅为黄河岁岁安澜做出了不可替代的贡献,而且为多泥沙河流的治理开发提供了成功的经验。”三门峡水利枢纽管理局宣传科科长汪盛明向记者介绍。

1973 年 11 月至今,三门峡水利枢纽开始实施“蓄清排浑”运用方式,即在来沙少的非汛期蓄水防凌、春灌、供水、发电,汛期降低水位防洪排沙,把非汛期淤积在库内的泥沙调节到汛期特别是洪水期排出水库。

“蓄清排浑”运用方式充分利用了水沙特性,对不同时段、不同特性的来水区别利用。资料显示,水库实施“蓄清排浑”运用方式以来,库区冲淤基本平衡,水库防洪库容长期保持在 60 亿立方米左右。

通过充分发挥防洪、防凌、调水调沙、灌溉供水和发电等综合效益,三门峡水利枢纽在黄河流域发挥着重要的安全“稳定器”作用,促进了经济社会的全面发展。

护生态:绿水青山就是金山银山

今年深秋时节,走进地处豫西崤山腹地的灵宝市寺河山乡,但见这里葱葱绿树间,点点红色密密连缀。素有“亚洲第一高山果园”的灵宝市寺河乡苹果喜获丰收,红艳苹果坠枝头,黄河塬上结硕果。

近年来,不仅天鹅纷至沓来,酸甜可口、味道鲜美的“二仙坡”“寺河山”苹果也成为中国驰名商标,这也是当地持续推进生态环境修复、构筑沿黄生态屏障的缩影。

“全市累计高质量治理水土流失面积 2528.3 平方公里,建成淤地坝 143 座,综合治理小流域 127 条。”三门峡市水利局局长裴宗杰介绍,“我们以创建生态文明工程为契机,开展清洁流域治理,建设生态宜居城市,通过多年不懈努力,涌现了灵宝市寺河山、陕州区二仙坡、渑池县柳庄、义马市凤凰山等一大批既是绿水青山、又是金山银山的水土流失治理典型。”

地处豫晋陕黄河“金三角”地区,三门峡因黄河而生、依河而建,山川秀美的关键在“水”,生态文明的重点也在“水”。

近年来,来到三门峡市栖息越冬的天鹅,由从前的 3000~4000 只增长到 1

万只左右,这是三门峡持续加大黄河湿地生态保护和修复力度的有力佐证。与此同时,三门峡市完成了黄河湿地自然保护区治理面积 2700 亩,其中天鹅湖公园新增湿地 600 亩,为湿地生物创造了更加适宜的栖息环境。

全面实行河长制以来,三门峡市建立了四级河长制,水利、检察、河务、林业等部门联合开展“千里大巡河”专项行动。通过开展黄河河道专项清理整顿,清理整顿船只 463 艘,全面截流 30 个排污口,并实施雨污分流改造,解决了困扰黄河河道几十年的“老大难”问题。

在做好黄河干流治理的同时,三门峡市找根源、出重拳,加强对当地黄河支流的治理工作,深化流域治理、黑臭水体歼灭战、重点行业和不达标河流污水处理提标改造、河道采砂治理等专项行动,全市 51 处非法采砂全部取缔或整改到位,清理河道 26.2 公里,恢复黄河湿地 2191 亩,“四乱”问题整改率 100%,居河南省第一。

2017 年,三门峡市创新水土保持监管手段,试点开展生产建设项目水土保持“天地一体化”监管,2018 年运用卫星遥感、无人机遥测、地理信息系统等高科技手段,完成沿黄 33 个铝土矿和小秦岭 11 个金矿无人机现场监察,实现生产建设项目水土保持监督管理,全网覆盖,无一遗漏。

树理念:以生态保护引领高质量发展

“水引到了屋子里面,都不用出门,太阳能也能用上水了,洗澡做饭都非常方便。”在三门峡市卢氏县东明镇涧北村,村民郭换东高兴地说。

作为黄河流域中相对落后的丘陵山区,三门峡市大部分属贫困地区。解决贫困地区饮水安全,是三门峡市高质量发展的一项重要基础工作。“十三五”以来,三门峡市累计完成农村饮水安全巩固提升投资 2.53 亿元,解决了 475 个村(其中贫困村 306 个)43.33 万人的饮水安全问题,不仅改善了农村生活条件,也为脱贫致富提供了强劲动能。

三门峡市通过落实河南省“四水同治”治水方略,推进城市生态水系、沿黄生态水系等七大重点水利工程,“九水、七湖、七泊”城市水系工程加快推进。同时,投资 30 亿元百里湿地修复工程也已启动,工程将对黄河湿地核心的 108 公里、1.44 万公顷范围进行整体规划、全面修复和保护,打造国内第一湿地长廊,把黄河湿地打造成三门峡又一张独特名片。

“我们将牢固树立‘抓生态保护就是抓高质量发展’的理念,按照‘水成网、湖连通,百里黄河碧连天,一池春水润崤函’的方向,以‘河安、水清、山绿、景美’为目标,持续加大生态廊道建设、流域治理、水土流失综合治理、水资源综合利用等重点工作。”裴宗杰介绍，“通过实施沿黄矿山整治、河道清淤、退耕还湿等重点工程，不断提升我市湿地在涵养水源、净化水体、调节小气候、调蓄洪水、生物多样性保护等方面的生态功能，着力打造在黄河流域发挥典型示范作用的湿地保护区和生态保护引领区。”

保护（传统文化）与治理的相统一、修复（生态修复）与利用（水资源）的相统一、生态绿化与功能完善的相统一、规划引领与项目支撑的相统一，是三门峡市黄河治理保护的新思路，三门峡成立了由市委书记、市长任组长的“黄河流域（三门峡段）生态保护和高质量发展领导小组”，建立完善推进黄河生态保护和高质量发展的工作机制，并将编制“三门峡市黄河保护与治理综合规划”，谋划一批重大水项目，绘就近、中、远期水利发展蓝图。

老子过灵宝函谷关，一部《道德经》流传万世，也孕育了“上善若水，水善利万物而不争”的“水利”渊源。三门峡，这座与黄河依偎着的城市，受黄河滋养，与黄河共生，成为黄河之畔的一颗璀璨明珠。目前，黄河流域生态保护和高质量发展成为重大国家战略，新的治水时代承载着无限的潜力、孕育着无限的生机，三门峡将继续坚持生态优先、绿色发展之路，未来“母亲河”生态环境必将越来越美丽，也将生命长青、永葆生机。

唱响新时代《黄河大合唱》

柴锦玉

《中国水利报》（2020 年 5 月 21 日）

“望三门，三门开，黄河之水天上来！神门险，鬼门窄，人门以上百丈崖。黄水劈门千声雷，狂风万里走东海……” 黄河穿越晋陕峡谷，至三门峡陡然转弯一路滔滔东去。

三门峡市地处豫晋陕黄河金三角地区，是河南省的“西大门”，随着 1957 年“万里黄河第一坝”——三门峡大坝的建设而崛起。因水而生，因水而美，因水而厚重，三门峡这座魅力独特、充满生机活力的美丽城市，素有“黄河明珠、文化圣地、天鹅之城”的美誉。

“水利”一词在这里溯源

大河奔流，孕育了三门峡厚重的历史文化，丰富的历史遗存述说着这座城市的悠久和灿烂。相传大禹治水时，凿龙门，开砥柱，在黄河中游形成了“人门”“鬼门”“神门”三门并立的峡谷河道，三门峡由此得名。

2500多年前，伟大的思想家老子在三门峡函谷关著书，“水利”一词最早就出于《道德经》第八章——“上善若水，水善利万物而不争”。黄河波涛回响函谷古道，先贤哲人的灼灼之言，穿越时空，光耀古今，体现着中华民族与水相依相生、与自然和谐共生的“水利”大智慧。

三门峡还是仰韶文化的命名地，禅宗祖庭所在地。历史上，三门峡在黄河航运、漕运方面都居重要地位，茅津渡、大禹渡等在沟通两岸中起着举足轻重的作用。隋朝在陕州修利人渠，唐朝更名为“广济渠”，市区还有师家渠、田家渠等7个沿袭至今以渠命名的村落。

新中国水利事业从三门峡出发

初夏的阳光下，巍峨的三门峡大坝坝体上，“黄河安澜、国泰民安”八个红色大字鲜艳夺目。

回望过去，“要把黄河的事情办好”的号召，成为一代人治理黄河的精神力量，鼓舞着人们让“中国之忧患”变为安澜之河。

1957年，在全国人民的大力支援下，三门峡水利枢纽工程开工，1958年3月开始浇筑混凝土，1958年11月截流，1960年9月开始蓄水运用。险峻的鬼门、神门、人门和形成三门的石岛被荡平了，代之而起的是一座坝高106米、坝顶长713米的巍峨大坝，中流砥柱仍屹立在河中。

如今，三门峡水利枢纽工程控制着黄河来水量的89%、来沙量的98%。60年来，它在防洪、防凌、灌溉、供水、发电、生态等方面发挥着巨大的综合效益，为确保黄河下游岁岁安澜做出了重要贡献。其“蓄清排浑”运用方式的成功实践，为小浪底、三峡等大型水利枢纽工程建设提供了宝贵经验。

这座大坝是新中国治黄事业的见证，是新中国水利事业的起点，是新中国水利专家成长的摇篮。新中国水利事业从三门峡出发，一路前行。

唱响新时代“黄河大合唱”

每年的10月至次年6月，三门峡大坝落闸蓄水，三门峡形成“清水黄河”的景观，让人宛若置身江南水城。30多公里的黄河河道，形成一个巨大的怀抱，把城区揽入她温柔的臂弯里。天鹅湖国家湿地公园、陕州公园、黄河公园三面环绕，“四面环山三面水，半城烟树半城田”，公园就是城市，城市就是公园。

近年来，三门峡市持续推进生态环境修复，构筑起沿黄生态屏障，烟波浩渺的黄河湿地浸润着当地的万种生灵。每年冬天，成千上万只白天鹅从遥远的西伯利亚飞来，在三门峡黄河段栖息越冬，成为全国最大的白天鹅栖息地和观赏区之一。三门峡“天鹅之城”的城市名片越来越响。

习近平总书记在2019年黄河流域生态保护和高质量发展座谈会上语重心长地嘱托：“让黄河成为造福人民的幸福河”。三门峡水利事业也随之掀开新的篇章。

加强生态保护，水土流失综合治理质量全面提高，水土保持监管高效有力，河长湖长组织体系全面建立，河湖“清四乱”成效显著，涌现出灵宝寺河山、陕州区二仙坡、渑池县柳庄等一大批水土流失治理典型。

保障黄河长治久安，完善监测系统、提高预警能力，加强调度管理、保证防汛安全，加强工程建设、确保黄河安全。

加强水资源节约集约利用，实行水资源集约管理，推进水资源节约利用。

推动黄河流域高质量发展，解决贫困地区饮水安全，谋划一批重大水项目，绘就2025年、2035年、2050年近、中、远期三门峡水利发展蓝图。

2020年4月25日，黄河流域（三门峡段）支流治理暨弘农涧河生态调水工程集中开工。这是三门峡市按照习近平总书记治黄新理念谋划实施的一个系统工程，将用2年时间实现境内黄河18条支流的治理全覆盖，让每一条河流都成为造福人民的幸福河。

三门峡与泱泱黄河相互成就、相互滋养。注重保护与治理相统一，修复与利用相统一，生态绿化与功能完善相统一，规划引领与项目支撑相统一，推进黄河流域生态保护和高质量发展，不仅为沿黄城乡发展提供水资源，成为经济发展的重要保障、社会稳定安全的重要支撑，也辐射了广阔的绿水青山。

站在三门峡，溯流而上，可以检索鲧堵禹疏及历代筑堤建坝、堵疏并举的治黄历史，也可以顺流而下，畅想人类水利事业的未来。而当下，黄河奔流不息，幸福的浪花奔涌，三门峡正唱响波澜壮阔的新时代“黄河大合唱”。